巨大地震は なぜ起きる

これだけは知っておこう

島村英紀

花伝社

●**注意**
(1) 本書は著者が独自に調査した結果を出版したものです。
(2) 本書は内容について万全を期して作成いたしましたが、万一、ご不審な点や誤り、記載漏れなどお気付きの点がありましたら、出版元まで書面にてご連絡ください。
(3) 本書の全部または一部について、出版元から文書による承諾を得ずに複製することは禁じられています。

はじめに

　ついに、おそれていた大震災（東日本大震災・東北地方太平洋沖地震）が起きてしまいました。

　日本を襲う大地震には2つのタイプがあります。内陸直下型と海溝型です。1995年には内陸直下型である兵庫県南部地震が起き、死者6400人以上という、当時としては1923年の関東大震災以来、最大の被害を生んでしまいました。

　そして2011年3月、もうひとつの大地震である海溝型の巨大地震が起き、阪神淡路大震災をはるかに超える犠牲者を生んでしまいました。

　本来、海溝型は起きる場所も、起きるメカニズムも、かなり分かっている地震のはずでした。しかし今回のように、岩手県沖から茨城県沖までが連動してひとつの大地震として起きたことは、少なくともこの200～300年のあいだにはありませんでした。

　しかし、過去の津波が内陸に運んだ砂の層をよく調べてみると、東北地方でも、北海道の太平洋岸でも、500年とか1000年に一度という大津波が襲ってきていたことが、最近分かっています。それゆえ今回の大津波は史上初のことではありません。前代未聞の地震ではなく、またこの種の大地震が起きたということだと考えられます。

　今回の大地震（東北地方太平洋沖地震）で、またも地震予知には失敗しました。日本の地震予知計画は1965年に立ち上がって以来、5年ごとの計画を次々に立ち上げながらほぼ半世紀も続いてきています。その間、一度も成功したことがない記録を延ばしつづけています。

　あまりに地震予知の進歩が遅いと思う人も多いでしょう。なぜ遅いのか、なにが難しいのかを、この本で書いたつもりです。

　一方、津波によって大変な数の犠牲者が出てしまったことは、地震学者である私としては、なんとも残念なことなのです。

　地震予知は出来なくても、地震のあとで襲ってくる津波の被害のうち、少なくとも人命の被害だけは避けることが出来るし、避けなければならないのです。今回のように太平洋岸沖の海溝で起きる地震の場合、地震を感じてか

ら津波が来るまでには、少なくとも30〜60分の時間があります。つまり、適切な警報が出れば、多くの人々は逃げる時間があったはずなのです。

　私はこの本に書いたように、これはいまの津波警報の仕組みに欠陥があるのではないかと思っています。もっと犠牲者は減らせたのではないか、と悔いが残るのです。

　ところでこの本ではほかにも、地震についての知識を広く全般にわたって書いています。震源でなにが起きているのか、大地震はどんな舞台仕掛けのところに起きるのかといった、地震についての基礎的な研究は、それなりに進んできています。これらの最近の研究の成果を一般の人にも知ってほしい、それが将来の地震に対する強い備えなのだと思って、この本を書きました。

　なお、この本は2005年12月に㈱秀和システムから出して絶版になっていた『ポケット図解 最新 地震がよ〜くわかる本』を一部、書き直したものです。東北地方太平洋沖地震の大被害を受けて、今後、また日本を襲ってくるかもしれない地震についての知識を広めてもらうために、今回、花伝社から出版することになりました。

2011年3月
島村英紀

巨大地震はなぜ起きる

目 次

はじめに ……………………………………………………………………… 3

第1章　地震予知は見果てぬ夢だった

1-1	なぜ地震予知は難しいのか ……………………………	12
1-2	前兆を見つければ地震予知が出来る？ ………………	14
1-3	前兆は世界各地で報告された …………………………	18
1-4	日本では前兆が790もあった …………………………	20
1-5	他の場所では前兆が出なかった ………………………	22
1-6	前兆は「自己申告」…………………………………………	24
1-7	大震法の成立 ………………………………………………	28
1-8	あいまいな東海地震の予想震度 ………………………	30

第2章　地震予知のバラ色の夢は消えてしまった

2-1	バラ色の地震予知の夢は消えた ………………………	34
2-2	唐山地震の悲劇が転機に …………………………………	36
2-3	前兆による地震予知の壁 …………………………………	38
2-4	地震予知の方程式はない …………………………………	42
2-5	3つある地震の委員会 ……………………………………	44
2-6	「公式の地震予知」の仕組み ……………………………	46
2-7	「歪計」による黒白判定 …………………………………	48
2-8	地震予知の救世主 …………………………………………	50
2-9	地震雲や動物の地震予知は本当か ……………………	54

第3章　なぜ地球という星に地震が起きるのだろうか

3-1	地球の構造はタマゴそっくり	58
3-2	プレートは海嶺で生まれた	64
3-3	プレートが広大な海底を作った	66
3-4	プレートが日本列島を作ってくれた	68
3-5	「余った」プレートは衝突している	72

第4章　地震とはどんな現象なのだろうか

4-1	地震は不公平に起きる	78
4-2	プレートが生まれるときの地震、消え去るときの地震	80
4-3	断層が地震を起こしていた	83
4-4	どうやって震源断層の動きを知るのだろうか	86
4-5	プレートをも破壊する巨大地震	90
4-6	まだある最近の巨大地震	92
4-7	津波はどうして起きて、どう伝わるのか	94
4-8	マグニチュードとは何だろうか	98
4-9	マイナスのマグニチュード	102
4-10	断層の大きさが地震の大きさを決める	104
4-11	史上最大の地震だったチリ地震	106
4-12	スマトラ沖地震は史上2番目の大地震だった	108
4-13	小地震の連続発生が大地震に	110
4-14	津波地震という不思議な地震	114
4-15	「ステルス」なサイレント地震	117
4-16	地震が起きる間隔は計算出来るか	120
4-17	本震と余震	122

第5章　地震が起きると地面はどう揺れるのだろうか

- 5-1　3つの地震波には ……………………………………… 128
- 5-2　地震波によって地球の中心核が発見される ……… 130
- 5-3　地震波は20分かけて地球の中を突き抜ける ……… 132
- 5-4　地震の震源はどうやって決めるのか ………………… 136
- 5-5　マグニチュードと震度はどうちがう？ ……………… 138
- 5-6　日本の震度は10段階 …………………………………… 140
- 5-7　初めて分かった「揺れやすい地盤」 ………………… 144
- 5-8　「震度5弱」と「震度5強」の差 ……………………… 150
- 5-9　地盤が地震の揺れを増幅する ………………………… 152
- 5-10　深い地盤での地震の増幅 ……………………………… 158
- 5-11　地震予知から地震予測へ？ …………………………… 160
- 5-12　震源から遠いほうが震度が大きいことがある …… 163

第6章　日本のどこに、どんな地震が起きるのだろうか

- 6-1　日本は「地震のデパート」……………………………… 166
- 6-2　海溝型地震と内陸直下型地震 ………………………… 170
- 6-3　プレートの衝突の現場 ………………………………… 172
- 6-4　日本海で起きていたプレートの衝突 ………………… 174
- 6-5　日本では4つのプレートが衝突している …………… 178
- 6-6　「震源」と「震央」と「震源域」……………………… 180
- 6-7　日本の巨大地震は海底で起きる ……………………… 182
- 6-8　日本にある3つの「地震製作工場」…………………… 184
- 6-9　日本と似た巨大地震は別の国でも起きる …………… 186
- 6-10　「ナワ張り」を守って起きるプレート境界型地震 … 188

6-11	「大地震周期説」は正しいか	190
6-12	東海地震が起きる根拠	192
6-13	日本で起きた史上最大の地震	194
6-14	東海地震の先祖	198
6-15	東海地震の超巨大化説	200
6-16	いまそこにある「内陸直下型地震」	204
6-17	内陸直下型地震には繰り返しはない	208
6-18	東京を襲った地震	210
6-19	古文書に見る地震の歴史	216
6-20	活断層とは何だろうか	220
6-21	活断層と地震予知	224

第7章　時代とともに新しい地震被害が生まれる

7-1	地震の被害は「進化」する	228
7-2	日本史上最大の被害を生んだ関東地震	230
7-3	関東大震災の被害を広げた「火災旋風」	232
7-4	15年に一度は大地震に襲われる	234
7-5	阪神淡路大震災の被害は1/5で済んだ？	236
7-6	地震の大きさと被害は比例しない	238
7-7	長周期表面波による災害が発生	240
7-8	原子力発電所は地震が来ても大丈夫なのだろうか	244
7-9	液状化はどうやって起きるのか	248
7-10	地盤災害が地震被害を拡大する	252
7-11	地震と津波	254
7-12	あらためて「震災」を考える	258

第8章　地震から生き延びる知恵

8-1	大地震は不意打ちでやって来る	262
8-2	地震の瞬間に心すべきこと―自宅編	264
8-3	地震の瞬間に心すべきこと―屋外編	266
8-4	地震の直後に心すべきこと	269
8-5	避難所で心すべきこと	272
8-6	今出来る地震対策―地震が来る前の用心①	276
8-7	帰宅難民にならないために―地震が来る前の用心②	278
8-8	災害伝言ダイヤル―地震が来る前の用心③	280
8-9	地震と被害について知っておく―地震が来る前の用心④	282
8-10	耐震診断のすすめ―地震が来る前の用心⑤	285
8-11	地震後の生活	287
8-12	火災保険の問題	290
8-13	地震保険の問題	293
8-14	裏と表の関係にある災害と恩恵	296

さくいん　　　　　　　　　　　　　　　　　　　　298
おわりに　　　　　　　　　　　　　　　　　　　　301

コラム

地震を経験したことがない地震学者	16
人間にも予知能力はあるのだろうか？	27
地震「学会」、日本と世界の違い	40
大地震は冬に起きる？	56
地球を突き抜けた地震波（地震波３万キロの旅）	62
地震計で分かった月の構造と深い震源	74

地震観測所はなぜ辺境にあるのだろうか ………… 88
国際地震センター（ISC） ………… 97
地震の同時発生、マルティプルショック ………… 112
「人造」地震 ………… 125
ダムが出来ると地震が起きる ………… 135
死語になる「激震」 ………… 143
エレベーターを「停める」ための地震計 ………… 148
問題を抱えた政府の「震度予測」 ………… 149
地震の地鳴り ………… 156
大地震と火山の噴火は連動する？ ………… 169
地震と魚の不思議な関係 ………… 176
昭和新山の誕生 ………… 197
学者を惑わす「牧師の報告」 ………… 207
先史時代の地震の痕跡 ………… 219
地震確率にどう対応したらいいか ………… 226
どんな長周期表面波が来るかは分からない ………… 243
地震研究における理学と工学 ………… 247
津波の被害は避けられる ………… 250
三陸地方に伝わるイワシと地震の関係 ………… 257
ハワイに旅行する人、ご用心 ………… 260
正しい情報をラジオで聞く ………… 268
地震の名前はどうやってつける？ ………… 275

第1章

地震予知は
見果てぬ夢だった

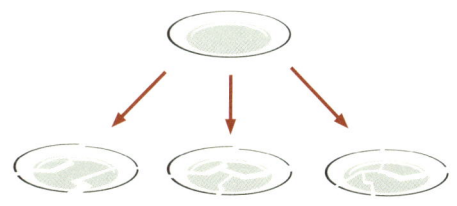

　みなさんが地震学にいちばん期待するのは地震予知でしょう。しかし、地震予知は考えていたよりもずっと難しいことが分かってきました。

1 なぜ地震予知は難しいのか

釣りの好きな人なら知っているでしょう。潮の満干の時間は、1年先まで、カレンダーに書いてあります。

■ ものの壊れ方は予測出来ない

また、日食や月食の時間も、何年も前から正確に分かっているのです。たとえば2012年5月20日には金環食が日本の南岸沿いで見られることも計算されていますし、2035年9月2日には皆既日食が日本の中央部で見られることも、ちゃんと分かっています。同じ地球のことなのに、地震の起きる時間も、火山が噴火する時間も、どうして予知出来ないのでしょう。これは、ものが壊れる、ということを研究するのが難しいからなのです。

お皿を三枚、硬い床に落としたらどうなるでしょう。割れてしまいますね。でもお皿は同じものでも、その割れかたは、けっして同じではありません。どこから割れ始めて、割れかたがどう広がっていくか、を割れる前に予想することは、ほとんど不可能なことなのです。

これに比べれば、松井選手がボールを打ってから0.1秒もしないうちに、ホームランかどうか予想することのほうがずっとやさしいのです。いや、外野席の何列目に落ちるかを予測することさえ、地震予知に比べればやさしいのです。

■ 地震予知の難しさ

種明しをしましょうか。野球のボールなら、飛び出して行く速さと方向さえ分かれば、そのボールが飛んでいく行き先は、物理学の法則で計算することが出来ます。2秒後にボールがどこをどれだけの速さで飛んでいるか、4秒後にはどうか、正確に計算して予測することが出来るの

です。

　ボールの飛ぶ速さと方向が同じならば、松井のボールだろうとイチローのボールだろうと、同じところに落ちるはずなのです。これは、物理学の簡単な法則通りに、ボールが飛んで行くからです。

　一方、引っ張っていったゴムひもの、どこが、いつ切れるかを予測することは、現代の科学では不可能なのです。つまり、ものが壊れるときには、普通の物理学の法則は使えないのです。ものが壊れるのは、ずっと複雑な現象なのです。

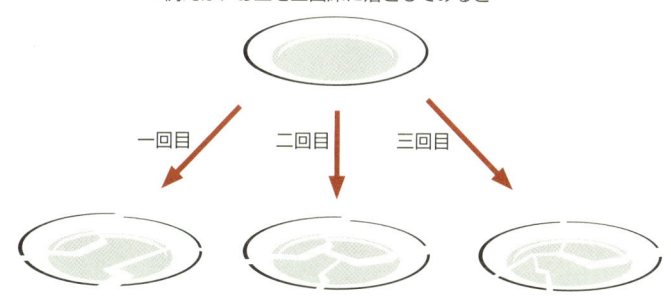

ものの壊れ方は正確には予測出来ない

例えば、お皿を三回床に落としてみると…

一回目　　二回目　　三回目

法則性を適用して、壊れ方を正確に予測することはできない。
「ものが壊れる」ということは、意外に複雑な現象。

1.2 前兆を見つければ地震予知が出来る？

「バラ色の未来」が25年前にはありました。

■ 前兆による地震予知

　地下で地震の準備が進んでいって、やがて大地震に至る過程には、まだ分かっていないことが多くあります。もしこの過程が分かれば、それぞれの段階を観測することで、大地震にどのくらい近づいているのか、まだ十分の時間があるのかが分かります。しかし実際には、大地震の過程そのものに、まだ分からないことが多いのです。

　しかし大地震の過程そのものが分からなくても、もし大地震に前兆というものがあれば、それを捕まえることによって地震予知が出来るのではないか、というのが1960年代に地震予知計画がはじまった初期の段階の見通しでした。純粋な科学は後回しにしても、とりあえず実用的な地震予知が出来れば、という希望を、国民と科学者が共有していたのです。

　ものが壊れるのを研究するのが難しいからといって、地震予知が不可能というわけではない、と当時の多くの地震学者は考えていました。気象庁はいまだにそう考えています。

　木の枝を曲げていくと、ミシミシ、いいだしてから、やがてポキン、と折れますね。このポキンが地震です。だから、ミシミシを聞きとることが出来れば、地震予知が出来るはずだ、と考えたのです。ミシミシ、とはごく小さな地震が起きることだったり、地面がわずかに持ち上がったりへこんだりすることだったり、地下から、特別なガスや水が出て来ることだったりします。これらの現象は前兆現象といわれます。

　1970年代には、地震予知研究にバラ色の未来が見えていた時代でした。中国の遼寧（りょうねい）省に起きた海城（かいじょう）地震

（1975年）では地震予知が見事に成功したと伝えられたのをはじめ、旧ソ連の中央アジアや米国などで前兆現象がさかんに報告されていました。

海城地震のときは、地震の予報が出て住民を避難させたら大地震が起きて、多くの人命を救った、と日本でも新聞やテレビが大きく報じました。海城地震の前には、小さな地震が突然増えてきたほか、地下水や地下ガス、動物の異常などが一斉に現れたといわれています。

そのほかにも、数多くの前兆が報告されています。震源から約200キロ離れた観測点では、地震の前年から地殻変動（土地の傾斜）の変化があり、地電流の報告もありました。

また、震源を中心とする200キロの範囲で、井戸水の異常な変化が地震の3ヶ月ほど前から報告されはじめ、地震発生まで続きました。井戸水の水位や水質の変化が観測されたほか、水を噴き上げはじめた井戸もありました。また地下からガスが噴き出して燃えました。

地震が起きたのは早春でしたが、前の年の年末には冬眠中のヘビが出てきたり、大量のネズミが現れたり、飼っていたブタが餌を食べなくなって垣根によじ登るなど、さまざまな動物の異常な行動も記録されています。

■ 海城地震の発生

海城地震が起きたのは2月4日、現地時間の午後7時すぎでした。地震の4日前から初めて起き始めた微小な地震は、前日の午後から活動が活発化し、有感地震（人体に感じる地震）も発生するようになっていました。地震当日の午前には微小な地震が1時間あたり60回を超えたうえ、マグニチュード4.7や4.2といった大きめの地震も発生するようになりました。

じつはここにある地震観測所は地震の5年前に作られて以来、観測された微小な地震はわずかに9個、最大のマグニチュードも1.8でした。つまり、いままでにない異常が集中して起きてきたわけなのです。地震当日の午前10時、つまり地震の9時間前に地震警報が出されました。人々

を屋外へ避難させて、家に帰らないように屋外で映画を上映しているときに海城地震が発生し、死傷者を大幅に軽減出来たと言われています。

マグニチュード7.3の地震でした。犠牲者は2000人未満と伝えられていますが、もし警報が出されていなくて人々が避難していなかったら、地震の規模や中国の建物の強さから考えれば、何万人という犠牲者が出たのではないかと言われています。

地震を経験したことがない地震学者

いつか東京に世界から地震学者が集まって、国際的な学会が開かれたことがありました。

そのとき、夜中にちょっとした地震がありました。日本人なら、ちょっとびっくりしても、ああ地震か、という程度の地震でした。震度にして3くらいだったでしょう。でも、世界の地震学者は、飛び起きたのです。廊下へ出てきて、あれはなんだ、といった騒ぎになったのです。

じつは地震を知らない地震学者は多いのです。それは、世界で地震が起きない国のほうが多いせいなのです。米国やロシアの大部分では地震が起きませんし、ドイツも、フランスも、イギリスにも、めったに地震は起きません。

でも、地震を知らなくて、地震学者がつとまるのでしょうか。動物を見たこともない動物学者のようなものではないのでしょうか、と思うかも知れません。

しかし、そうではないのです。たとえその国で地震が起きなくても、地震学は、地球の内部を調べるための大事な手段だからです。それゆえ、地震が起きなくても、地震学がさかんで地震学者がたくさんいる国は多いのです。彼らは、地震そのものには興味がなく、地震や人工地震から出た地震波が地球の中をどう伝わっていくか、ということに興味があるのです。

米国の子供向けに書かれた地震の本では、地震を知らない子供たちに、地震とはどんなものか、と説明するところから始まっています。つまり、生まれてから一度も地震を体験したことがない子供が、米国には多いのです。

中国のいくつかの地震の前兆

▼海城地震(1975年)の前に起きた地震活動

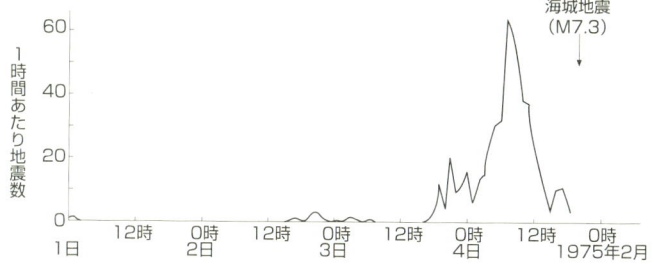

▼営口で観測された地電位の変化 [朱鳳鳴による]

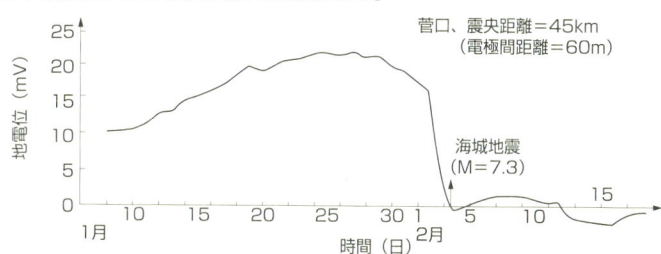

矢印は1975年2月4日の海域地震 (M=7.3) の起きた時刻を示す。

▼中国での地震前の地下水のラドン濃度の変化の例

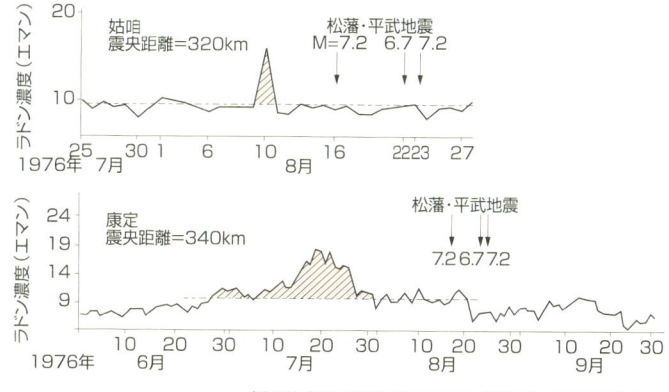

(浅田敏『地震予知の方法』[東京大学出版会、1978年] より)

1 地震予知は見果てぬ夢だった

1.3 前兆は世界各地で報告された

中国や旧ソ連、アメリカなどからも前兆が報告されました。

■旧ソ連での予知研究

1970年代には、当時の地震予知「先進」国、中国、当時のソ連のうち中央アジアの共和国、米国東部などで前兆が相次いで報告されました。

たとえば中央アジアでは、地球から出てくるガスや地下水の量や成分が地震の前に変化したという地震の前兆が多数、報告されました。

旧ソ連のウズベキスタンの首都タシュケントにある地球化学の研究所では、1978年頃までに、多くの地震の前に、明瞭な前兆が捉えられたとされていました。当時のソ連の地球化学による地震予知研究の栄光は、ほとんどこの研究所が独占していたのです。

当時のソ連は、世界の地震予知研究の先頭を切っていました。米国では、若い科学者にロシア語の特訓を施して、次々に中央アジアに送り込んで長期滞在させたほどでした。

地球化学のほかにも、旧ソ連のカザフスタンのアルマティ（アルマアタ）では、1958年10月にマグニチュード4.8の地震が起きる3時間前から土地の傾斜が始まり、その傾斜の量が4秒角（角度にして1度の60分の1が1分角、さらにその60分の1が1秒角）、に達したときに地震が起きたといいます。観測は震源から250キロも離れた場所で、傾斜の記録はプラス、つまり震源側が盛り上がった向きの変化であることを示していました。

また1964年に米国アラスカ州で起きた巨大地震、アラスカ地震（マグニチュード8.4）の1ヶ月ほど前から、震源から7000キロも離れている米国本土の観測点で、地面の変動が伸びから縮みに転じ、地震後には再び伸びに転じたと報告されています。変化の総量は1億分の6でした。

旧ソ連の中央アジアでの前兆

▼タシュケント（ウズベキスタン）でのM4.7の地震前後の電磁波放射

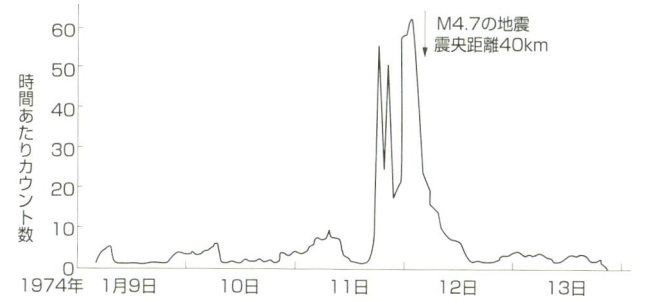

▼タシュケントの地震(1966年、M5.5)の前の地下水中のラドン濃度変化[Ulomov and Mavashev, 1971]

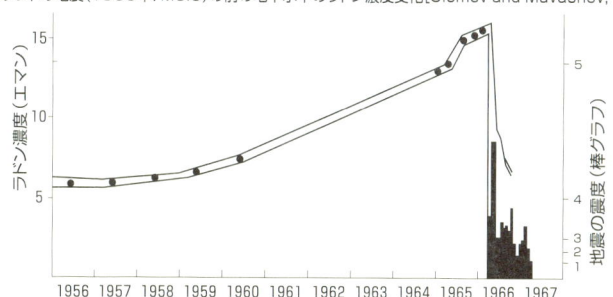

▼中央アジア・ガルムでの地震波の速度変化

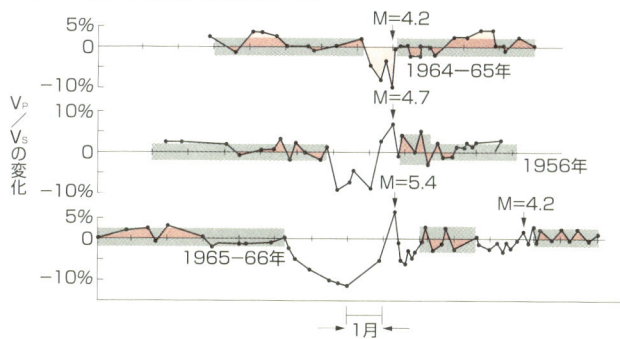

1 地震予知は見果てぬ夢だった

14 日本では前兆が790もあった

日本には「地震予知研究協議会」という組織があります。

■ 地震予知研究協議会

「地震予知研究協議会」とは、地震予知を推進する大学の科学者が集まる協議会で、地震予知関係の研究の方向や各大学の分担、それに地震予知研究の予算などを討議する委員会です。

日本の地震予知研究は各省庁で行われてきていますが、大ざっぱに言えば、地震予知の研究や新しい観測方法の開発は大学が担当し、すでに定式化された観測業務は官庁が担当するという棲み分けがあります。つまり地震予知研究協議会は、日本の地震予知研究の司令塔なのです。

この協議会が一般向けに作った『地震予知は、いま』（1991年）というパンフレットがあります。そのパンフレットには、日本での前兆現象が790件もあったことが誇らしげに述べられています。こんなにも多く前兆が捉えられているのならば、地震予知は出来るのに違いない、と人々が考えたとしても不思議はありません。いや、当時、予知に関わっていた多くの科学者も、そう思っていたのでした。

■ 前震活動

前兆の中でも、もっとも多いのが前震活動（大地震の前に起きることがあると言われている中小地震）で全体の40％。以下、前震以外の地震活動の何らかの変化が27％、地殻変動の異常な変化が14％、地磁気・地電流（地球の電気的・磁気的な性質のわずかな変化）の異常が8％、ラドンや水温など地下水の異常が6％、地盤の隆起や沈降が5％と続いています。

最初の2つはいずれにせよ地震活動の異常ですから、合わせると67％になります。つまり、地震活動の異常を発見することが、もっとも見込みがある地震予知だと、当時は考えられていたのです。

それぞれの項目の中にはさらに別々の観測項目があります。たとえば地磁気・地電流の観測には、地球の磁場の強さの変化や、トンネルの壁の岩石の電気抵抗の変化のほか、地面を流れる微弱な電流の観測、地面の電位の変化を測る観測、空中を飛び回るさまざまな周波数の電波の強さや伝わり方の観測などがあります。

しかし、前兆が必ず出る、それだけ観測していればいい、という、いわば「決め手の前兆」はひとつもありませんでした。地震予知研究協議会のパンフレットにも「これさえ観測すれば大丈夫という特効薬的な現象はなさそうです。数多くの観測を実施し、異常現象を総合的に判断するのが地震予知の基本姿勢です」と書かれています。

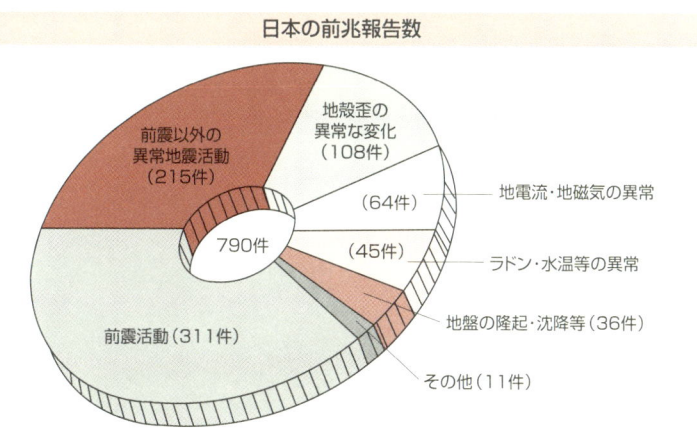

(地震予知研究協議会のパンフレット［1991年］より)

1.5 他の場所では前兆が出なかった

地震予知研究協議会のパンフレットにある前兆の例として、1978年伊豆大島近海地震のときの記録があります。

■ 伊豆大島近海地震での前兆

この地震はマグニチュード7.0。伊豆半島南部と伊豆大島の間にある海底で起き、25名の犠牲者を生み、伊豆半島各地で土砂崩れが起きて家が壊れるなど、大きな被害を生じた地震です。

このパンフレットによれば、伊豆半島の6カ所で、井戸水中のラドンという放射性元素の量、地下水温、地下水位、体積ひずみ（地下の岩盤が延びたり縮んだりする体積の変化）の4種目のデータが前兆を示したことになっています。ラドンは、旧ソ連のタシュケントでの地震予知に大活躍した、と言われた地下水中の成分です。日本でもその後、ラドンの観測が始まっていたのです。

■ ラドンによる地震予知

このラドンの「前兆」のデータは、日本での地震予知の成功例としてもっとも有名だったものです。伊豆半島の井戸水中のラドン濃度が地震前に変化したというこの「成功例」は、毎日新聞の第1面トップを飾る大きな記事になりました。

地震予知研究協議会が1980年に出したパンフレットがあります。このパンフレットにも、同じ伊豆大島近海地震の前兆の例として4つが示されており、このうち2つは、1991年のパンフレットの6つのデータのうちの2つです。これは、なにを意味するのでしょう。もっとも顕著な前兆がパンフレットの作成日の13年も前の前兆だというところに、その後の前兆現象の蓄積がそれほど順調には進まなかったことが示されているの

です。

　もうひとつの意味は、これら4種目の観測は、ここに掲げられた6カ所以外でも続けられていましたが、ほかの地点では前兆は出なかったことです。ラドン観測は当時は伊豆半島全体でも3、4カ所しかありませんでしたが、そのほかの地下水温、地下水位、体積ひずみはこの近辺で10カ所以上で観測が続けられていました。

　つまり、たくさんあった観測点の中のほとんどの観測点では、前兆を記録しなかったのです。多数のうちのわずか6つだけが「前兆」を記録しただけだった、ということをも、このパンフレットは意味しているのです。

伊豆大島のようす

▼三原山。1986年に大噴火を起こし、全住民が島外に避難した。

▲バウムクーヘンと呼ばれる地層断面。15,000年前からの百数十回に及ぶ噴火が作り出した景観。溶岩と火山灰がサンドイッチ状になっている。

（写真提供＜2点とも＞　東京都大島町役場）

1.6 前兆は「自己申告」

地震予知研究協議会では、地震予知計画が発足して以来、信頼出来る前兆現象を幾度か観測した、としています。

■ 地震予知の成功例はない

しかし問題は、この種の報告された前兆のすべてが、じつは地震後に報告されたものであることでした。地震予知計画が1965年に始まって以来、現在までに約40年経ちましたが、地震より前に警報を出す、つまり地震予知に成功したことは一度もありません。伊豆半島のラドン濃度のデータも、地震後に明らかになったものです。

じつは、前兆があったと認定するのは「観測者や報告者」であることにも大きな問題がありました。観測者以外からの客観的で厳正な評価を経ているものはなかったのです。

さまざまな前兆は、どれも地震後に報告されたものでした。あとに起きる大事件を知ってから、それよりも前に起きた（かも知れない）現象のデータを探そうというのですから、観測者の「手柄」を探すために、ある種の偏見や偏向がかかったとしても不思議ではなかったのです。これは、日本でも、また世界のほかの国でも同じでした。

では、自然科学だというのに、なぜ、観測者以外からの客観的で厳正な評価がなかったのでしょう。それは、客観的に評価するのはほとんど不可能な作業だからなのです。

たとえばひとつの井戸で何かの前兆が見つかった、とある科学者が主張したときに、どんな客観的な検証が必要なのでしょうか。その前兆が意味のある信号であるかどうかを立証するためには、少なくとも、その周囲の広範囲にわたる全部の井戸のデータを集めなければならないはずです。もし、それが震源から数十キロのところにある井戸だったら、震源から同じくらいの範囲にあるすべての井戸で同じような信号が出ているのか、もし出ていないのなら、なぜなのか、それを調べなければなり

ません。日本では例外的に多くの前兆が記録されたとされる伊豆大島近海地震（1978年）でさえ、前兆が出たとされる観測点は、全体のうちの10％にも遠く及ばなかったのです。

また、ある井戸で数ヶ月前から前兆が出て地震に至ったとすれば、少なくともその数年前のデータから数年後のデータまでを同じ基準で調べなければならないでしょう。そして、その変動がほかの原因で起きたものかどうかを調べるためには、その間に起きた別の地震のリストや、雨量や気圧などの気象データや、その地域の地下水や温泉の汲み上げ量のデータもすべて集めて参照する必要があるでしょう。

これらは膨大な作業になります。しかし、この膨大な作業をして初めて、報告された「前兆」のような信号がほかにはないのかどうか、また、より震源に近い別の観測点で、同じような信号が出ているかどうかなどの検証作業が進められることになるのです。

現実的には、ひとつずつの前兆報告に対してこれだけの作業をして、客観的な検証をすることは、ほとんど不可能なほどむつかしいということが分かるでしょう。

■ 前兆報告の客観的な評価

学術会議に地震予知小委員会という委員会があります。私がここの委員だったときに、この種の前兆報告についての客観的な評価を試みなければ科学的な前兆とはいえないのではないか、という議論がありました。そして、客観的な評価が出来るかどうかを検討したことがあります。

しかし、誰もこの評価をしてみようという科学者はいなかったのです。ひとつには、作業そのものが膨大になることが予測されるためでした。しかし、もうひとつ理由がありました。それは、同業者で、ときには先輩や後輩である報告者に対して「猫の首に鈴をつける」作業になるのを、誰もが嫌ったためだったのです。

地震予知研究協議会の1980年のパンフレットには、その後の1991年

のパンフレットには載っていない2つの前兆の例が出ています。2つとも電磁気的な前兆です。しかし、これらの電磁気的な前兆が、ほかの前兆と違って1991年のパンフレットに載らなかったのは、その後の研究で、これが前兆かどうか、怪しくなってしまったからなのです。

パンフレットから消えた電磁気的前兆

(地震予知研究協議会パンフレット『地震をさぐる 地震予知と大学の役割』[1980年]より)

▼伊豆半島で起きた河津地震（1978年）の電磁気変化

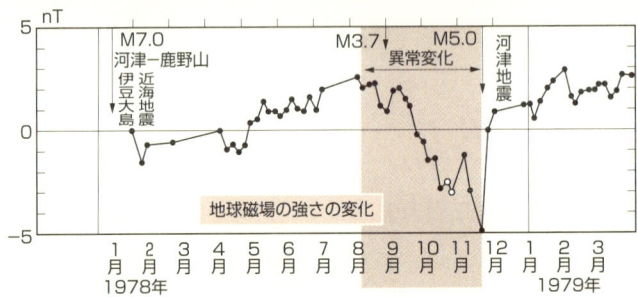

▼三浦半島の油壺にあるトンネルの岩の電気抵抗の変化

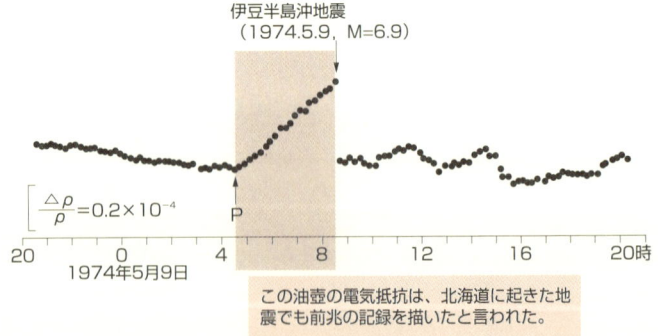

この油壺の電気抵抗は、北海道に起きた地震でも前兆の記録を描いたと言われた。

1 地震予知は見果てぬ夢だった

人間にも予知能力はあるのだろうか？

　動物が天変地異を予知すると言われることがあります。大地震の前に深海魚が捕れたり、ふだん姿を現さない動物が現れたりすることがあるからです。また、植物が地震を予知すると主張している先生もいます。ネムの木に刺した電極の電圧が、微妙に変わるのだそうです。

　ケダモノや、まして植物が天変地異の予知が出来るのなら、不肖、ケダモノの一種である人間が予知が出来ないわけがないかもしれません。

　たしかに出来るのです。ただし予知した本人が、予知したとは決して思っていないのが人間の予知の特徴でしょうか。

　たとえば火山学者であるZ先生は、数十年に一度噴火する地元の火山が噴火した2回とも、外国出張中でした。もちろん先生はあわてて帰国して観測の指揮をとったのですが、噴火に立ち会えなかったことは大いに残念だったにちがいありません。

　ほかにも例があります。気象庁で最大の地震観測所が長野県松代町にありますが、1960年代に世界標準地震計という最新鋭の地震計を設置したとたんに、日本史上でも最大規模の群発地震に見舞われました。それから約2年にわたって、多いときには1日に700回もの有感地震が、この町を襲ったのでした。

　北海道大学の有珠火山観測所もそうでした。何年もの設置の準備の結果、観測所の設置に予算が付いたとたんの1977年に、有珠火山の噴火が始まったのでした。

　旅行計画書を書いたり、予算要求書を作ったりする「行為」が地震や噴火を起こすはずがありません。でも、もしかしたら、地球には眼がついていて、人間が何をしているのかを見ているのかもしれないのです。

1/7 大震法の成立

地震予知の研究計画が大きな転換点を迎えたのは、石橋克彦氏が東海地震説を発表して以来のことでした。

■ 東海地震説

石橋氏（当時東京大学理学部助手）の説は、それまでは遠州灘沖で次の大地震が起きると思われていたのでしたが、じつは震源は駿河湾の奥深くまで入る形、つまりずっと陸寄りで起きるに違いない、というものでした。もし、この震源で地震が起きたら、震源の広がりの中には静岡市や清水市（当時）など人口密集地や工業地帯、それに浜岡原子力発電所も含まれてしまいますから、大変な被害を生む可能性がはじめて指摘されたのです。

この発表は全国的なニュースになり、国会でも取り上げられました。そして、当時の首相の強い指示で、わずか2ヶ月のスピード審議で大規模地震対策特別措置法（大震法）が作られ、1978年6月に成立する運びになったのです。

■ 地震予知できる、が前提

この大震法のいちばんの基本は「地震は予知出来る」ことを前提にしていることです。当時は、前兆を捕まえれば地震予知が出来る、とまだ地震学者の多くが考えていた時代でした。また新聞やテレビを通じて、一般の人も、世界各地での地震予知の成功を伝えられていました。大震法は世界でも類を見ない、地震を対象とする法律でした。この法律は地震予知が可能なことを前提にして、被害を少なくするために社会や人々の生活を規制する法律です。

この法律にもとづいて警戒宣言が発せられたときには、ほとんど戒厳令のようなさまざまな規制が行われることになっています。たとえば新幹線は停止し、高速道路は閉鎖されてしまいます。また、銀行や郵便局

も閉鎖されます。スーパーやデパートも閉店しますし、病院の外来も閉鎖されることになっています。また学校も休校になり、オフィスで働いている人たちは退社させられます。地域住民も避難させられ、自衛隊も出動します。

しかし、これだけ強い制限や制約を国民に課する法律の元になった地震予知の科学的な根拠は、意外なことに、それほど強いものではありませんでした。当時の学問のレベルからいえば、地震予知は見込みのありそうな技術、という程度にすぎなかったのです。つまり「地震予知が可能ならば」を前提にするには、科学的な根拠が薄弱だったというべきなのでした。

大震法の条文（抜粋）

第一条　この法律は、大規模な地震による災害から国民の生命、身体及び財産を保護するため、地震防災対策強化地域の指定、地震観測体制の整備その他地震防災体制の整備に関する事項及び地震防災応急対策その他地震防災に関する事項について特別の措置を定めることにより、地震防災対策の強化を図り、もつて社会の秩序の維持と公共の福祉の確保に資することを目的とする。

第九条　内閣総理大臣は、気象庁長官から地震予知情報の報告を受けた場合において、地震防災応急対策を実施する緊急の必要があると認めるときは、閣議にかけて、地震災害に関する警戒宣言を発するとともに、次に掲げる措置を執らなければならない。
一　強化地域内の居住者、滞在者その他の者及び公私の団体（以下「居住者等」という。）に対して、警戒態勢を執るべき旨を公示すること。
二　強化地域に係る指定公共機関及び都道府県知事に対して、法令又は地震防災強化計画の定めるところにより、地震防災応急対策に係る措置を執るべき旨を通知すること。

第二十二条　警戒宣言が発せられたときは、強化地域内の居住者等は、火気の使用、自動車の運行、危険な作業等の自主的制限、消火の準備その他当該地震に係る地震災害の発生の防止又は軽減を図るため必要な措置を執るとともに、市町村長、警察官、海上保安官その他の者が実施する地震防災応急対策に係る措置に協力しなければならない。

18 あいまいな東海地震の予想震度

石橋克彦氏が自説を発表したときに、想定震源域というものも発表しました。

■ 想定震源域

　想定震源域とは、将来地震を起こす震源断層の大きさや形を「想定」したものです。

　プレート境界型の巨大地震は、海溝、この場合は駿河トラフからフィリピン海プレートが日本列島の地下に潜り込む面の上で起きます。その意味では、東海地震が起きるおおよその場所はわかるのですが、実際に地震を起こす震源断層が、正確にはどこの地下をどのくらいの深さで通っているか、とか、震源断層が、どのくらいの範囲まで広がっているか、ということは、あくまで学説のひとつにしかすぎません。

　このため、石橋克彦氏はもっとも単純な長方形の震源断層を想定したのですが、その後、東南海地震（1944）のときに壊れ残った部分の見直しがあって、現在の内閣府が作った想定震源域は、愛知県側にも拡げられた瓢箪のような形になっています。

　しかし、昔の地震の見直しと言っても半世紀も前の地震なので、データそのものが曖昧です。むしろ、愛知県側で大被害が出てしまったときの用心のために、政治的な意味合いで拡げたという面の方が大きかったかもしれません。

　政府のこの想定震源は、しかし、正確なものは発表されていません。たとえば静岡県の浜岡原子力発電所の地下何キロのところを通っていることにしているかは、不明なのです。この深さによって、地上の正確な震度や加速度（地震のときの揺れの強さ）は違ってきてしまいます。

東海地震の想定震源域と震度予想図

▼東海地震の二つの想定震源域

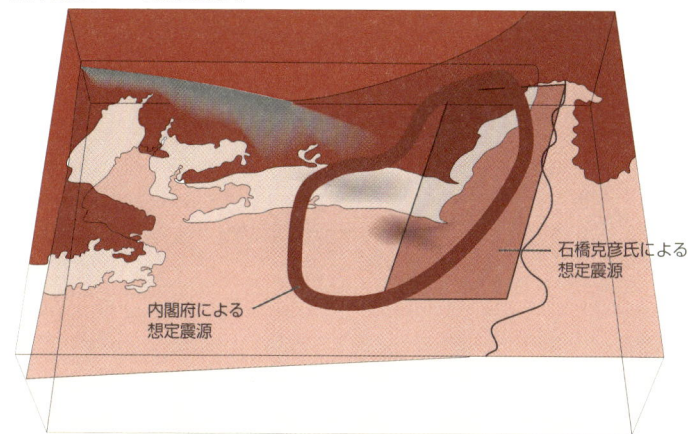

出所：内閣府

▼想定震源域と予想震度

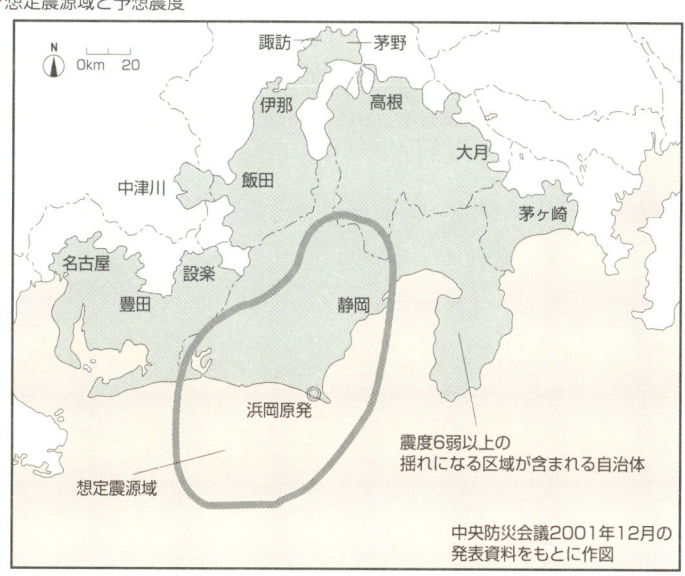

1 地震予知は見果てぬ夢だった

■震度分布の予想

　また、内閣府によって、震度分布の予想が発表されていますが、近年の地震学ではアスペリティという震源断層の上にある「異物」が、とくに大きな加速度を生むことが知られていますので、局地的には、この予想を超える揺れが記録される可能性が高いのです。アスペリティは、どこに、どのくらいの程度のものがあるかはまったく分かっていません。

第2章

地震予知のバラ色の夢は消えてしまった

　地震予知のバラ色が消えてしまったあとでも、東海地震は予知できる、という前提で政府の仕組みは動いています。

2.1 バラ色の地震予知の夢は消えた

「前兆」の存在にもかかわらず、地震予知研究の未来は明るいものにはなりませんでした。

■ 地球科学の宿命的な弱点

　第1章で説明したように、たくさん前兆が見つかっていたはずなのに、地震予知研究の未来に見えていたバラ色は、急速に色褪せていってしまいました。これは、日本だけではなく、世界のほかの国でも同じでした。

　その後も地震の前に、前兆のようなものが出ることもありました。しかし、同じような地震がきても肝心の「前兆」なしに大地震が起きてしまったり、逆に前の成功例と同じ「前兆（と考えられるもの）」が出たのに大地震が起きなかった例がたくさん経験されるようになってしまったのでした。これは、日本に限らず、世界のほかの国でも同じでした。

　ひとつの地震で出た前兆が、同じ場所であとに起きた地震で同じように出る例はほとんどありませんでした。ある地震で出た前兆が、別の場所で起きた地震でも同じように出ることもありませんでした。報告されてきた前兆現象に「再現性」も「普遍性」もほとんどないことが次第に明らかになってきたのです。

　また、それまでに報告された前兆の例のいずれも、震源に近づくほど前兆が大きくなることもないし、地震の大きさが大きいほど前兆が大きいこともありませんでした。つまり、その出方が系統的ではなくまちまちであるばかりではなくて、どれも「定量的」ではないことが分かってきてしまったのでした。これは、前兆現象のすべての種類、つまり地殻変動、微小地震活動の変化、電磁気現象、地震雲、発光現象、動植物の異常、地下水や地下ガスの異常、いずれも同じでした。

　これは、物理学や化学のように室内で再現実験も出来ず、また現場で

も追試というものが出来ない地球科学の宿命的な弱点でした。中国で起きた、旧ソ連で起きたといっても、ほかの場所や実験室でその状態を再現して確かめることは出来ないのが問題でした。

2 地震予知のバラ色の夢は消えてしまった

その後の旧ソ連の地震予知

▼タシュケント（ウズベキスタン首都）での地下水中の気体成分の濃度変化

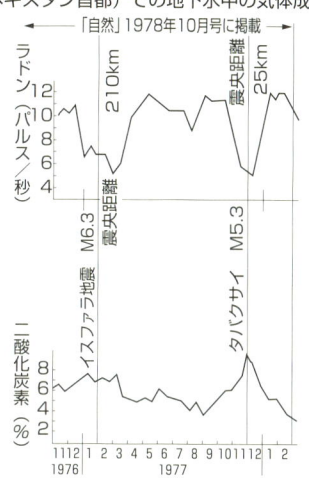

出所：『自然』1978年10月号

▼上図の「その後」

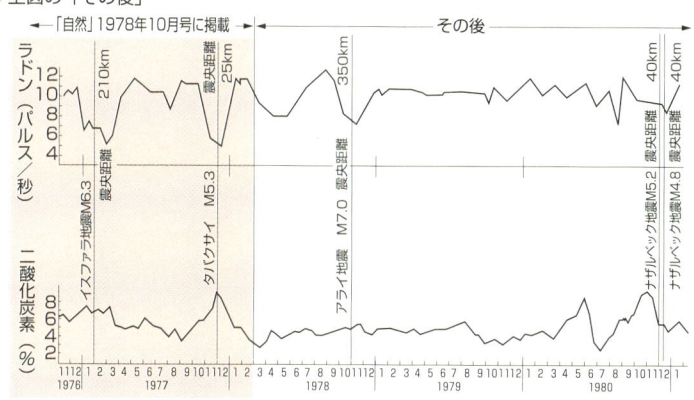

2-2 唐山地震の悲劇が転機に

地震予知の先進国だったはずの中国でも、1976年の唐山地震（マグニチュード7.8）では予知に失敗しました。

■「症例」の少なさが研究の発展を妨げる

唐山は北京から北東へ約200キロ、海城地震の震源から南西に約400キロ離れた大都市です。中国有数の工業都市でした。

地震後には、いくつかの前兆現象は捉えていたとも報告されましたが、海城地震のときのように事前の警報は出せず、公式発表でも24万人、非公式の情報では60〜80万人を超える犠牲者を生んでしまったのです。唐山市では97％もの家が崩壊してしまいました。被害があまりに甚大だったので、外国人は、その後10年間も、唐山に立ち入れなかったほどです。

1970年代は、まだ全体としてのデータが少なかったので、ごく少数の希望的なデータを一般的なものだと思って楽観的になっていたのだ、ということが分かってきました。それゆえ、こういった前兆のデータが集まりさえすれば地震予知は簡単だと信じられていたのです。

いまでは、当時報告された前兆の多くは、疑いの眼を持って見られています。これらの前兆は、まったく別の原因からきた単なる雑音だったり、たまたま大地震の前に偶然に起きた別の自然現象や人工的な現象だったのではないかと主張している学者もいます。

いままでの地震予知研究は、病気で言えば、原因がわからずに病状だけを見ているようなものでした。これは、地球に起きる地震というものは、医学で言えば「症例」が少ないこと、場所ごとに「症状」が違うこと、診断するための「透視」も難しく、事後の「解剖」も不可能なことのせいなのです。

なかでも「症例」が少ないこと、つまり大地震の数が多くないことが学問の発展を妨げています。同じ場所で同じような大地震が繰り返す間

隔は、短くても80年から120年、長ければ数万年ということさえあります。人類にとってはこういった症例が少ないことは、もちろん喜ぶべきことなのですが、地震学者にとっては、病人の数が限られているために診断も治療も進歩しにくい「難病」のようなものなのです。

そもそも、胃と足と頭の痛みが違うように、場所によって地震の性質がかなり違います。そのうえ、震源でなにが起きているのか、なぜ前兆現象が出るのか、という肝心なことが、まだほとんど分かっていないために、前兆だけを追いかけていた地震予知研究はつまづいてしまったのでした。

一方で、大地震には前兆があるという考えに対する根本的な反論もあります。それは、大地震というものは、将棋倒し（ドミノ）のようなもので、地震が起こり始めてからも、それが小さな地震のままで終わるのか、結果として大地震になってしまうのか、それは偶然が左右してしまう、という考えです。

2 地震予知のバラ色の夢は消えてしまった

唐山地震の被害

（撮影　島村英紀）

2.3 前兆による地震予知の壁

前兆を捕まえて地震予知をしようという研究の困難さは、地震の数が少なすぎることにあります。

■乗り越えられない「壁」

研究の困難さは、統計学的にいえば、母集団が小さすぎるということです。母集団とは、統計を数えるときの全体のデータの数のことです。統計学的に十分な結果を得るためには数百例くらいはないと意味のある結果を得ることが出来ないのですが、過去の歴史が日本ではいちばん古くまでたどれている東海地震とその兄弟分の地震でさえ、せいぜい7回（7例）しかあげられません。しかも、昔のものほど、データが曖昧です。東海地震にかぎらず、ほかの地域の地震も大同小異なのです。

そういう意味で、地震の例数はあまりにも小さいのです。いわば、患者の数が少ない「難病」には有効な治療や薬がなかなか見つからないのと同じです。地震はそれぞれ起こり方もメカニズムも違いますから、阪神淡路大震災を起こした地震と北海道の地震を同じ統計として扱うわけにはいきません。

この、データが少ない「壁」は、どこの国も乗り越えられませんでした。データが何百、何千とあれば、データがばらついても、その平均やばらつきの程度が計算出来ます。しかし、数例しかないデータでは、その後を予測することは不可能なのです。

旧ソ連でも前兆のバラ色が急速に色褪せていったのは同じでした。たとえば中央アジアのタシュケントでは、同じ地球化学観測を続け、あるいはさらに新しい観測を拡充しつつあったのに、1980年12月、直下型地震に不意打ちされてしまいました。地震後、共和国の政府関係者がタシュケント地震研究所に集まって、責任を明らかにするよう厳しく追及したといわれています。

この直下型地震はマグニチュード5.2でした。この大きさの地震なら、

いままでは前兆が十分観測されたはずの地震でした。しかし、肝心のラドンには信号は出ませんでした。2酸化炭素は、同年5月ごろに大きな信号が出ていましたが、これは地震に対応しない変化でした。そして、ごく小さな信号はいくつか出ましたが、5月の「大きな信号」より大きい信号は出ないまま地震を迎えてしまったのです。

また、ほかの地震では効果的に前兆を捉えていた水素やヘリウムも、5月ごろに大きな信号が出て、それがあまりに大きくて目立っていたために、12月の地震の前にあった小さな信号を前兆として認めることは難しいことでした。

ここには2つの問題があります。ひとつは12月の地震の「見逃し」であり、もうひとつは5月ごろの「地震に対応しなかった信号」の問題です。後者は、もし前兆だと思っていたら「空振り」になります。つまりフォールス・アラームです。地震予知はいつも、この「見逃し」と「空振り」の2つの失敗の狭間にいるわけですが、旧ソ連の地震予知も、例外ではなかったのでした。

■日本での事例

日本でも事情は似ていました。伊豆半島のラドンの観測はその後も続けられましたが、1978年に伊豆半島の東の沖に起きた伊豆大島近海地震のときのような明らかな「前兆」は、その後のほかの地震には見られませんでした。また同じラドンの観測を続けていた福島県などほかの地域の観測にも、周囲に地震は何回も起きていたのに、前兆は出ませんでした。

ラドンだけではありません。1980年に起きた伊豆半島東方沖地震（マグニチュード6.7）では、1978年に観測されたような前兆が、どの観測種目にも、ほとんど出なかったのです。このほかにも、伊豆半島の東の沖には半年から1年周期で群発地震（多くの地震が頻発する地震活動）が繰り返したのに、どの地震にも前兆が出ないことは同じでした。

そのほか一時は有望な前兆として脚光を浴びた地球電磁気的な観測も、その後は、はかばかしい前兆を捉えられていません。もともと、電磁気的な信号には、たいへん多くの雑音があります。人間の社会活動に伴って地中を流れる電流や電波、雷などの自然現象、さらに地球外から来る電磁気的な雑音など、多様な雑音があるのです。

　たとえば電車のレールから地中に流れ込む電流は、地球物理学の観測器では数十キロ離れても検知されてしまいます。それらの雑音の中から、意味のある信号を拾い出すことは、もともと至難の業だったのです。

地震「学会」、日本と世界の違い

　イギリスの地方都市でヨーロッパ地震学会が開かれたとき、私はパネル・ディスカッションをたのまれて、会場である大学へタクシーで向かっていました。

　タクシーの運転手は、よそ者である私に、ひとしきりその都市の自慢をしたあと、お客さん、この大学で大きな学会をしているのを知っていますかね、と言いだしました。地震学といってね、なんでも、地面をゆすぶって、地球の中を調べる学問だということでさ。

　私は眼をパチクリしていたのにちがいありません。たしかに、ここはヨーロッパ。地震がほとんどないところです。ここでは地震学は、一般の人にとっては、私たちにとっての位相幾何学とか量子物理学とかのように、実生活とはなんの関係もない学問のひとつにしかすぎないのです。

　学者にとっても、ヨーロッパの地震学のほとんどは、地震そのものを研究するのではなくて、地震を使って地球の内部を研究する手段にしよう、という分野です。イギリスのタクシーの運転手が私に講義をしてくれた人工地震学も、ヨーロッパが発祥の地で、伝統的にヨーロッパの研究レベルが高い学問なのです。

　では、なぜ地震を使って地球の内部を知ろうとするのでしょう。地球の内部は、肉眼で見ることも出来ないし、深い穴を掘って岩を取り出すことも出来ません。人間が掘ったいちばん深い穴は、地球の半径の500分の1にしかすぎないのですから。

2 地震予知のバラ色の夢は消えてしまった

　人類が行けもせず、かといって宇宙のように探査機を送り込むことも出来ない地球の中を、ではどうやって調べるのでしょう。

　地球の内部を「見て来た」ように調べるために、地球物理学はさまざまな「道具」を発明して来ました。それらの機械の中で、何といっても地球の中を見る眼としてもっとも強力で、しかも詳しく分かる機械は、じつは地震計なのです。地震計の発明は、原子核物理学でのサイクロトロンの発明にも匹敵する地球物理学の進歩だ、と言われています。

　地球の中を通ってきた地震の波を地震計で記録して地球の中を調べようとするのが、学問としての地球物理学の中でも大きな部分を占めています。この方法が、現在私たちが持っている、いちばん精密に地球の中を研究する手段なのです。

　電波も、身体や物体の中を調べるＸ線も、地球を貫いては通れません。通ることが出来るのは、地震の波だけなのです。

　地震の波、というのはちょっと難しいかも知れません。音が聞こえる、というのは音が、音の波として空気の中を通って行って耳まで届くから聞こえるのです。それと同じように、地震の波は地球の中のどこでも通って行きますから、遠くに置いた地震計で記録することが出来る、というわけです。地震の波は、音の波の兄弟です。

　人工的に起こす地震を使うことがふつうなのですが、人工的な震源ではエネルギーが小さいために、自然界に起きる地震を使うこともあります。これらの震源から出た地震の波は、地球の中を通り抜けていきます。

　つまり、地震の波が地球の中のどこをどんなふうに通って来たかを、地震計の記録を解析することによって研究出来るのです。地球の中を通ってきた地震の波というレポーターの言葉を、私たち地球物理学者が、かなりの程度に読めるようになっているのです。

2.4 地震予知の方程式はない

天気予報は、同じ気象庁の担当なので、一見、地震の予知と似ているように見えるかも知れません。

■天気予報とは違う地震予知

地震予知と天気予報、しかし、この2つには根本的な違いがあるのです。天気予報には、まず、豊富な空間的なデータがあります。日本中くまなく置いてあるアメダスのような地表での高密度のデータのほか、衛星からのデータも、ゾンデ(気象気球)によるデータもあります。

これに比べると、地表のデータはともかく、肝心の地震が起きる場所である地下のデータが何ひとつありません。地下のデータ、つまり構成している岩の種類と性質、そこにかかっているひずみの分布、地震の前に増えてくる細かい割れ目の数と分布、地震の発生に影響が大きいことが近年分かってきた地下水の動き、といった地震にとっての大切な要素のうち、どのひとつも、完全に調べられるわけではないのです。

じつは、もっと大きな違いがあるのです。それは天気予報には、すでに、未来を予測する方程式が分かっているということです。現在のデータを入れれば、その式を使ってコンピューターが数値的に計算して、将来を予測することが出来るのです。もちろん、天気予報が当たらないこともありますが、方程式が分かっていて、それに観測したデータを入れれば答えが出るという仕組みが、天気予報のやりかたなのです。

ところが、地震の予知は天気予報とはまったく違うのです。それは地震には、地下で岩の中に力が蓄えられていって、やがて大地震が起きることを扱える方程式は、まだ、ないからなのです。それは、地震は破壊現象だということに難しさがあるのです。いまの物理学では、破壊という現象を扱うことは本質的に出来ません。引っ張ったゴムひもの、どこがいつ切れるかは、物理学ではお手上げの問題なのです。

そもそも物理学でも工学でも、破壊現象の解明は非常に難しいので

す。地震に限らず、金属疲労による破壊も同じです。破壊現象の解明や予測（地震で言えば地震予知）の成功例は、どの学問分野でも、ほとんどありません。つまり、地震予知は、天気予報のように数値的に計算しようもないのです。そのうえ、肝心のデータも、地中のものはなく、地表のものしかありません。これでは、天気予報なみのことが出来るはずがないのです。

■ 震源は未知の世界

意外に思われるかも知れませんが、日本でいままで40年も地震予知研究が行われてきたのに、じつは、地震のときに震源で何が起きるかが物理学的にきちんと分かっていないのです。地震予知には地震の準備過程から本震に至るまでの過程が、逐一、分かっていることが必要なはずです。それが出来なければ、地震予知は科学にはなりえないはずです。

また、地震には前兆現象が出るものだとすれば、それがいつ出るのか、なぜ出るのか、どのように出るのかが、きちんと分かっていなければなりません。しかし、どのひとつも分かっているわけではないのです。

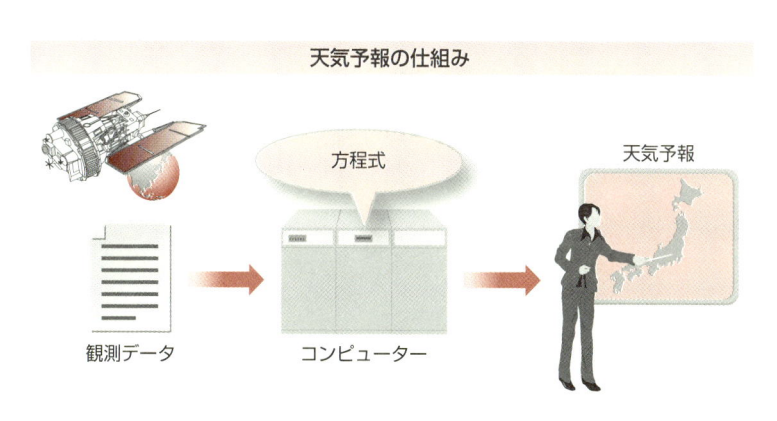

天気予報の仕組み

観測データ → コンピューター（方程式） → 天気予報

2-5 3つある地震の委員会

地震についての国の委員会は、地震予知連絡会と、地震防災対策観測強化地域判定会と、地震調査委員会です。

■ 3つの地震の委員会

それぞれどの省庁にあって、なにをやっているところでしょう。正確に答えられる人は、ほとんどいないに違いありません。正解は本拠の順に、国土交通省の国土地理院、同じく国土交通省の気象庁、文部科学省にあります。1969年から1995年にかけて、この順番に作られてきました。行政改革が謳われて久しいし、2001年からの省庁再編で親省庁は統合されたのに、どの委員会もそのまま残されているのは不思議なことです。

それぞれがやっていることの違いは、必ずしも明確ではありません。比較的分かりやすいのは地震防災対策観測強化地域判定会（通称、判定会）です。「東海地震」を予知することだけを扱うのが役割で、他の地域の地震予知は行ないません。

地震予知をするための前兆が怪しくなってしまった近年でも、日本の政府は、大規模地震対策特別措置法という法律を作った以上、東海地震だけは予知出来るという立場をとっています。このため判定会は気象庁に集まっているデータから、東海地震が来ることを予知して警戒宣言を出すことが役目です。

■ 東海地震だけは予知できる？

東海地震が予知出来るという前提で、大規模地震対策特別措置法という法律が作られていて、この法律に基づいて地震予知警報が出されることになっています。この仕組みは、法律が作られた1978年以来、変わっていません。つまり、それ以後の地震学の知識が反映されていないのです。

気象庁は、他の地震は予知出来ないが、東海地震だけは予知出来る、

という立場をとっています。しかし東海地震だけが他の地震とちがった起きかたをするわけがありませんから、学問的には気象庁の立場は奇妙なものです。

一方、地震予知連絡会は、日本各地の地震について、気象庁や大学など各観測機関からの情報を集めて将来を予測する役割です。東海地震についても情報を分析しているのがややこしいところです。しかし、この委員会は、定期的に年4回しか開かれませんから、即応体制をとることは出来ません。名前に「地震予知」が入っている委員会は3つの委員会のなかでもこれだけですが、いままで一度も、地震が来る前に地震予知をしたことはありません。

地震調査委員会は阪神大震災（1995年）後に作られました。この委員会も地震予知連絡会と同じく、日本各地の地震について、情報を集めて将来を予測するのが役目です。委員会は月1回開かれています。

これら3つの地震の委員会のほかに火山噴火予知連絡会というものがあり、これは気象庁にあります。名前の通り、噴火を予知するのが役目です。しかし、伊豆半島周辺などによく起きる多くの群発地震は火山性地震ですし、また群発地震から始まって噴火に至った例も多いので、火山と地震とを別の官庁にある別の委員会で検討しているのも、不思議といえば不思議なことです。

2 地震予知のバラ色の夢は消えてしまった

3つの委員会の違い

組織名	地震予知連絡会	判定会	地震調査委員会
位置づけ	情報と意見の交換	東海地震の直前予知	国としての評価
設置年度	1969年	1979年	1995年
機関	国土地理院長の私的諮問機関	気象庁長官の私的諮問機関	政府の公的機関
任命権者	国土地理院長	気象庁長官	総理大臣
委員数	30	6	12
備考	実態は研究会	地震防災対策特別措置法に関連	地震防災対策特別措置法により設置

（阿部勝征『巨大地震』[1997年] より）

6 「公式の地震予知」の仕組み

東海地震の判定を行なう組織として、地震防災対策観測強化地域判定会があります。

■ 東海地震と判定会

　2004年1月から、気象庁は東海地震についての予知情報を変更しました。「東海地震予知情報」と「東海地震注意情報」と「東海地震観測情報」の3段階の情報を発表することにしたのです。

　それまでは、東海地震についての気象庁の発表には白か黒かしかありませんでした。この判定をするのは地震防災対策観測強化地域判定会（判定会）なのですが、学問的には結論を黒か白かだけで出すことが難しいことは十分に考えられていて、前の委員長が灰色の結論が出せないことに不満で辞任したことは記憶に新しいことでした。その後2004年になって灰色判定も入れることになったのです。

　黒とは「地震予知情報」であり、改訂された「東海地震予知情報」と同じもの、つまり、東海地震が来ることを予知したときに出す情報です。

■ 判定会が招集されると

　ところで、同じような情報でありながら、その出し方は前と違っています。2004年1月までは、気象庁が異常な現象を見つけたときに、判定会を招集して、その判定会での議論の結果、判定会の結論として黒白を決めて発表することにしていました。このため、たとえば大学の先生など判定会の6名の委員は、パトカーの先導で気象庁まで1時間以内に来られる人だけを選ぶなど、あくまで判定会の開催とそこでの議論が、黒白の判定にとって、なくてはならないステップでした。

実際には、判定会は1979年に発足してから、一度も招集されたことはありませんでした。つまり、一度も開かれなかったものが、初めて開かれたというだけで、地元でパニックを起こしかねない恐れがあったのです。気象庁が判定会を招集したことは、その直後にマスコミ各社に知らされることになっていました。しかし報道協定が結ばれていて、各社は招集後30分たたないと報道出来ないことになっていました。そして、30分後には、たとえばNHKはすべての番組を中断して、テレビやラジオ、FMの7波すべての放送で、判定会招集をニュース速報として全国放送することになっていました。他社もほぼ同じでした。

この時点では、まだ、判定会の結論が出る前かも知れません。結論が出てから知らせればいいというものではありませんが、寝耳に水の判定会招集のニュースというこの仕組みでは、パニックを起こすな、というほうが無理でしょう。しかし、3段階の情報発表に変更になってからは、この判定会招集情報は発表されないことになりました。無用なパニックを防ぐためだと気象庁は言っています。

2 地震予知のバラ色の夢は消えてしまった

東海地震の予測情報

東海地震観測情報	観測された現象が東海地震の前兆現象であると直ちに判断できない場合や、前兆現象とは関係がないことが分かった場合に発表される。
東海地震注意情報	観測された現象が前兆現象である可能性が高まった場合に発表される。政府から防災に関する呼び掛けが行われ、防災関係機関の中には、一部準備行動を開始するところもある。
東海地震予知情報	東海地震の発生のおそれがあると判断された場合に発表される。内閣総理大臣から警戒宣言が発表され、本格的な防災体制が敷かれる。

(内閣府のホームページより)

2.7 「歪計」による黒白判定

2004年1月までは、判定会には東海地震の「白黒」を決めるための客観的な判定基準がありませんでした。

■「勘」頼りの予知

2004年1月までは、地震防災対策観測強化地域判定会（判定会）は、じつは、どのデータが何を示せば黒なのか、という客観的な基準を持っていたわけではありませんでした。

あえて言えば、判定会の委員1人1人が、いままで世界で一度もやったことがない、つまり誰もが経験を持っていない、観測データを前にしてのぶっつけ本番の地震予知を「勘」で判断するしかなかったのです。

この「勘」頼りは、いったん出した情報の解除についても同じでした。いったん黒判定を発表してから、地震が来なかったとき、どういう観測データが、何を示せば、「地震は来ない、警報は解除する」ことになるかの基準が、決まっているわけではなかったのです。

警戒宣言が出されて新幹線や高速道路や経済活動が止まっている間は、地元の人々の不安はもちろんたいへんなものですが、そのほかに、経済損失だけで、1日7200億円を超えるという試算もあります。これは民間シンクタンクの日本総合研究所（東京）が1994年に算定したものです。

この「解除」は、ある意味では「発表」よりもむつかしいと言えます。しかるべき「前兆」だと思って発表したのですから、軽々に解除は出来ません。もし解除した後で、大地震が来てしまったら、大失態になるのは明らかだからです。

これらの問題点を解決するために、2004年1月からの3段階の情報発表では、黒白判定を定量化した、と気象庁は言っています。愛知県から千葉県までの各地に36カ所設置してある「体積歪計（たいせきひずみけい）」という地殻変動の観測器のうち、3地点で変化があったときに「黒」判定である「東海地震予知情報」を出し、2カ所のときは「東海地震注

意情報」、1点だけの場合は「東海地震観測情報」を出す、というわけです。なお、36カ所のうちの5カ所は「3成分歪計」というものですが、岩の歪み（ひずみ）を計る仕組みは同じものです。

しかし、いったん出した警報の解除についての規準は、いまだに決まっていません。実際に警報を出してから、もし地震が来なかったら、解除すべきかどうか、大変な問題を生じる可能性があるのです。

2003年に政府が東海地震対策大綱を作って東海地震の予知体制を組み直しました。それに対応して判定会の基準を変えたのですが、このときに、地震活動には重きを置かず、警戒宣言を発令する基準としてはプレスリップの検出、つまり体積歪計と3成分歪計だけに頼ることに舵の切り直しをしたのです。

体積歪計とその内部の仕組み

A：測定部
B：ベローズ（伸縮蛇腹）
S：受感部
E：膨張セメント
R：溢路
V：バルブ（ゼロ・リセット用）
Bm：バイモルフ（高周波用電気変換器）
DT：差動変圧器（低周波・直流用電気変換器）
H：感度検定用ヒーター

▼体積歪計

（撮影　島村英紀）

114mm

2 地震予知のバラ色の夢は消えてしまった

2.8 地震予知の救世主

最近、大地震の前に「プレスリップ」というものがあるかもしれない、という学説があります。

■プレスリップとは

「プレスリップ」とは、大地震がいわゆる大地震として起きる前、早ければ数日以上前から、遅ければ大地震直前までの間に、本震を起こす震源断層がゆっくり滑り始めることをいいます。プレスリップとは、それが始まったら、地震はもう止まることが出来なくて、近々、大地震に至るというものだと考えられています。

もし、このプレスリップが本当に存在するのなら、そして、それを前兆として捉えることが出来るのなら、近々襲ってくる大地震を予知することが出来るかもしれません。つまり、このプレスリップは、ほかの前兆が次々に討ち死にしたあとの、「地震予知の救世主」になるかも知れないというので注目を浴びているのです。

しかし、プレスリップは、過去に一度も観測器で記録されたことがありません。実際にどのくらいの大きさのものが起きるのか、事前に見積もりようもありません。しかし最近の研究結果では、本震のエネルギーの1000分の1とか10000分の1とか、あるいはもっと小さなものだろうといわれています。

プレスリップは、震源断層の全部ではなく、その一部でしか起きません。しかも、どこで起きるかも分かりません。プレスリップは地下にある震源断層が動くことですから、それにともなって、変形が地表にも伝わり、震源近くの観測点には地殻変動の微小な変化が現れることが期待されています。

しかし、この小さい変動を的確に検知出来るものかどうかは未知数なのです。つまり東海地震の直前にプレスリップがあるかどうか、あっても事前に捉えられるかどうかは確かではないことなのです。

■ 唯一のプレスリップの例？

　いままでに、プレスリップかもしれない、という例がひとつだけありました。それは、1944年に起きた東南海地震（マグニチュード7.9）のときでした。その日の朝、たまたま静岡県の掛川で測量をしていた人たちが、同じ路線を往復して原点に帰ってきても、地面の標高が同じにならないので首をひねっていました。そして、そのときに大地震が起きたのです。

　これは、その日の朝から、プレスリップが、ごくゆっくり「すでに始まっていた」のではないかという解釈があります。しかし、これが本当にプレスリップだったのかは、議論が分かれます。震源から遠すぎるし、そのわりには変化が大きすぎる、と考えている地震学者もいます。ですから、次に起きる大地震のときに同じような現象が出るかどうかの保証はないのです。

　また、悲観的な見通しとしては、いままであれほど追い求めてきた前兆として、プレスリップらしいものがとらえられたことは一度もなかったことがあります。本震より前に起きた、ふだんとは違う現象のすべてが前兆と考えられてきたわけですから、もし、プレスリップのようなものがあれば、当然前兆のひとつとして数えられ、地震予知の大成功として、宣伝されていたはずだったからです。

　2003年に起きた十勝沖地震（マグニチュード8.2）のときにも、プレスリップは観測されませんでした。十勝沖地震は東海地震と同じ海溝型の巨大地震でした。

想定したプレスリップと地震予知の可能・不可能（気象庁資料から）

▼予知可能な例

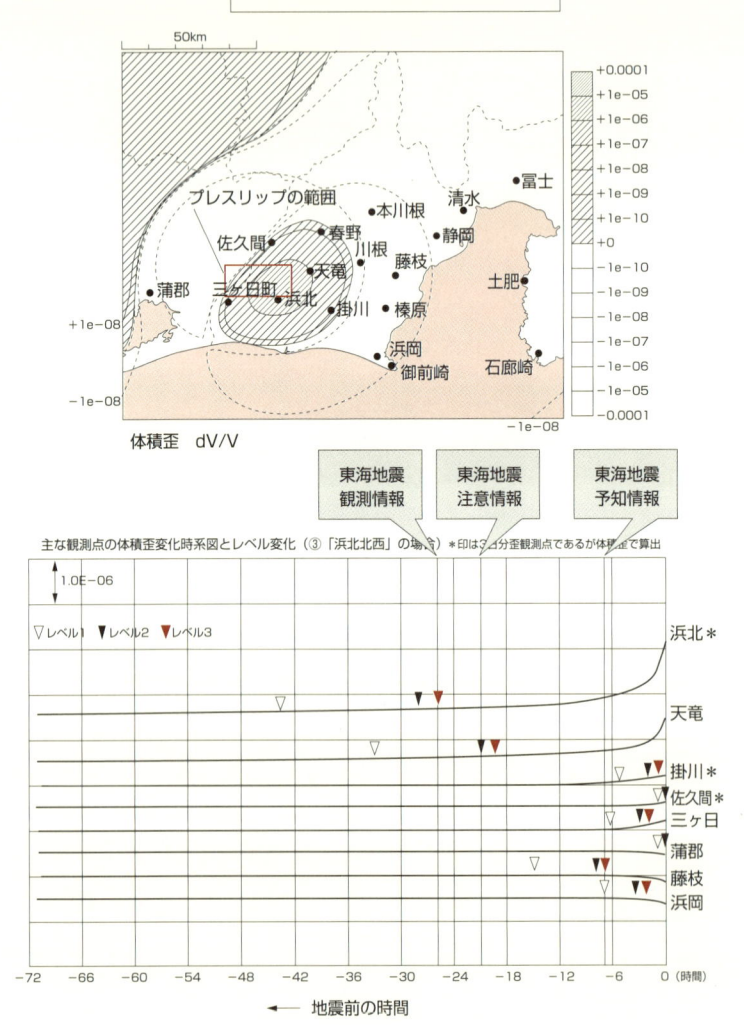

内陸部：浜名湖の北東を想定
プレスリップの最終規模（Mw）＝6.5

体積歪 dV/V

主な観測点の体積歪変化時系図とレベル変化（③「浜北北西」の場合）　＊印は３成分歪観測点であるが体積歪で算出

東海地震観測情報　東海地震注意情報　東海地震予知情報

▽レベル1　▼レベル2　▼レベル3

浜北＊
天竜
掛川＊
佐久間＊
三ヶ日
蒲郡
藤枝
浜岡

← 地震前の時間

▼ほとんど不意打ちの例。もしこの大きさのプレスリップが海底で起きたら、完全に不意打ちになる

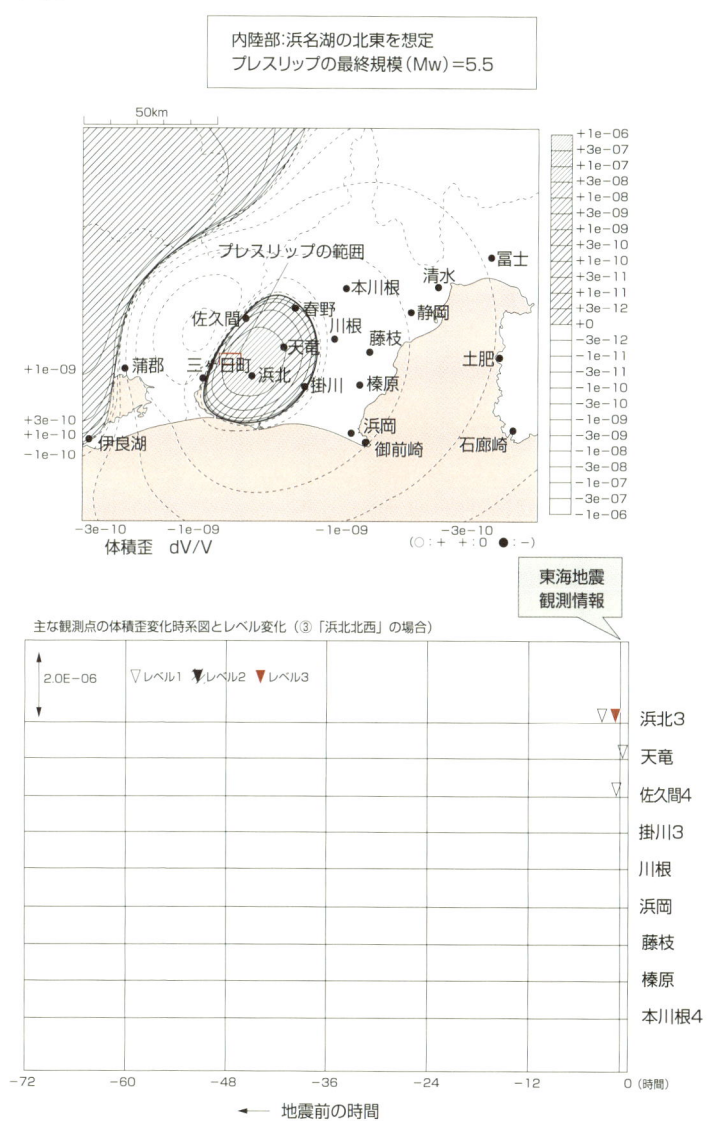

内陸部:浜名湖の北東を想定
プレスリップの最終規模(Mw)=5.5

主な観測点の体積歪変化時系図とレベル変化（③「浜北北西」の場合）

2 地震予知のバラ色の夢は消えてしまった

9 地震雲や動物の地震予知は本当か

地震予知について昔からいわれているものに、いわゆる宏観（こうかん）異常現象というものがあります。

■「錯誤相関」の影響

宏観現象とは、動物の異常行動とか、地震雲とか、発光現象とか、地下水や地下ガスの異常など、観測器を使わなくても、一般の人たちが見つけられる前兆現象のことです。

実際、阪神淡路大震災後にも、こういった宏観異常現象を紹介した何冊もの本が出版されましたし、中には、ある大学の先生が前兆を1500例も集めたという本もありました。また、毎度のことながら、テレビなどのメディアでも大きく紹介されました。

この種の報告された前兆のほとんどすべては、地震後に報告されたものでした。しかし、事後の報告と事前の報告とは、地震に間に合わなかったというだけではなくて、じつは、もっと本質的な違いがあるのです。それは事後の前兆報告は、心理学で言う「錯誤相関（さくごそうかん）」の影響を受けている可能性が高いからなのです。

錯誤相関とは、地震に限らず、心に深く残った事件のあとで、「そういえば…」と思いつく現象の報告が、心理的な偏向を受けてしまうことです。地震の前兆についてこの錯誤相関を最初に指摘したのは、心理学者である信州大学の菊池聡先生です。

ふだん何気なく見ていることは、地震のような大事件がなければ忘れてしまいます。事件があったから、ふだん何気なく見ていることが、たとえ、それらがいつでも起きうる現象だとしても、そう言えば、ということになりやすいのです。つまり、事件（この場合には地震）について、ある先入観や期待を持っている人は、日常的にいつでも起きうる出

来事に、「意味のある現象」を見出してしまうのです。また、極端な場合には、記憶にある曖昧な出来事から、実際にはなかった「前兆」を作り上げてしまう場合さえもあるのです。

ほんとうに前兆だったかどうかを科学的に立証するためには、厳密な検証が必要です。「前兆があって地震が起きた」ということを立証するためには、「その前兆がなかったのに地震が起きた」例や「その前兆と同じ現象が起きたのに地震がなかった」例や、「その前兆と同じ現象は起きなかったし地震もなかった」例を正確に数えて比べなければなりません。このような厳密な比較をしなければ、「地震」と「何かの前兆」という2つの現象が関係しているかどうかを科学的には立証出来ないのです。

しかし、この2番目から4番目までは、ふだんからよく起きていることですから、人々の記憶には残っていないのが普通です。冷静に数えている人もいないでしょう。それゆえ、事例全体の数からいえばごく少ない一番目の事例だけが強調されることになってしまうのです。こうして「なにかの前兆があって地震が起きた」ことだけが強調されてしまいます。これが「錯誤相関」なのです。

菊池による「4象限」の切り分け図

ほんとうに前兆だったかどうかを科学的に立証するためには、次の4つの例の数を正確に数えて比べなければならない。このような厳密な比較をしなければ、「地震」と「何かの前兆」という2つの現象が関係しているかどうかを科学的には立証出来ない。

「前兆があって地震が起きた」例	「その前兆がなかったのに地震が起きた」例
「その前兆と同じ現象が起きたのに地震がなかった」例	「その前兆と同じ現象は起きなかったし地震もなかった」例

2 地震予知のバラ色の夢は消えてしまった

大地震は冬に起きる？

　名探偵なら、どうするでしょう。
　大事件が13回起きました。そのうち5回は12月に、あとのすべての事件もそれぞれの年の8月から2月までに起きました。
　なぜ3月から7月までには1回も起きなかったのか、12月には何かがあるのか、まず調べようとするにちがいありません。
　事件とは、日本の南岸のすぐ沖に起きるマグニチュード8クラスの巨大地震です。東南海地震（1944年）や南海地震（1946年）など、フィリピン海プレートが日本で起こした過去の大地震を数えたらこのようになったのです。
　残念ながら現代の地球物理学者は名探偵の能力は持っていないことが明らかです。なぜこんなことが起きたのか、いまだに説明が出来ないのです。
　気温や海の水温の違いのせいでしょうか。でも地震が起きる深海底では水温は気温の影響も受けず、一年中一定なのです。
　では気圧はどうでしょう。気圧はもちろん日々の変動がありますが、平均すると冬の方が10ヘクトパスカルほど夏よりも高いことが分かっています。
　しかしこれだけの違いでは、たとえ大地震が臨界状態にあったとしても「引き金を引く」にしてはあまりにも小さすぎる力しか出せないのです。
　一方、この13個の地震がなんの理由もなく偶然に起きているのだとしたら、このように冬に揃って起きる確率はわずか2％しかないことが計算出来ます。
　さて、偶然なのか、それとも、まだ解明出来ていない理由があるのか、地球物理学者は推理能力の乏しさを嘆いているのです。

第3章

なぜ地球という星に地震が起きるのだろうか

　地球という太陽系の惑星のひとつに、なぜ地震が起きるのでしょう。それは地球がまだ完全に冷えて固まった星ではないからなのです。

31 地球の構造はタマゴそっくり

地球の構造を説明するのに、タマゴにたとえると分かりやすいかも知れません。

■ 地球をタマゴにたとえてみると

地球をタマゴにたとえたときに、ちょうどタマゴの殻の厚さくらいの硬い岩が、地球の表を覆っています。これがプレートです。実際の厚さは70から150キロほどあります。

地球がタマゴとちがうところは、このプレートがタマゴの殻のようにひと続きのものではなくて、いくつかに割れていることです。大きな殻は7つありますが、そのほかに小さい殻が、いくつもあります。

大きな殻には、ヨーロッパ大陸とアジア大陸とを一緒にしたユーラシアプレートとか、太平洋のほとんど全体の海底を作っている太平洋プレートとかがあります。これらのプレートのさしわたしは1万キロメートルを越えます。大きいほうの横綱はアルプスが乗っているユーラシアプレートで、ヨーロッパからシベリア、そして中国や朝鮮まで乗っている巨大なプレートです。

しかし、こんな巨大なプレートといえども、地球の中に深い根をはっているわけではありません。アルプスもシベリアも、プレートの上に、ちょこんと乗っているだけです。薄いタマゴの殻の上の、ほんのわずかな凸凹がアルプスやヒマラヤにすぎないのです。

小さい殻には、日本のすぐ南にあるフィリピン海プレートとか、イランで地震を起こすアラビアプレートと言ったものがあります。これらは、さしわたしが2000～3000キロの大きさしかありません。フィリピン海プレートは、プレートとしては小さいものですが、恐れられている東海地震は、このプレートが起こすものだと考えられています。

このプレートがタマゴともうひとつちがうことは、プレートが割れたまま、じっとしているわけではなくて、おたがいに衝突をしたり、こすれあったりして、動きまわっていることです。

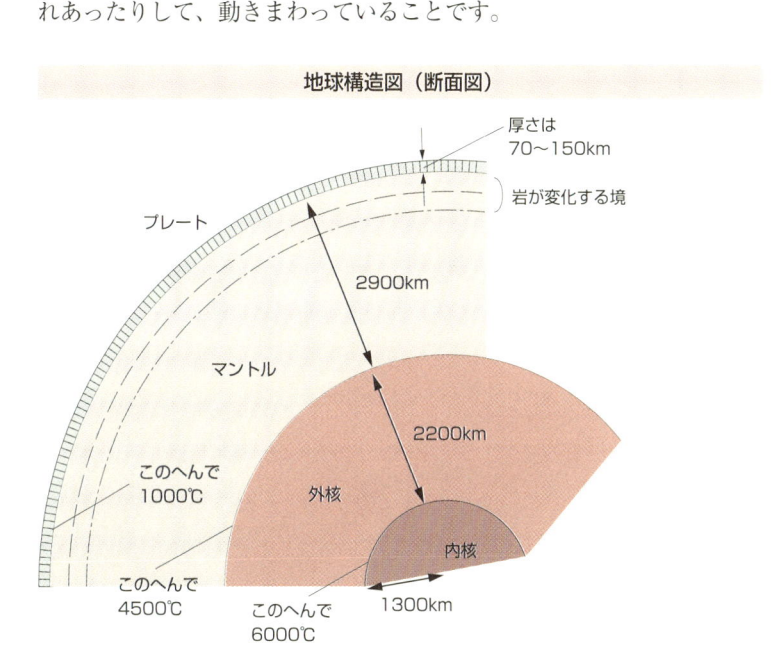

地球構造図（断面図）

- プレート
- 厚さは 70〜150km
- 岩が変化する境
- マントル
- 2900km
- このへんで 1000℃
- 外核
- 2200km
- 内核
- 1300km
- このへんで 4500℃
- このへんで 6000℃

■ プレートの誕生から死まで

　タマゴの殻の下にはやわらかい白身があります。マントルと言われている岩で、温度が高いせいで岩が柔らかくなっています。このためマントルは、まるでハチミツのような粘り気の強い液体のように、ごくゆっくりながら、プレートを上に載せたまま流れているのです。

　プレートは巨大なものですから、その動く速さも、けっして速くはありません。人間の爪が伸びるくらいの速さで動きます。プレートの動く速さは、速いものでも年に10センチ、遅いものでは1センチといったものです。

しかし、地球の歴史の長さに比べれば、百万年前や千万年前は、ほんの昨日のようなものですから、その間には、プレートは何百キロメートルも動いてしまうことになります。
　プレートは動いているだけではありません。海底には新しいプレートが次々に生まれて来ている場所があります。
　また、海底には、プレートが他のプレートとぶつかって、片方のプレートが押し負けて、地球の中に潜り込んでいっているところもあります。
　潜りこんで行ったプレートは、やがて時間がたつと、地球の中で、温

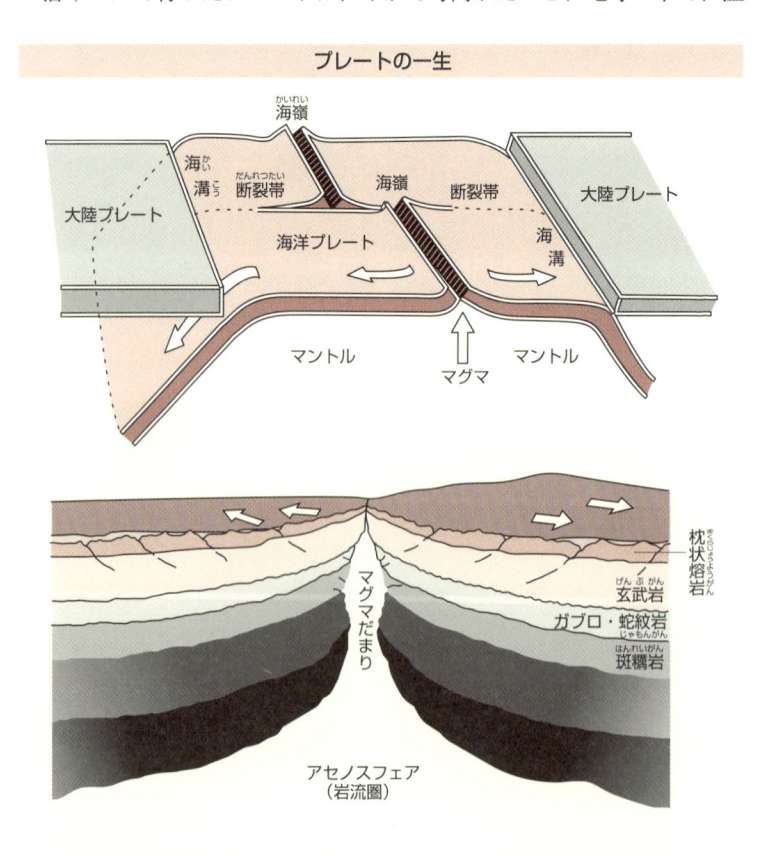

プレートの一生

海嶺（かいれい）
大陸プレート
海溝（かいこう）
断裂帯（だんれつたい）
海嶺
海洋プレート
断裂帯
大陸プレート
海溝
マントル
マグマ
マントル

枕状熔岩（まくじょうようがん）
玄武岩（げんぶがん）
ガブロ・蛇紋岩（じゃもんがん）
斑糲岩（はんれいがん）
マグマだまり
アセノスフェア
（岩流圏）

度が上がって、溶けて形をなくしていきます。プレートが姿を消してしまうのです。つまり、海底にはプレートの誕生の場所も、墓場も、両方ともあるのです。誕生の場所が海嶺で、墓場が海溝というところです。

ところで、タマゴと地球と、どっちが強いのでしょう。

岩の方がタマゴよりも強いに決まっているって？ いえ、そうではありません。じつは地球はタマゴと比べると、ずっと弱いのです。

タマゴは、机の上に置いても、もちろん何も起こりません。しかし、地球はちがいます。

もし地球を何かの上に置いたとしましょう。何が起こるでしょう。地球は自分の重みだけでペシャンコに潰れてしまうのです。

地球の殻は地球を支えることは出来ません。地球とはそれほど弱いものなのです。地球は宇宙に浮いているからこそ、丸い形でいられるのです。

地球を突き抜けた地震波（地震波3万キロの旅）

　私の友人の地震学者である中西一郎さん（元北海道大学、現京都大学）は、南太平洋のフィジー島の地下で大きな地震が起きるのを待っていました。おあつらえむきの地震はなかなか起きません。10年でも待つ気でした。気の長い話です。目的は、大西洋のまん中にある中央海嶺の地下深くがどうなっているかを研究するためでした。

　大西洋の地下を調べるために南太平洋の地震？　不思議に聞こえるでしょう。しかも、中西さんは北海道に置いてある地震計を使って待ちかまえていたのです。三題ばなしのようですね。

　フィジー島の地震から出た波は、地球を突き抜けて、大西洋中央海嶺まで達します。

　でも、地震が大きくて地震波が強いものだと、そこで跳ね返って、また地球の中に向かいます。池に石を投げたときに、水面の上の波が拡がっていって、池の縁から反射して帰ってくるように、地震の波も、地球のなかで、行ったり来たりすることがあるのです。

　こうして地震の波は、地球の中をもういっぺん突き抜けて、こんどは日本の下にやって来て、日本にある地震計に捕まえられるのです。まるで、ビリヤードの球のような計算です。つまり、日本の地震計の記録を研究すれば、地球の反対側の大西洋中央海嶺のことが分かるのです。

　南太平洋も日本のように地震がよく起きるところですが、それでも、大きな地震は、何年かに一度しか起きません。中西さんに幸いだったことは、待ち始めてから3年目に、この待っていた地震が起きてくれたことでした。

　地球の中で、地震の波はたいへんな速さで伝わります。地球の浅いところでも、1秒間に4キロとか6キロメートルですが、深くになると、1秒間に13キロ以上もの距離を走ります。この速さはジェット旅客機の15倍から45倍という速さです。そんな速い地震の波でも、フィジーから大西洋まで行き、最後に日本に到着するまでに35分もかかりました。

　この間に、地震の波は、地球の中を3万キロ近くも旅したことになるのです。こうして、日本にある地震計のデータから、大西洋の海嶺の地下深くの研究がひとつ出来たことになります。

　そして、もうひとつ幸いなことは、この地震が深いところで起きたために、建物にも人間にも、何の被害も出さなかったことでした。

でも、こんな大きな地震が、しかもお誂えむきのところに起きてくれることは滅多にありません。ですから、地球の中深いところのことは、まだまだ、ナゾが残っているのです。

　中でも、マントルと外核との境、つまり固体の岩と液体の金属との境には、まだ多くのナゾが残っているのです。この境は、いったいどんなになっているのか、凸凹なのか、鏡のようにすべすべなのか、といったことは、まだ、ほとんど分かっていません。

　地震が起きるのを待っているのは、貧乏神や疫病神だけではなくて、地震学者もそうなのです。

2 プレートは海嶺で生まれた

海の底では新しいプレートが次々に生まれて来ています。プレートが生まれるところを海嶺といいます。

■ プレートの故郷・海嶺

　プレートが生まれる海嶺（かいれい）は、大洋中央海嶺とか中央海嶺とも呼ばれています。太平洋には太平洋中央海嶺が、大西洋には大西洋中央海嶺があります。海嶺は海底にある火山の列です。それぞれの山頂からは熔岩が出てきていて、海の水にふれると、冷えて、固まって岩になります。この岩が出来たばかりのプレートなのです。熔岩が出て来ているということでは海嶺は火山と似ています。しかし、ちがうことは、ひとつの火山ではないことです。列のように、いくつもの巨大な火山が次々に並んでいるのが海嶺なのです。

　海嶺とは、深い海の中を延々と走っている大山脈で、その高さは3000〜4000メートルもあります。しかし海が深いために、山の山頂は、海からは顔を出してはいません。海面よりもずっと下にあります。山頂の深さは、ふつう水深2000〜3000メートルのところにあります。

　海嶺は、山の高さからいえば、日本アルプスなみです。しかし、長さがだんぜんちがいます。海嶺の長さは、何千キロも続いているのが普通で、中には一万キロを越える長さのものもあります。

　大西洋中央海嶺は、北極海から始まってアイスランドを通り、どんどん南へ行って赤道を越え、さらにアフリカの南の端の沖まで行っています。ここはもう南極に近いところです。これだけでも、長さは13000キロを越えています。しかし、それだけではありません。この海嶺は、さらにアフリカの南をまわって、インド洋にまで続いているのです。世界の海嶺の長さを足し合わせると75000キロにもなります。地球ふたまわ

り分もあるのです。

しかし残念ながら、人間の目では、この海底の大山脈を見ることは出来ません。海の中では遠くまで光が届かないからです。もし見ることが出来たら、この海底の大山脈は、アルプスよりも、グランドキャニオンよりも、ずっとすばらしい景色にちがいありません。

私が1990年夏から研究に行っているアイスランドは、ちょうど大西洋中央海嶺が顔を出した島です。アイスランドだけは、この海底の火山の山頂が海面から出ている例外なのです。たまたま背が高くて、海の上に頭を出しているわけです。北海道よりちょっと大きい島で、島じゅうが熔岩におおわれています。このため、木や草はあまり生えていません。

アイスランドは海底にあるはずの景色が、たまたま陸上で見られる、という珍しい場所なのです。熔岩が出て来て次々に固まっていく出口になっている深い割れ目が、地面の上をずっと遠くまで走っています。

3 なぜ地球という星に地震が起きるのだろうか

陸上で見られる「海嶺」(ギャオ／アイスランド)

(撮影　島村英紀)

3 プレートが広大な海底を作った

海底にある世界一の大山脈、海嶺で次々に生まれていくプレートは、あちこちの海をゆっくりと押し拡げています。

■ 太平洋と大西洋

　世界一広い太平洋も大西洋も、プレートによって拡がってきました。太平洋の底は太平洋プレートというプレートで出来ています。太平洋が大西洋とちがうのは、海嶺がまん中になくて、ずっと東にかたよっていることです。つまり太平洋の中央海嶺は、中南米の沖にあるのです。不思議なことですが、真ん中にあるのではなくて、なぜこんな東にかたよってあるのかは分かっていません。

　この中央海嶺から日本までは1万キロもの距離があります。1万キロの間の海底は、すべて東太平洋海嶺から出て来た熔岩が固まった岩で出来ています。次々に順番に海嶺から出て来たわけですから、海嶺に近いほど新しく、日本に近いほど古い熔岩が太平洋プレートを作っています。

　しかし、何という多くの熔岩が太平洋の中央海嶺から出て来たのでしょう。厚さが約100キロもある太平洋プレートを1万キロもの長さに作って、いまでもなお、新しいプレートを作り続けているのですから。陸上のどんな火山でも、これほど多くの熔岩を出したことはありません。

　東太平洋にある「海嶺」は、じつは東太平洋「海膨」（かいぼう）と名付けられています。これは昔、海底にある山脈がどうして出来たのか分かる前、たんに地形の見かけだけから名付けたからです。海膨とは、海嶺よりは幅が広く、すこしなだらかなものに名付けられた名前です。いまは海嶺と同じ出来方で作られたことがわかっています。

　大西洋や太平洋のような大きな海でなくても、ずっと小さな海でも海底で海嶺が活動している海があります。紅海というのを知っています

か。日本からヨーロッパへ船で行くときに通るスエズ運河は、紅海の北の端から地中海までの間にある小さな砂漠を掘り下げて作られました。

　この紅海は、幅が本州の幅しかないほど狭い海です。長さも2000キロで、面積も日本の陸地よりちょっと広いくらいしかありません。しかし、この狭い海の底には、立派な海嶺があるのです。じつは、この海嶺は、まだ子供なのです。他の海嶺がずっと昔から活動している大人の海嶺であるのに比べて、ここの海嶺は、あとから活動を始めたのです。ですから、紅海はまだ狭い、というわけです。

　太平洋の海嶺は、少なくとも2億年も前から活動していました。これは世界の海嶺の中でも、古いほうです。これに対して、紅海の海嶺が活動を始めたのは、1500万年ほど前です。いま紅海があるところには、もともと大陸しかありませんでした。太平洋の海嶺の方が10倍も年をとっているのです。

3 なぜ地球という星に地震が起きるのだろうか

世界のプレート

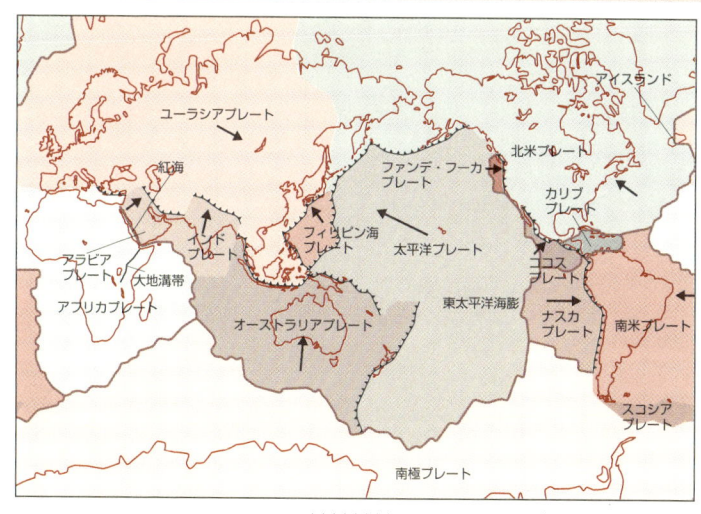

中央海嶺軸（拡大する場所）　　プレートの沈む場所と方向　　アフリカプレートを不動としたときのプレートの動き

（国立科学博物館ホームページを元に作成）

3-4 プレートが日本列島を作ってくれた

日本列島も、プレートによって作られました。太平洋から運ばれて来た島や火山が集まって出来たのです。

■日本列島は終着点？

　海嶺で生まれたプレートは、次々に海嶺から離れて遠くへ行くことになります。そして海嶺では、あとから次々に新しいプレートが海嶺で生まれて来ているのです。海嶺の下には熔けた熔岩（マグマ）があり、つぎつぎに上がってきては固まって、新しい岩になっていっています。

　これはちょうど、ケーキ工場で作ったケーキをベルトコンベアに乗せて送り出していく風景と似ています。前に作ったケーキは向こうに、そしていま作ったばかりのケーキはすぐそこにあることになります。プレートもこのケーキと同じなのです。プレートがケーキとちがうことは、一個一個に別れていないで、プレートはつながっている、ということです。

　太平洋プレートは東太平洋にある海嶺で生まれて、いままでに1億年以上も動きつづけてきました。この間にはプレートのいちばん先の部分は、1万キロ以上もの旅をして来たことになります。日本はこの太平洋プレートのいちばん先にあります。つまり太平洋プレートをのせたベルトコンベアの終点にあるわけです。

　ベルトコンベアに乗っているプレートは、自分が乗せられて動いているだけではありません。プレートの背中の上には、いろいろなものが乗っています。大陸が割れたかけらの島があります。海の中にポツンと浮かぶ火山島や、サンゴ礁もあります。

　これらの島やサンゴ礁は世界中の海の中のあちこちにあるのですが、どれもプレートの中深くまで根が伸びているものではありません。つま

り、プレートの上に乗っているだけのものなのです。ハワイだけは根が生えているので他の火山島とは違います。

■日本列島はこうしてできた

それだけではありません。海の底には、海の上までは顔を出してはいませんが、海底からそびえ立っている多くの山もあります。海山といわれているものです。富士山よりも大きな海山はいくらでもあります。

日本付近の海底の鳥瞰図

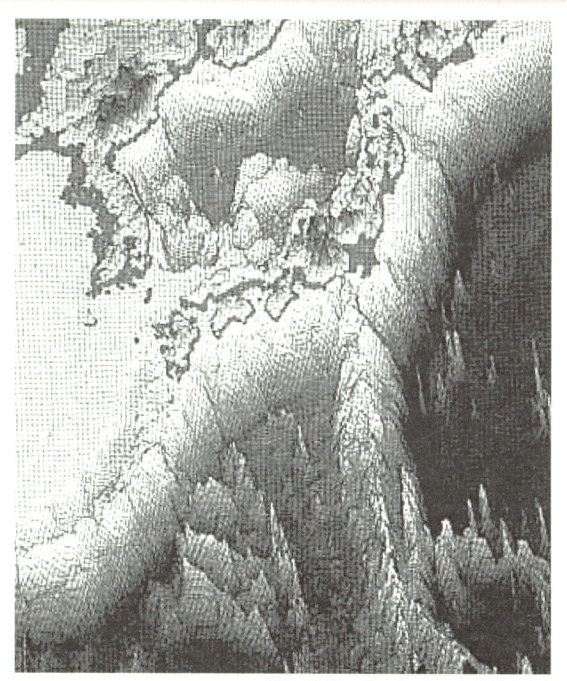

（資料提供　海上保安庁海洋情報部）

日本周辺には驚くほど多くの海山がある。

また、海底の山というにはあまりに大きい海底大陸のようなものさえあるのです。これら多くの海底にある山も、プレートに乗って動いています。
　では、太平洋プレートがベルトコンベアで日本のほうに運ばれて来たとき、これらの島や大陸のかけらや海底火山はどうなったのでしょう。じつは、これらのものは日本にくっついていったのです。
　日本は、これら太平洋から運ばれて来た多くの島や火山が、風に吹き寄せられた木の葉が池の端に集まるように、次々にくっついて出来た島なのです。ですから、日本の陸の上には、もとサンゴ礁だった部分や、もと海山だった部分が、あちこちに見られるのです。日本の陸の上にある岩を見て回っただけでも、昔の海底の探検が出来るのです。日本を運んで来て、今のように作ってくれた立て役者はプレートだ、ということになります。

■「島」だった伊豆半島

　いまの日本列島に最後にくっついた部分は伊豆半島です。大きな火山島だった伊豆半島が南からやってきて、本州に衝突して、そのままくっついたのです。
　くっついたのは数十万年前のことです。東京から名古屋に向かう東名高速道路が、大井松田（神奈川県）から右へ大きく迂回して御殿場を経て沼津（静岡県）へ到るところがあります。JRの御殿場線もほとんど同じところを通っています。
　なぜ、こんなに曲がっているのか知っていますか。この部分は伊豆半島になった「島」が本州にぶつかってくっついた「継ぎ目」の部分なのです。それゆえ、元の「島」の北側の海岸線の形が残っているために、まわりの山よりも低くて、道路や鉄道を通しやすかったのです。火山島であった伊豆半島を突っ切る長い丹那トンネルが出来るまでは、御殿場線が東海道線の本線でした。

伊豆半島のようす

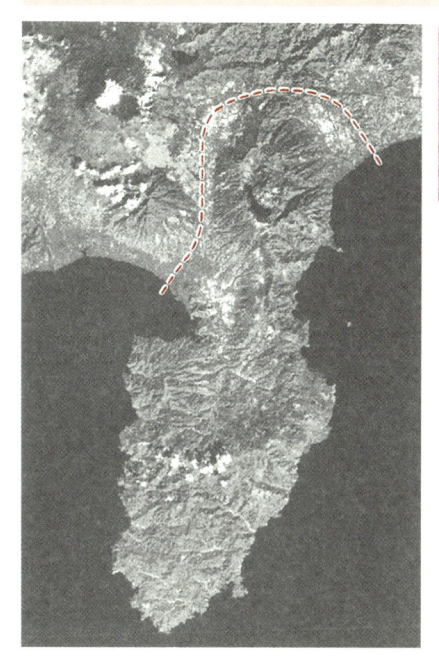

点線は火山島だった伊豆半島と本州が衝突した接合線。東名高速道路やJR御殿場線（旧東海道線）はここを通っている。
島村英紀『地震列島との共生』（岩波書店）から。

3 なぜ地球という星に地震が起きるのだろうか

5 「余った」プレートは衝突している

海嶺で新しいプレートが次々に生まれて来たら、地球の上にあるプレートは多くなりすぎないでしょうか。

■ 余ったプレートのゆくえ

余分なプレートはどうなるのでしょう。じつは余ったプレートは、どこかで別のプレートと衝突をすることになります。

プレートには2種類あります。太平洋プレートのように、海底にあるプレートのことを海洋プレートといいます。東海地震を起こすのでは、と考えられているフィリピン海プレートも海洋プレートです。一方、ユーラシアプレートや、インドプレートのように上に陸が乗っているプレートを大陸プレートといいます。

そして、衝突をして負けるのは、いつも海洋プレートのほうなのです。太平洋プレートとユーラシアプレートが押し合うところでは、太平洋プレートが負けて、地球の中に潜り込んで行ってしまうのです。

これはプレートの比重（重さ）のちがいのせいです。海洋プレートのほうが、大陸プレートよりも重いためなのです。両方ともマントルという地球の白身の上に浮いていますから、押し合ったときには重いほうが押し負けてしまうわけなのです。

では大陸プレートどうしが押し合ったときにはどうなるでしょう。たとえば、インドが乗っているプレートはインドプレートという大陸プレートですが、このプレートは南からやって来て、4000万年前から、ユーラシアプレートとぶつかって、それ以来ずっと押し合っています。

じつは、ヒマラヤの高い山々は、このプレートの押し合いで出来たものです。両側から押し合っているうちに、せり上がってしまったので

す。いまでもインドプレートは北へ動き続けていますから、ヒマラヤ山脈は、ゆっくりですが、高くなり続けています。この70万年ほどは毎年約1センチずつ高くなってきたことが調べられています。

さて、地球の中に入って行ったプレートはどうなるでしょう。まわりの温度が高いので、しだいに熱くなり、やがて溶けてしまうのです。つまり形がなくなって、消えてしまうことになります。でも、地球のどの深さのところでプレートがなくなってしまうかは、まだナゾとして残されています。

しかしいずれにせよ、海嶺で次々に生まれていくプレートは、爪が伸びるくらいの速さでしだいに海嶺から遠ざかって行って、やがて海溝で地球の表面からは消え去ります。その後地球の内部に潜っていって、熔けてしまいます。これがプレートの一生です。

プレートの一生は短くても何百万年、長ければ1億年以上という長いものです。太平洋プレートはプレートのなかでももっとも長命のプレートです。

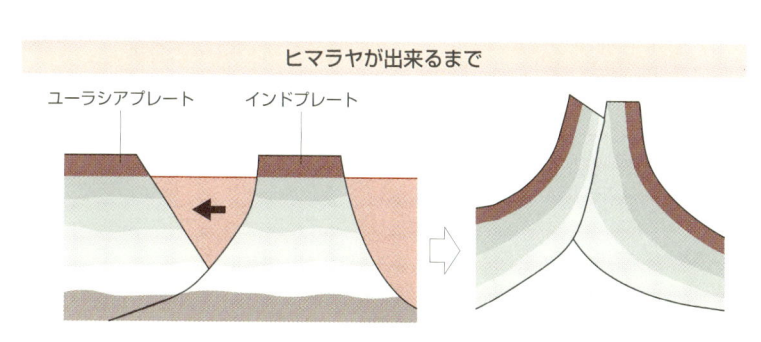

3 なぜ地球という星に地震が起きるのだろうか

ヒマラヤが出来るまで

ユーラシアプレート　インドプレート

2005年10月のパキスタン北部地震も、このインド大陸の衝突で起きた。9万人以上が犠牲になり、300万人以上が家を失った。

■プレートの命は短い

しかしそれでも、地球が出来てから現在までの時間である約46億年に比べれば、プレートの命は短いものです。地球の歴史の中でプレートは次々に生まれ、それぞれの旅路の果てに、次々に死んで行ったのです。

このようにプレートが生まれたり衝突したり、なくなっていったりすることを論じる学説をプレート・テクトニクスと言います。登場時はひとつの仮説にすぎませんでしたが、現在では、大筋では正しいものと思われています。

地震計で分かった月の構造と深い震源

地球は内部がまだ溶けていますが、月は冷えて固まってしまった星です。それゆえ月ではプレートが動くことも、火山が噴火することもありません。

冷えてしまった月には、地震も起きないのでしょうか。しかし1969年から6回にわたって人類が初めて月に行ったアポロ計画のときには、地震計を置いて来ることが、大事な計画のひとつでした。

なぜ、地震計を持って行ったのでしょう。月へ持って行く観測のための機械は、ロケットに積んで行くものですから、どんなむだも許されません。どうしても必要な機械だけ、それも1グラムでも軽いものを、と選びぬかれた機械ばかりです。

その選ばれた機械の中に地震計が入っていた主な理由は、人工地震のためでした。人工地震とは、身体のレントゲン写真を撮るようなものです。月や地球の中はX線も電波も通すことは出来ません。だから地震の波を使って中を覗くのが一番いい方法なのです。これが人工地震です。

人工的に地震の波を起こして、その波が月の中を伝わってから地震計に記録されます。その記録を調べれば、月の中にどんな岩があるか、分かるというわけです。

レントゲン写真は、X線が身体の中を通って来たのを写真のフィルムに記録します。つまり地震計がX線のフィルムなのです。地球の中を調べるためには、人工地震はいちばん期待されている方法です。

では、どうやって人工的に地震の波を起こすのでしょう。地球の場合には、火薬を爆発させたり、重い錘で地面をたたいたりします。

　月ではどうしたのでしょう。たくさんの火薬を月まで運んで行くのは危険です。重い錘を持って行くことはもちろん出来ません。小さな火薬はいくつか使われました。これも万が一の事故を防ぐために、宇宙飛行士が月から飛び立ってからリモートコントロールで爆発させました。

　しかし、月の奥深くを調べるためには、もっと強い人工地震も必要でした。このため、ブースターといわれる、地球へ帰るために宇宙飛行士が月から飛び上がるロケットの一段目を月に落とすのを人工地震に利用することにしました。これがロケットから切り離されて落ちてきて、月に激突したときに、人工的な地震の波が出る、というわけです。

　こうして月の中を探ることは、一応、成功しました。表面から１キロくらいまでは砂や泥が固まったもの、その下はやや固い岩があって、６０キロから下は、ずっと硬い岩があることが分かったのです。

　しかし残念なことに、その後月には地震計は行っていません。米国のNASA（航空宇宙局）はアポロ計画のあと、宇宙開発のお金がなくなって、月の科学が進められなくなってしまったのです。

　じつは、月に運んだ地震計は学者が予想もしないものを記録していました。

　隕石が月に衝突したときの振動もありました。地球とちがって空気がない月では、隕石が地表に落ちて来るまでに、空気とこすれあって流れ星になって溶けてしまうことがありません。このため、隕石が地球よりもずっと多く落ちて来ているのです。隕石のスピードは恐ろしい速さですから、落ちたときにはすさまじい衝突になります。地球の空気は、隕石が落ちてこないことにも役に立っているのです。大きな衝突では、月の反対側に置いた地震計にまで、地震の波が記録されていたこともありました。

　しかし、調べてみると、ほんとうの地震もあったのです。月に置いた地震計は人工地震だけではなく、地震としか思えない不思議な記録をとらえていたのです。それらは、地球で地震計が記録している地震の記録とはずいぶんちがう記録でした。何分も、ときには１時間以上も、月が揺れつづけていたのです。

　もっとも、月に「地」震が起きるわけがない、と言うもしれません。

そういうあげ足を避けるためかどうか、月に起きる地震には、「月震」という立派な名前がつけられているのです。英語でいえば地震はアース・クエイク、「月震」はムーン・クエイクなのです。

月で起きている地震の数は、地球に比べれば、ずっと少ないものでした。また、地震のマグニチュードもずっと小さくて、マグニチュード3の地震がせいぜいでした。

もっと不思議なことは、月で地震が起こっている場所が、地球とぜんぜんちがうものでした。地震は月の奥深くで起きていて、その深さは800～1000キロもあったのです。月の半径は1740キロしかありませんから、半径の半分とか、もっと深いところで地震が起きているのです。

これは地球と比べて大ちがいです。地球では表面から700キロ、つまり半径のわずか9分の1の深さまでしか地震が起きていないのですから。

月に起きる地震の頻度は月が地球や太陽の引力でわずかに形が変わる「潮汐（ちょうせき）」と関連があり、1か月に2度、地震の数のピークがありました。これらのことから地震は、月の深部にある特別な境界に潮汐によるひずみがたまっておこるものではないかと考えられています。

月は、表面近くはすっかり冷えてしまっているのですが、中まではまだ完全に冷えきってしまったわけではなさそうです。

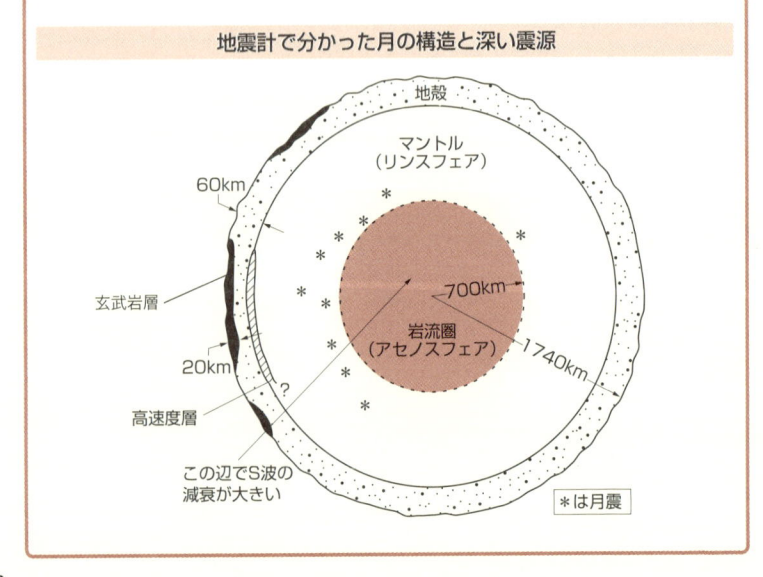

地震計で分かった月の構造と深い震源

- 地殻
- マントル（リソスフェア）
- 60km
- 玄武岩層
- 20km
- 高速度層
- この辺でS波の減衰が大きい
- 岩流圏（アセノスフェア）
- 700km
- 1740km
- ＊は月震

第4章

地震とはどんな現象なのだろうか

　地震というものがどんな現象なのか、いろいろなことが分かってきました。いままで起きていても誰も知らなかった地震や津波だけを起こす地震もあったのです。

4-1 地震は不公平に起きる

世界で地震が起きない国はあるのでしょうか。じつは、世界では地震が起きない国のほうが多いのです。

■ 地震の起きる国・起きない国

アフリカ大陸やオーストラリア大陸の大部分では地震が起きませんし、ドイツも、フランスも、英国も、オーストラリアも、アルゼンチンやブラジルにも、めったに地震は起きません。米国もごく一部の州にしか起きません。

世界には地震の起きない国のほうがずっと多いというのに、日本は世界でも有数の地震国です。日本の陸地の面積は地球の陸地表面のわずか0.28％、まわりの海を入れても0.6％しかないのに、世界の地震の22％もが起きているのです。なんとも不公平ではありませんか。

もっとも、絶対に地震が起きない場所、というのが分かっているわけではありません。地震が起きる場所だとはまず思われてはいない米国中部やヨーロッパの中部で、大地震が起きたことがあるのです。

これらの場所と違って、日本は地震が起き続けてきています。でも、日本よりももっと不幸な地震国もあるのです。イランです。世界で記録に残っているもっとも古い地震は、紀元前3千年にイランで起きました。それ以来、現在のイラン領土の中だけで、1万人以上の犠牲者を生んだ地震だけで35回も起きています。イランでいままでに起きた地震の犠牲者の総数は、なんと200万人を越えています。日本では地震による犠牲者総数は80万人ほどですから、イランの方がずっと多いことになります。しかもイランの不幸なことは、この半世紀の間に、1978年の地震で25000人、1990年の地震で50000人が亡くなるなど犠牲者が1万人を越える地震に4回も襲われたことです。

さて、日本のすぐまわりでも、朝鮮半島には被害を起こすような地震はめったに起きませんし、ロシアでも、千島やサハリンの一部には地震

が起きますが、沿海州やシベリアなどロシアの大部分には地震は起きないのです。

　地震が起きない国では、地震による被害がないだけではありません。私はロシアのモスクワやアルゼンチンのブエノスアイレスで、高いビルを作っている工事現場を見たことがあります。柱を立てて、床を置いて、その床の上に次の階の柱を建てて、とまるで積木の家を作るような作り方をしていました。

　これらの国では、家やビルを造るときにも日本よりもずっと細い柱や弱い壁を使うことが出来ます。つまり、ずっと安くて簡単に家やビルを作ることが出来るのです。では、どうして地震はこんな不公平な起き方をするのでしょう。

4　地震とはどんな現象なのだろうか

世界のどこで地震が起きて、どこで起きないのだろう

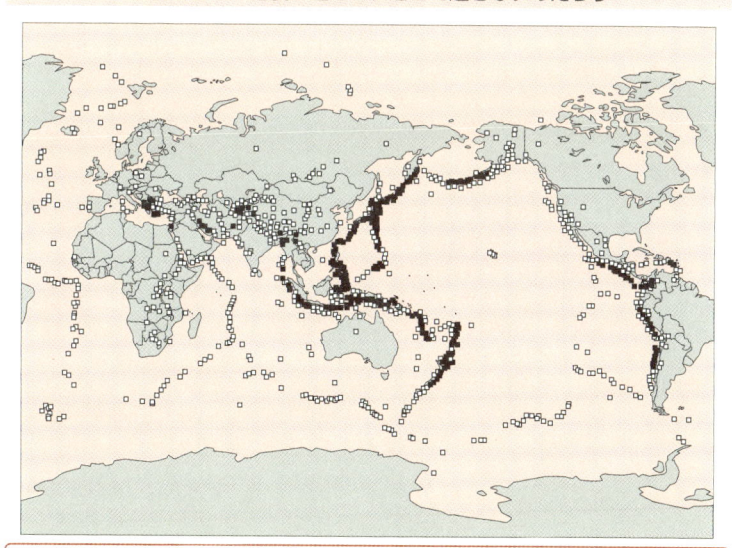

1年間にM5以上の地震だけでもこんなにたくさん起きている。2000年の1年間に起きた、深さが100kmより浅い地震。国際地震センターと気象庁の資料から。

4-2 プレートが生まれるときの地震、消え去るときの地震

プレートの動きによって起こる地震には、2つのタイプがあります。海溝の地震と海嶺の地震です。

■ 日本海溝と太平洋プレート

　海の底には、深くて長い谷が走っているところがあります。たとえば東北地方の海岸からまっすぐ東へ200キロほど行くと、海の深さはどんどん深くなって行って、やがて7000メートルを越えてしまいます。8000メートルを越えるところさえもあります。

　しかし、そのまま深くなって行くわけではありません。もっと遠くだと、海は少し浅くなって6000メートルくらいになります。そして、この6000メートルの深さはその先、東太平洋まで、何千キロメートルもそのまま続くのです。世界一の大平原は、じつはカナダでもオーストラリアでもなくて、太平洋の底にあるのです。もっとも大平原とはいっても、ところどころに大小さまざまな海山がそびえてはいます。

　さて、このいちばん深いところは谷のようになっていて、その谷は南北に伸びています。これが日本海溝です。日本海溝とは、プレートが衝突をして、太平洋プレートが押し負けて地球の中に入って行っている最前線です。北海道の南の沖にある千島海溝も同じです。

　プレートは、その厚さが70～150キロもある岩の板ですから、押し合いをして押し負ける、といってもその押し合いはハンパなものではありません。その最前線では大変な力がかかって、どんなに硬い岩でも曲がったりねじれたりして、そしてついには壊れてしまうのです。

　岩が壊れる、というのはなんでしょう。じつは、これこそが地震なのです。ぎゅうぎゅう押されていた岩がついにガマン出来なくなって壊れてしまう。こうして地震が起きるのです。

なにせプレートは厚くて大きなものですから、ときには大きな岩が壊れます。マグニチュード8クラスの巨大な地震は、特別に大きな岩が壊れたときに起きるのです。大きな地震ばかりではありません。中くらいの岩も、小さな岩も壊れます。これらが中くらいの地震や小さい地震を起こすのです。

　日本海溝や千島海溝の近くで、感度が高い海底地震計をつかって地震の観測をしていると、毎日何百個も、つまり1年間に何万個といった大変な数の地震が起きているのが分かります。このうちほとんどは人間が感じないくらいの小さな地震ですが、毎日毎日、大変な数の地震が起きているのです。

日本は海の地震国

　日本に起きる地震のうち85%までは海底で起きています。残りの15%だけが陸の下で起きていることになります。こんなに海底に多いのは、日本に地震を引き起こす第一の原因が海洋プレートの動きだからなのです。日本とその周辺で起きたマグニチュード8を超える巨大な地震は全部、海底で起きています。日本は海の地震国なのです。

　一方、プレートが誕生する場所、海嶺でも地震が起きます。下からマグマが上がってくることや、出来たばかりのプレートがねじれたりゆがんだりするせいです。しかし、これらの地震は、最大級の海溝の地震とくらべて、ずっと小さい地震です。

マグニチュード8を超える日本の巨大地震はすべて海底で起きた

- エトロフ島沖地震(1958年)
- 北海道東方沖地震(1994年)
- 根室半島沖地震(1973年)
- 十勝沖地震(1952年、2003年)
- 北海道南西沖地震(1993年)
- 日本海中部地震(1983年)
- 釧路沖地震(1993年)
- 十勝沖地震(1968年)
- 三陸沖地震(1933年)
- 濃尾地震(1891年)
- ここにはM7〜7.5多く発生
- 房総沖地震(1953年)
- 関東地震(1923年)
- 東南海地震(1944年)
- 南海地震(1946年)
- ここにはM7〜7.5多く発生
- 喜界島地震(1911年)

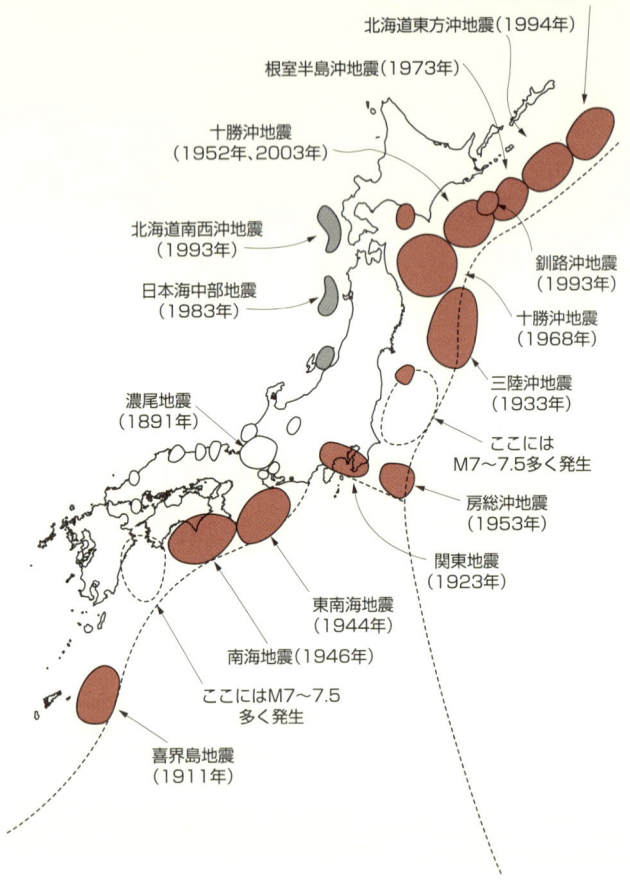

3 断層が地震を起こしていた

地震が起きるときに岩が壊れる、と書きました。いったい地震の現場では何が起きているのでしょう。

■ 断層が滑ることで地震が起こる

かっては、学者の間でもいろいろな説がありました。大きな穴が地下にポッカリあいていて、その穴がつぶれるのが地震だという説がありました。陥没説という、もっともらしい名前がついていました。

地下で爆発が起きるのが地震の原因だという説も根強く主張されました。それは世界の各地で起こった火山の噴火にともなう地震では、火が見えて地震も起きたので、その印象がよほど強かったのでしょう。そのほか、地下で起きる地滑りが原因だという説も、また地下のマグマが急に動くのが原因だという説もありました。

地震の現場で何が起きているのかが正確に分かったのは半世紀ほど前のことでした。それによれば、断層が地震を起こしていたのです。

断層とは岩の中にある割れ目です。ひとつながりだった岩が割れて、割れ目を境にしておたがいに滑ることが、つまり地震なのです。ひとつながりの岩ではなくても、別の岩どうしの境が滑るのも断層です。つまりプレートとプレートの境も地震を起こす断層の一種です。

私たち地球物理学者が言う断層と地質学者が言う断層とは、少し違います。地質学者が断層というときには地表に見えているものしか言いません。また、この断層の中には地震と関係のないものもあります。しかし私たち地球物理学者は地下にあって地震を起こし、地表には全然見えていないものでも断層と言います。いささかまぎらわしいのですが、地質学者が言う断層と区別するために震源断層（あるいは地震断層）と言うこともあります。

4 地震とはどんな現象なのだろうか

さて、こういった地震を起こす震源断層は陸にも海底にもありますが、海溝で押しあっているプレートとプレートの境は、世界でもいちばん大きな地震を起こす断層です。

　こうして断層が滑り、大地震が起きても、それで終わりではありません。プレートは動き続けています。海底では、大地震が起きた次の日から、その次の大地震を起こす準備が、早くも始まっているのです。

　この断層は、ひとつの大地震を起こしたあと、しばらくガマンをしていますが、やがてガマンしきれなくなると、また滑って大地震を起こすのです。

巨大地震は繰り返す（繰り返しのメカニズム）

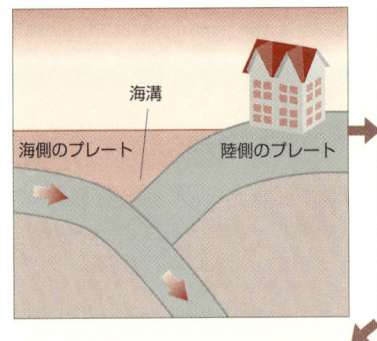

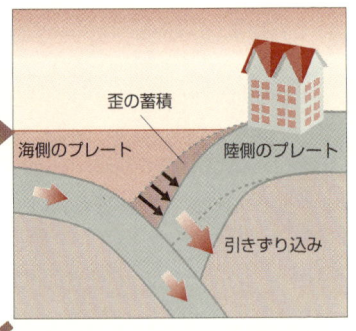

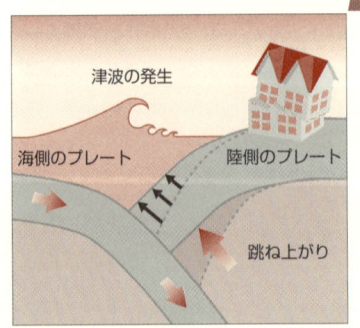

海溝
海側のプレート
陸側のプレート

歪の蓄積
海側のプレート
陸側のプレート
引きずり込み

津波の発生
海側のプレート
陸側のプレート
跳ね上がり

巨大なプレートが、押し合いをしていて「我慢」が出来る限界は、3〜6メートルほど。つまり、プレートが動いていって、これだけのひずみがプレートの先端にたまったとき、大地震が起きることになる。

■ 地震は繰り返す

2回や3回ではありません。プレートは1億年も動き続けているわけですから、地震は、それぞれの場所で、こうして何十回も何百回も、いや気の遠くなるほど何回も、同じようなものが繰り返しているのです。大地震は繰り返すと言われているのはこういうことなのです。

そして、次のエネルギーがたまるまでには、数十年とか百数十年とかいうことが海溝の大地震には多いのです。天災は忘れたころにやってくるという名言も、この時間間隔から生まれたのです。

4 どうやって震源断層の動きを知るのだろうか

地震は地中の岩の中で断層が滑って起こすものです。断層を境に、両側にある岩がお互いに反対向きにずれるのです。

■なぜ断層の動きが大事なのか

反対向き、といってもいろいろあります。私が断層のこちら側の岩に乗っているとして、断層の向こう側の岩が、左や右に動いたり、上や下に動く場合があります。どの地震も、この4種類の断層の動きのひとつか、あるいは2つの組み合わせで起きます。

なぜ、こんな専門的なことを説明するのでしょう。それは、地震のときの断層の動きは、地震が起きたときに震源にかかっていた力を反映しているからなのです。つまり、その地震が、どんな力がどちら向きにかかって起きたものか、を推定することが出来るのです。

これは、地震がなぜ、そこで起きたかを研究するための大事な手掛かりになります。また、そこでのプレートの動きなど、地球の上で起きている事件を研究するための手掛かりにもなるのです。

では、どうやって地震のときの断層の動きを調べるのでしょう。それは、震源から四方八方に出ていった地震の波を世界各地の地震計で捉えることで可能になります。

震源から地震の波が出ていく向きによって、最初に出ていく波が押し波か引き波かがちがいます。これに対して、地下で火薬や爆弾を爆発させたときは、どちら向きにも押し波で出ていきます。いまは禁止されていますが、かつては米国もソ連も地下での核爆発実験をよくやっていました。押し引きが違うだけではありません。地下で火薬を爆発させたときには、震源からどちらの向きにも同じ強さの波が出ていきます。

これと比べて、断層の動きから出てくる地震の波は、向きだけではな

くて強さもちがいます。

　各地の地震計の記録から、押し引きと地震の波の強さを読みとって、その地震の波が地球の中をやって来た道を逆さまにたどっていけば、震源での地震の波の押し引きが分かります。

　こうやって、震源での断層の動きが分かることになるのです。この地震を起こした断層の動きを、専門用語では「発震機構（はっしんきこう）」と言います。「地震のメカニズム」とも言います。日本の太平洋岸の沖で起きる大地震の発震機構を調べると、太平洋プレートが動いてきている向きの力が震源にかかっていたことが分かりました。

4　地震とはどんな現象なのだろうか

断層の定義

下盤／上盤／断層幅／ずれの量／断層長

左ずれ断層（横ずれ断層）　右ずれ断層（横ずれ断層）　正断層（縦ずれ断層）　逆断層（縦ずれ断層）

> 　断層の動きにはいろいろな種類がある。向こう側の岩が、左や右に動いたり、上や下に動く場合がある。このそれぞれが、横ずれ断層と縦ずれ断層と呼ばれている。向こう側の岩が左に動けば左横ずれ断層、右なら右横ずれ断層。
> 　上下に動く場合、断層面が傾斜しているとき、断層面の上の部分がすべり落ちる場合は正断層、のし上がる場合は逆断層と呼ばれている。地下の岩盤が引っ張られて出来るのが正断層、圧縮されて出来るのが逆断層。

なるほど、ありそうなことだ、と思うかもしれません。しかし、じつは研究の歴史から言えばあべこべでした。つまり、世界のプレートの動きはもともと分かっていたものではなく、こうして各地に起きる地震の発震機構を調べることによって、はじめて分かってきたことも多いのです。

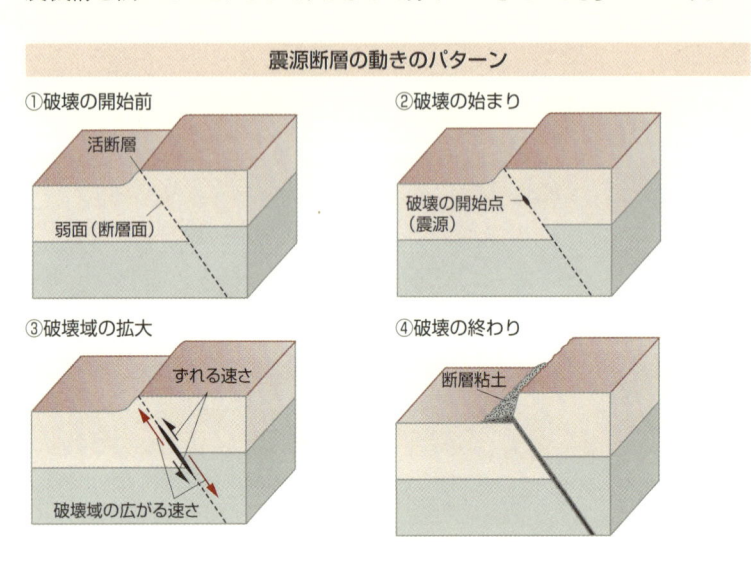

震源断層の動きのパターン

①破壊の開始前 — 活断層／弱面（断層面）

②破壊の始まり — 破壊の開始点（震源）

③破壊域の拡大 — ずれる速さ／破壊域の広がる速さ

④破壊の終わり — 断層粘土

地震観測所はなぜ辺境にあるのだろうか

東海道新幹線が京都を出てから新大阪に着くまでのほぼ中間点の右側、ちょっと離れたところに小さな山が見えます。高さは280m余。頂上には時計台のような塔を持った白っぽい石造りの建物があり、小山の山腹には山頂のすぐ近くまで、民家がびっしり貼り付いて建っています。

普通の人が見たらなんということもない風景でしょう。しかし私たち地震学者から見ると、心が痛む光景なのです。私たちには、その石造りの建物は、山を這い登る新興住宅に攻め上げられて落城寸前になっている城に見えるからです。

その建物は京大の阿武山地震観測所です。20年ほど前までは、林に覆われた緑の小山の頂上にポツンと建っていた観測所でした。通勤する

4 地震とはどんな現象なのだろうか

　所員たちは朝晩、最寄りの電車の駅まで観測所のマイクロバスで送り迎えしてもらわなければならないほどの「僻地」暮らしをしていたのでした。地震観測所はなぜ「僻地」に作られるのかを説明しなければなりません。いま私たちが使っている地震計は、人が１００ｍ先を歩いていても感じるほど感度がいいのです。電車や汽車なら１０ｋｍ以上先を通っていても感じてしまいます。民家も交通機関も工場も、つまりどんな人間の活動も、地震観測の大いなる邪魔になるのです。このため地震観測所としては、なるべく人里離れたところ、つまり雑音がなるべく少ないところで、世捨て人のようにひっそりと観測を続けることが必要なのです。

　地震計は地震の震源から出た地震波をとらえるマイクのようなものです。たとえば東京駅にマイクを置いていくら感度をあげても、横浜で話している人声が聞こえないのと同じように、震源のある程度近くで観測することが必要なのです。また、地震観測には同じ場所で観測を続ける必要もあります。地震活動の経年的な変化を知るためや、昔と同じような地震が起きたときに、震源断層の動きなど、震源で起きている現象を昔の地震と比べるためです。このため、環境が悪くなってきたといっても、地震観測所は、簡単に引っ越してしまうわけにはいかないのです。

　人口密集地の京都と大阪の間にしては珍しい「僻地」であった小山の頂上に居を定めた阿武山地震観測所も、やがて小山の麓まで民家が埋まってしまいました。さらに次々に林を伐採しながら、民家が山腹を攻め登ってきて、ついにいまに至ったというわけなのです。

　こういった例は全国で枚挙にいとまがありません。長野市の１０ｋｍほど南の郊外にある気象庁最大の地震観測所では、すぐ近くに高速道路とインターチェンジと新幹線が作られてしまいました。ここは地下核実験の検知のために世界の約４０所にしか置かれていない地震計とか、世界に約１００ヶ所ある世界標準地震計などの特殊な地震計を擁する世界でも第１級の観測所でした。またこの観測所では、東京にある気象庁が大地震で壊滅したときに、気象庁が監視している東海地方や南関東地方の地震活動の監視の代わりをする機能も受け持っています。

　しかし、高速道路や新幹線が作られて以来、地震の検知能力が落ちてしまいました。「先住者」が不利益をこうむったとき、それが希少動物や野鳥ならば、住みかを守ってくれる運動が起きるにちがいありません。地震観測所は、野鳥よりも、もっと弱きものの名なのでしょうか。

4-5 プレートをも破壊する巨大地震

この巨大地震とは三陸沖地震です。1933年3月3日の雛祭りの日に起きました。

■ 日本で起こる最大級の地震

　三陸地震の起きた場所は日本海溝の北部で、1968年の十勝沖地震のすぐ南隣です。マグニチュードは8.3でした。この地震はプレート境界の震源断層が滑るタイプの地震ではない、珍しい地震だったのです。それは、海洋プレートと大陸プレートが押し合っているあいだに、海洋プレートが割れてしまった地震なのです。

　三陸沖地震は、4-2節の図にあるように、ほかのプレート境界に起きる大地震とはちがって、震源が海溝からかなり東側にはみ出しています。このため震源が日本から遠く、幸いにして地震の揺れによる被害はありませんでした。しかし、大きな津波が日本を襲いました。死者は3000人、流れた家は5000軒、浸水した家は4000軒、流された船も7000隻にもなったのです。津波の高さは岩手県綾里（りょうり）では25メートルにも達したほか、岩手県田老村（たろう。いまの宮古市田老）でも10メートル、被害は北海道の太平洋側から三陸海岸にかけての海岸線400キロ以上にも及びました。なかでも田老では、全人口1800人のうち760人あまりが犠牲になる大惨事になってしまいました。1933年の地震は、このように被害が津波だけの地震でしたので、この地震のことを三陸地震津波と呼ぶこともあります。また昭和三陸津波地震とか昭和三陸地震という名前もあります。

　この三陸沖地震の震源で起きたことは、プレート境界が滑る巨大地震とはちがっていました。日本海溝の下で、太平洋プレートを断ち切るように断層が動いたのです。つまり、潜り込んでいくプレートが変形に耐

えかねて、プレートそのものが割れてしまった大地震だったのです。これは非常に珍しい地震でした。ふつうはプレートは十分に強いものだと考えられています。それゆえ自分は平気で、相手との間に摩擦だけを起こし、相手との境界が滑ることで大地震を起こすのです。

震源断層の大きさは1968年の十勝沖地震なみの巨大なもので、海溝に沿っての長さが190キロ、プレートの中へ向かって100キロの幅ほど延びていたものだと考えられています。これは日本付近で起きる地震としては最大級の地震です。プレートどうしの境で起きる巨大な地震のほとんどは、太平洋プレートが日本列島の下へ滑りこむような断層の滑りで起きます。これらは逆断層の地震です。しかし、この三陸沖地震は、巨大な正断層型の地震でした。

プレートそのものが壊れてしまったこの三陸沖地震のような地震は、ほかのプレート境界型の大地震のように繰り返す地震ではない可能性が高いと思われています。

では、今後、三陸沖でどんな大地震が起きるのか、こんどはプレートの境界が滑る逆断層型の大地震なのか、または正断層型のプレート破断型の地震なのかは大事なことです。しかし残念ながら、現在の学問では、まだ分かっていないことなのです。

巨大な津波が発生

1933年の三陸沖地震では、8階建の建物に相当する、25mもの巨大な津波が発生した。

6 まだある最近の巨大地震

釧路沖地震や北海道東方沖地震も、三陸地震と同様、プレートそのものが壊れてしまった地震でした。

■ 最近の巨大地震

1993年に釧路沖地震が起きました。マグニチュードは7.8で、日本では11年ぶりに震度6を記録した大地震でした。

釧路沖地震では、死者2、重軽傷700余、家屋全壊6といった被害のほか、港や道路にも大きな被害が出ました。これも三陸沖地震のように、衝突していた海洋プレートが割れてしまった正断層の地震でした。

いろいろある巨大地震のメカニズム

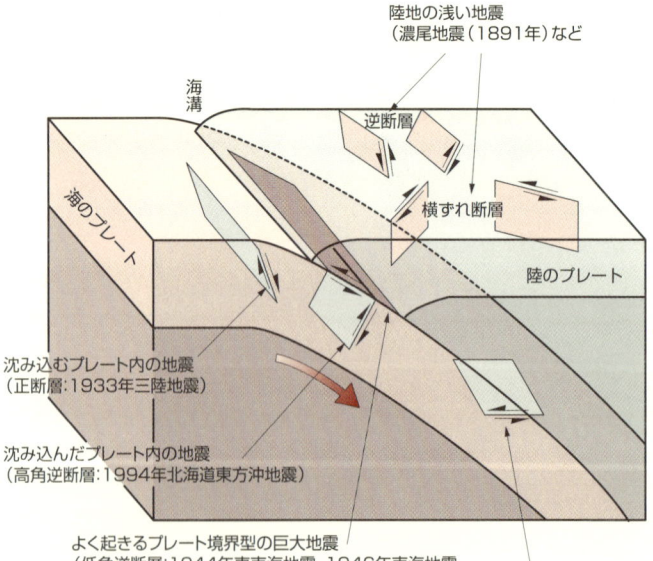

陸地の浅い地震
（濃尾地震（1891年）など

逆断層

海溝

横ずれ断層

海のプレート

陸のプレート

沈み込むプレート内の地震
（正断層：1933年三陸地震）

沈み込んだプレート内の地震
（高角逆断層：1994年北海道東方沖地震）

よく起きるプレート境界型の巨大地震
（低角逆断層：1944年東南海地震、1946年南海地震、
1923年関東地震、1968年十勝沖地震）

沈み込んだプレート内の深い地震
（水平に近い断層：1993年釧路沖地震）

また、1994年に起きた北海道東方沖地震（マグニチュード8.1）も同じメカニズムの正断層の地震でした。震源に近い択捉島では死者・行方不明者10名を出すなど、地震と津波による大きな被害がありました。北海道でも東部を中心に被害があり、負傷者437名、住家全半壊409戸を出しました。

■ 正断層の地震

　プレートの境界が滑る逆断層ではない、ごく珍しいこの正断層の地震は、世界全体でもいくつかは起きています。たとえば、ペルーで1970年に起きたマグニチュード7.6の地震もそうでした。この地震は死者7万、家を失った人100万以上という大被害を生んでいます。

　そのほか、1993年にインド中西部のマハラシュトラ州で起きた地震もこの仲間でした。この地震のマグニチュードは6.4で、それほど大きな地震ではありませんでした。しかし家が石や日干しレンガを積んだだけの作りで弱かったために地震で総崩れになり、3万人以上の死者を生む惨事になりました。この地震はインドプレートがユーラシアプレートと押し合っているあいだに、インドプレートが割れてしまったことで起こった地震だと考えられています。

4-7 津波はどうして起きて、どう伝わるのか

津波が起きる原因のほとんどは地震ですが、それだけではありません。

■ 津波が起こるメカニズム

　プレートが大地震を起こすときに、海底にあるプレートは、まるでクシャミをしたときのおなかのように、突然、膨らんだり縮んだりします。プレートとプレートの間にある震源断層を境にして、向こうのプレートとこちらのプレートの間で、岩が突然食いちがうのが地震ですから、断層が浅かったり、断層が海底に顔を出している場合には、震源の真上の海底が上がったり、あるいは下がったりするのです。

　すると、海はどうなるでしょう。プレートが急に動くと、その上にある海水が急に持ちあげられたり、へこんだりします。つまり、津波が起きるのです。地震が海底下に起きても、震源が深いときには津波は起きません。津波はまた、海底で火山が噴火したり、海底で地すべりが起きたり、海岸の近くで起きる山崩れで起きることもあります。

　震度は人間が感じやすい周期、つまり0.1秒から2秒までくらいの地震の波の大きさを反映しています。ところが、津波はずっと長い周期を持つ海水の振動です。津波のときに海水が引いたり襲ってきたりする周期は10分ほどのことが多く、これが津波の周期なのです。地震の震源から、このくらい長い周期の地震の波がどのくらい出てきて海底をゆすったか、ということによって、津波の大きさが決まります。

　2004年12月に起きたスマトラ沖地震のように、震源断層が大きくて震源から出てきた地震波の周期が長いと、とくに大きな津波を生むことがあるのです。

　地震として人々が感じたり被害を生んだりする地震の波の周期と、津

波を生む地震の波の周期はかなりちがいますから、もし、片方だけが大きい地震があったとしたら、津波だけが大きい「津波地震」になる可能性があります。

■ 海の深さで速度が決まる

津波は、池に石を投げこんで作った波紋のように、四方八方に拡がって行きます。津波が拡がって行く速さは海の深さで違います。海が深いほど速くなります。太平洋のまん中は深さが6000メートルほどの平らな海底が続いていますが、ここでは津波は時速約870キロメートルと、ジェット旅客機なみの速さで進みます。一方、海の深さが半分になれば30％ほど遅くなり、深さが1000メートルになれば60％も遅くなります。

津波は海岸に近づくにつれて、高さが大きくなります。あまり知られていないことですが、千葉県の九十九里浜のようなのっぺりした海岸でさえ、外洋を伝わっていたときの津波の高さよりも5〜6倍もの高さになって津波が到着するのです。

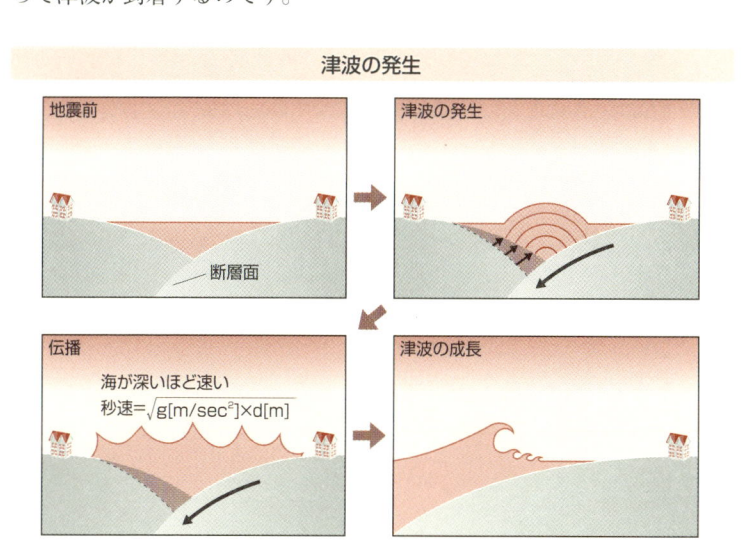

津波の発生

地震前 / 断層面

津波の発生

伝播
海が深いほど速い
秒速＝$\sqrt{g[m/sec^2] \times d[m]}$

津波の成長

4 地震とはどんな現象なのだろうか

■ 津波の「相乗効果」

　このように津波が大きくなるのは水深が浅いほうにエネルギーが集められる、つまり水深が小さくなって津波が遅くなったところに、あとから来た津波が追いついてかぶさる効果によるものです。北海道南西沖地震（1993年）のときに大きな津波被害を受けた奥尻島青苗は、この効果が被害を大きくしたのです。

　そのうえ、海岸や湾の形によっては、まっすぐの海岸よりも、津波はずっと大きくなります。つまり増幅されるのです。湾の口での津波の振幅よりも、湾の中では4倍から8倍も増幅されることも珍しくありません。

　つまり合算すれば、外洋を伝わっていたときの津波の高さからくらべれば、十数倍から数十倍になってしまうことがあるのです。ですから、沖で魚を捕っていて津波に気づかず、帰ってみたら村は津波で壊滅していた、といった悲しい話も何回かありました。

　一番危ないのは、湾が奥へ行くにつれて幅が狭くなって行くV字形の湾の形で、津波の高さは、湾の奥へ行くほど、どんどん高くなって行きます。これはV字型の湾だと湾の幅が狭くなるにしたがって津波のエネルギーが集中するためと、水深が浅くなって津波が駆け登りやすくなるためです。V字型の湾でなくてフラスコの形の湾ならば、入ってきた津波がそれほど大きくなることはありません。

　ですから、津波の高さが増幅されて、被害が大きくなるのは、湾の形のせいであることが多いのです。三陸地方はリアス式の海岸ですから、入ってきた津波が大きくなりやすい湾が多いのです。逆に東京湾のようなフラスコ型の湾ならば、入ってきた津波がそれほど大きくなることはありません。

　余談ですが、津波は引き潮からはじまる、といわれているのは俗説で、マチガイです。実際には、引き潮ではなくて、いきなり押し寄せてくる津波も多いのです。また、最初に襲ってきた津波よりも、最初の津

波が引いたあと、あとから来る津波のほうが大きいこともあります。たとえ最初の津波が小さくても、何時間かは警戒しなければなりません。

国際地震センター（ISC）

　国際地震センターとは、世界中から地震観測データを集めて解析し、地震の震源やマグニチュードを決めている国際的な組織です。英国ロンドンの西約50キロにある小さな町にあります。

　名前は立派だし大事な仕事をしている組織ですが、職員は数人しかいません。建物も小さなものです。地震国であり経済大国でもある日本が、もっと分担金を出してくれればいいのですがねえ、というのが所長の口癖です。実際、日本が出しているお金はロシアや中国なみで、英国や米国の3分の1以下なのです。国に起きている地震の数あたりの拠出金では、日本はカナダやドイツやフランスの足許にも及びません。

　そのくせ、このセンターには日本の国会議員がよく訪れると聞きました。政治家がよく訪れて滞在するロンドンを出て、そこから西の郊外にある女王の居城であるウィンザー城を観光して、さらに西にある国際地震センターを「視察」するのが、ちょうどいい一日行程のドライブになるのだそうです。

　地震の国際組織を訪問するといえば立派な「視察」になり、ウィンザー城へ観光に行ったのが主な目的ではありません、という理由付けと日本へのお土産の報告になるのに違いありません。

48 マグニチュードとは何だろうか

地震の大きさを「マグニチュード」で表すことは聞いたことがあるでしょう。

■マグニチュードは音の大きさ

　言葉は知っていても、このマグニチュードという目盛りが、体重をキログラムであらわしたり、身長をセンチメートルであらわすようなものではないことを知っている人は少ないでしょう。じつはマグニチュードが同じ地震が2つ起きたのに、それらの地震の大きさが、実際には何倍もちがうことさえあるのです。マグニチュードは同じなのに地震の大きさがちがう、とは不思議に聞こえるにちがいありません。

　音の大きさとは、伝わってきた音波の強さのことです。地震の場合でも、震源から伝わってきて地震計をゆすった地震の波の強さから、震源での地震の大きさを計算します。これがマグニチュードを決めるやりかたです。

　しかし、地震の揺れというものは意外に複雑なのです。第1に震源から出る地震の波は何種類もあります。なかには、地球の中を伝わることは出来ないけれども、地球の表面に沿ってだけ伝わることが出来る波、とか、液体の中は伝われないが、固体の中だけは伝われる波、とかの変わりものの波があります。

　そして、地震の震源の深さや、震源から地震計までの距離によって、何種類もの波のうち、どの波がどのくらい強く届くかがちがうのです。このため、地震計をゆすった地震の波の強さから、震源での地震の大きさを計算してマグニチュードを決めるのは、なかなかむつかしいことなのです。

　第2には、震源によっては、特別の周波数の波だけを強く出すことが

あります。人間が感じる地震の大きさのわりには大きな津波を生む、といった異端者（津波地震）もあることが最近分かってきています。

これら2つの理由から、地震の大きさをマグニチュードという、たったひとつの数字で表すのは、そもそも無理なことなのです。しかし、厳密な意味では無理だとは知りながらも、やはり、概略でもいいから地震の大きさをひとつの尺度で表わせれば、なにかと便利なことも多いのです。このためにマグニチュードが使われているのです。

もともとマグニチュードは、1930年代にチャールス・リヒターという米国の地震学者が作ったものです。当時米国で使われていた地震計の記録の大きさを読み取って地震の大きさを決めるスケールを、世界で初めて作りました。

4 地震とはどんな現象なのだろうか

リヒターのマグニチュードの決め方

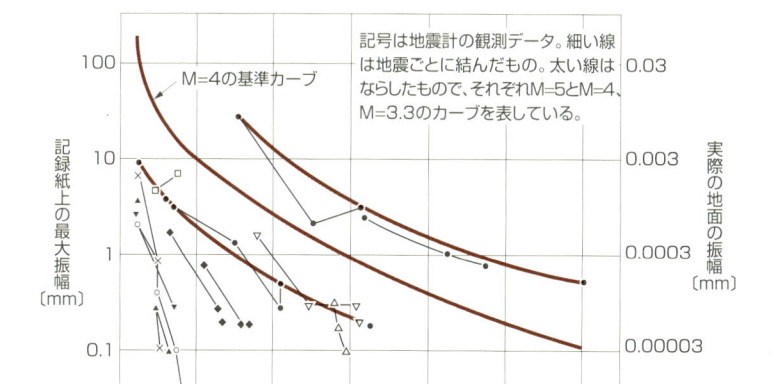

記号は地震計の観測データ。細い線は地震ごとに結んだもの。太い線はならしたもので、それぞれM=5とM=4、M=3.3のカーブを表している。

（縦軸左：記録紙上の最大振幅 [mm]、縦軸右：実際の地面の振幅 [mm]、横軸：震央距離 [km]）

計測地点の震央からの距離によって、同じマグニチュードであっても揺れは違ってくる。
リヒターが使った標準地震計は、ウッド・アンダーソン型地震計（最大倍率は2800倍、振り子の固有周期は0.8秒）だった。

リヒターは、カリフォルニア州で起きる地震の大きさを決めるためにこのスケールを作りました。人間には感じないようなごく小さな地震や、ごくまれにしか起きない地震を別にすれば、米国本土ではカリフォルニア州にしか地震が起きません。カリフォルニアは米国随一の地震州で、地震が大きな被害をもたらしたことが何回もありました。

■世界で通用しなかったマグニチュード

　けれどもカリフォルニアには、日本のように深い地震は起きません。地表から約15キロまで、つまり地殻の中にしか地震が起きないところなのです。地殻とは、地表を覆っているやや硬い岩の層のことです。場所によって厚さが違いますが、陸地では30～50キロ、海では5～10キロほどの厚さのことが多いのです。しかしチベットでは70キロ以上もあります。

　カリフォルニアの地殻の中で起きる地震だけを対象にしてマグニチュードを決めたため、深い地震や遠い地震をこのカリフォルニアのスケールで決めたら、へんなことがたくさん起きました。米国の地震計を使っていたために、世界で使われていた別の種類の地震計にとっても、なにかと使いにくいスケールでした。この世界最初のリヒターのマグニチュードは、世界には通用しないスケールなのがわかったのです。

　このため、カリフォルニア以外で起きる地震のマグニチュードを決めるためには、別の目盛りが必要になったのです。

　地震の大きさと音の大きさをくらべてみましょう。ジェット機や新幹線などの音の大きさ、つまり騒音を測るときには、騒音計を使います。騒音計は、トライアングルのような高い周波数の音も、太鼓のような低い周波数の音も、一緒に測ります。でも、コウモリにしか聞こえない高い音がいくら強く出ていても、騒音計には感じません。騒音計というものは、耳で聞いたときにうるさく聞こえる音ほど、大きな数値が出るようにしているのです。

この騒音計のスケールとくらべると、地震のマグニチュードとは、測りかたがだいぶ違います。マグニチュードとは、ある高さの音の大きさだけを測っているようなものです。その理由は、地震の波が、あまりに広い周波数にわたっているせいで、地震計は、たったひとつですべての周波数を記録出来るものはないからです。

　地震計にはいろいろな種類がありますが、それぞれの地震計は比較的狭い周波数の範囲を相手にしているだけなのです。そのうえ、震源の深さや震源からの距離によって、どの地震の波が強く届くかがちがってきますから、たったひとつの騒音計で音の大きさを測るよりもずっとややこしいのです。

　もっとも最近では、すべての周波数とは言いませんが、昔よりもずっと広い周波数の範囲が測れるような地震計も使われはじめています。しかしまだ台数は限られています。

　こうして、地震までの距離や、記録した地震計に応じて、いろいろのマグニチュードが工夫されたのでした。現在、マグニチュードには7とおりものちがった決めかたがあります。

　つまり、ひとつの地震でも、7つものちがったマグニチュードが記録されることもあるのです。遠い地震、近い地震、深い地震、浅い地震と、それぞれを得意とするマグニチュードはあります。しかし残念ながら、どのマグニチュードも万能選手ではないのです。

9 マイナスのマグニチュード

地震は、岩の中にある断層が滑って起きます。断層を境に、その両側の岩がくいちがうのです。

■ 地震のエネルギー

断層の中の岩の中にエネルギーが溜まっていって、岩がガマン出来なくなると、地震が起きます。大きい地震が起きるということは、岩がいつもよりもたくさんガマンしたのではありません。ガマンした岩が、広い範囲にわたっている大きな岩だったということなのです。

つまり岩がいくらガマンしても、マグニチュード8の地震のエネルギーを机くらいの大きさの岩の中に貯えられるわけではありません。マグニチュード8の地震だと、東京都と埼玉県と神奈川県と千葉県の全部を合わせたより大きいくらいの大きさの岩が壊れることになります。つまり震源断層の大きさは、このくらい大きなものになるのです。

他方、小さな地震というのは小さな岩が壊れることです。地震が小さいほど壊れる岩の部分も小さく、断層も小さくなります。都会にある小学校の校庭くらいの面積の断層が滑ればマグニチュード2の地震を起こしますし、風呂敷くらいの断層が起こす、いやもっと小さなハンカチくらいの断層が起こす小さな地震も、感度が高い地震計には捉えられます。

ところで、大きな地震のエネルギーは、いったいどのくらいのものでしょう。

これは、驚くほど大きなものなのです。世界で最大級の地震のエネルギーは、10万キロワットの発電所が100年かかって発電するエネルギーにもなるのです。人工地震では、とてもこんなエネルギーは出せません。またマグニチュード6の地震のエネルギーは、1メガトンの水爆と同じ、マグニチュード8の地震は1メガトンの水爆1000発分もあります。途方もないエネルギーの大きさです。

一方、小さいほうでは、マグニチュード5の地震のエネルギーは、TNT

火薬の2万トン分、マグニチュード1の地震は、火薬500グラム分です。

　私が開発した海底地震計で相手にしている地震のうち小さなものは、マグニチュード1よりもずっと小さく、マグニチュード0とかマイナス1とかマイナス2という微小な地震です。小さな地震のマグニチュードは0を越えてマイナスということもあるのです。感度が高い地震計は、マグニチュードがマイナス2の地震でも捉えることが出来ます。

　これらの地震のエネルギーはずいぶん小さなもので、地震のエネルギーとしては、マグニチュード0だと火薬15グラム分のエネルギー、マグニチュードがマイナス1だとわずか0.5グラム分のエネルギーです。

　マグニチュードが1だけちがうと、地震のエネルギーは約30倍ちがいます。マグニチュードが2だけちがうと、エネルギーは1000倍もちがいます。4だけちがうと100万倍もちがうのです。つまりマグニチュード0の地震を1兆個だけ集めて、やっとマグニチュード8の地震のエネルギーになるのです。

4　地震とはどんな現象なのだろうか

巨大地震の震源断層の大きさ

▼地下で壊れる岩の大きさはこんなに違う。チリ地震は史上最大の地震だった。

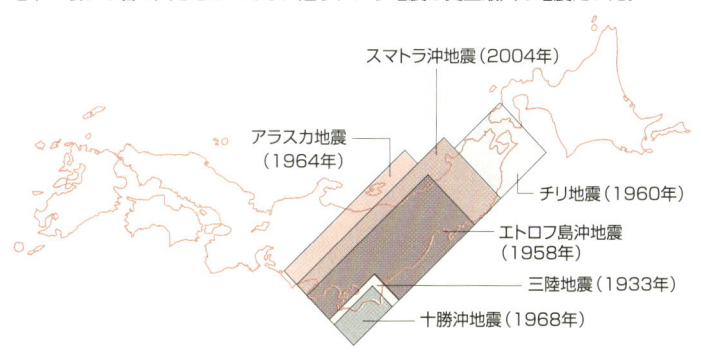

スマトラ沖地震（2004年）
アラスカ地震（1964年）
チリ地震（1960年）
エトロフ島沖地震（1958年）
三陸地震（1933年）
十勝沖地震（1968年）

●マグニチュードの小さい地震ほどたくさん起きる
- ・M8クラスは世界で年に1（〜2）回
- ・M7クラスは約20回
- ・M6クラスは約120回
- ・M5クラスは約800回
- ・M4クラスは約6000回
- ・M3クラスは約50000回
- ・M2クラスは数十万回

4-10 断層の大きさが地震の大きさを決める

マグニチュードは7つあると紹介しましたが、もっとも新しいのがモーメント・マグニチュードです。

■マグニチュードのニューフェース

マグニチュードが7とか8を超える巨大な地震を最近の特殊な地震計で記録してみると、昔の地震計が感じない周波数の揺れを強く出す地震があることが分かってきました。

とくに、特大級の地震は、マグニチュードを決めるときに使う地震の波の周期だけ見ていると地震の波の強さは並の大地震なみでも、もっと長い周期の地震の波をはるかに強く出すことが分かりました。

つまり、いままでのマグニチュードのスケールでは頭打ちになってしまって、地震の大きさの区別がつかなくなっていたのです。今まで同じクラスの大地震と考えられていたものでも、じつは地震の大きさが桁が違うほど違う地震があることが分かってきたのです。

このため、近年の新しい地震計の観測を使って、マグニチュードのニューフェース、7つめのマグニチュードが作られたのです。これがモーメント・マグニチュードといわれるスケールです。これはどのくらいの面積を持つ断層が、地震のときに何メートル滑ったか、という量を元にして計算するマグニチュードです。

このモーメント・マグニチュードは、どんな大地震でも頭打ちにならない、というのがとりえです。しかし欠点もあります。小さな地震だとマグニチュードを決められないことがあります。また、正確な数字を出すためには、世界の各地から特殊な地震計の記録を取り寄せて比べる必要があります。つまり、地震のあと、マグニチュードをすぐに決めて発

表出来ないのです。これではテレビや新聞が困るでしょう。

また、このモーメント・マグニチュードの目盛りでは、地震によっては、人間が大きく感じる地震のほうがマグニチュードが小さくなるという欠点もあります。これも困ります。だから、いままでのマグニチュードを捨てて、この7つ目のマグニチュードを全面採用すればいいというわけにもいかないのです。

モーメント・マグニチュードにはこれらの欠点があるゆえ、日本の気象庁は、いまだに、このマグニチュードを採用していません。また私たち地球物理学者も、とくに大きな地震を研究するとき以外は、あまりこのモーメント・マグニチュードは使いません。もちろん、昔の地震を研究するときには当時は高性能の地震計がなかったわけですから、モーメント・マグニチュードは知りようがありません。

そもそも、マグニチュードというのは、魚の大きさをキログラムで計るような目盛りではないのです。たとえ同じ重さの魚でも、長い魚も短い魚もあります。たったひとつの目盛りで、すべての地震の大きさを表わそうということが無理だ、ということが最近分かってきているのです。

地震ナマズの大きさを測るのも、なかなか大変なのです。

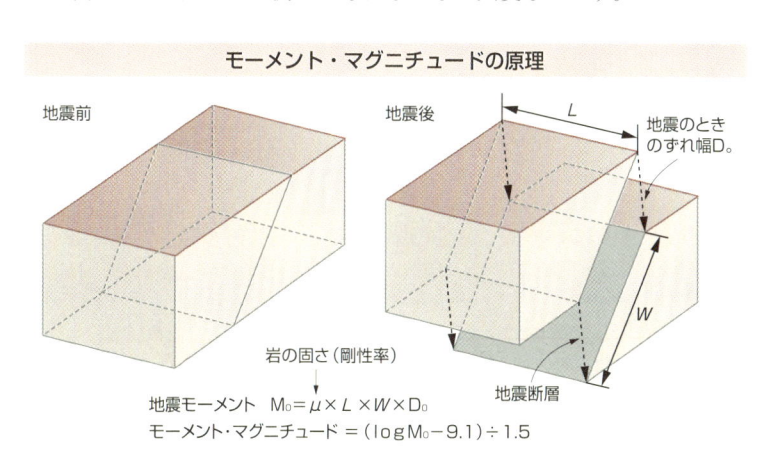

4 地震とはどんな現象なのだろうか

モーメント・マグニチュードの原理

地震前　地震後　L　地震のときのずれ幅D_0　岩の固さ（剛性率）　地震断層　W

地震モーメント　$M_0 = \mu \times L \times W \times D_0$

モーメント・マグニチュード $= (\log M_0 - 9.1) \div 1.5$

4-11 史上最大の地震だった チリ地震

1960年5月、南米チリのすぐ沖で世界でも最大級の大きな地震が起きて、大津波が生まれました。チリ地震です。

■ 史上最大の地震

　チリ地震で発生した津波は、23時間かかって太平洋を横断して日本を襲いました。そして、日本だけでも140人の人が死んだり行方不明になりました。この津波は日本に来る途中でハワイも襲い、高さ10メートルほどの津波が60人あまりの人命を奪いました。

　日本にとって不幸だったことはハワイから気象庁に「津波が来た」という電報が届いていたのですが、その電報が机の上で眠っていたことでした。当時の知識では、太平洋の反対側から津波が襲ってきて被害を出すことがあるなどとは知られていなかったのでした。

　じつは、地震で死んだ約6000人ものチリ人や、多くの被害をこうむった日本の人やハワイの人は不運だったのですが、このチリ地震は史上最大の地震でした。つまり、近代的な地震計が動いていなかった昔はいざ知らず、いままでにはこのチリ地震より大きな地震は知られていないのです。このチリ地震はスマトラ沖地震（2004年）も超える規模の地震でした。

■ 地球が震え続けた

　このチリ地震のマグニチュードは8.3と記録されています。この数字は、やはり日本で大きな津波の被害を生んだ1933年の三陸沖地震と同じです。しかし実際には、地震としては、チリ地震のほうがケタがちがうくらい大きかったのです。つまりモーメント・マグニチュードでいえば、チリ地震は9.5だったのに対して三陸沖地震は8.4だと推定されてい

ます。つまりチリ地震のほうが、地震のエネルギーにして40倍も大きな地震だったのです。このチリ地震のあと、寺の釣鐘をたたいたときのように、何日間にもわたって地球全体が震え続けたことが特殊な地震計の記録から分かっています。

チリ地震には限りませんが、従来のマグニチュードでは、やはり8.3から8.5と決められていたけれども、じつはもっとずっと大きかった地震がいくつかありました。たとえば1964年に起きたアラスカ地震のモーメント・マグニチュードは9.2でしたし、1957年に起きたアリューシャン地震はモーメント・マグニチュード9.1、1952年に起きたカムチャッカ地震はモーメント・マグニチュード9.0でした。

これら、いずれも横綱級の巨大地震は、すべて太平洋プレートが潜り込むときに起こした地震です。

津波はこのように伝わって行った

▼チリ地震のときの津波の伝播のようす　　▼日本海中部地震のときの津波の伝播のようす

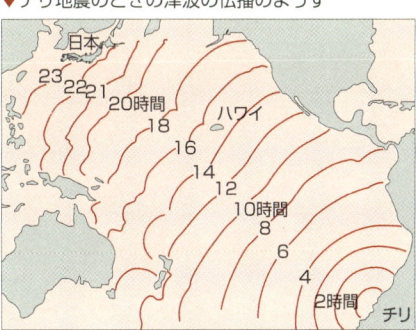

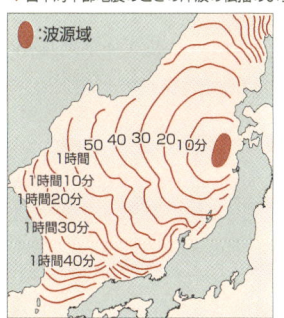

数字は地震発生後の津波の広がり

4-12 スマトラ沖地震は史上2番目の大地震だった

地球全体へも大きな影響を及ぼしたスマトラ地震。これは史上2番目の大地震だったことが明らかになりました。

■ 30メートルの大津波が発生

2004年12月26日、インドネシア西部時間の午前8時ごろ、インドネシア西部・スマトラ島北西沖のインド洋で発生した大地震で巨大な津波が発生し、大変な被害を生みました。

津波はバングラデシュ、インド、スリランカ、マレーシア、ミャンマー、シンガポール、タイ、モルディブ、アフリカ東岸まで伝わって大きな被害を生んでしまいました。津波は高いところで10メートル、場所によっては30メートルを超え、死者の数はインドネシアでもっとも多く、遠くアフリカ東岸のソマリアでも100人を超えました。全体で22万人を超えたといわれていますが、正確な数は分かっていません。

この大地震のマグニチュードは、当初、米国地質調査所（USGS）の暫定発表では8.1と発表されました。しかし次にマグニチュード8.5、さらにマグニチュード8.9と発表された後、9.0に修正されたものです。さらにその後、米ノースウエスタン大学などの研究グループにより、最終的に9.3に再修正されました。

地震のマグニチュードは、日本に起きる地震の場合でも、あとからよく修正されます。何年も経ってから修正されることさえあります。マグニチュードを正確に決めることは、このように時間がかかったり、曖昧なものなのです。

このマグニチュード9.3というのはモーメント・マグニチュードです。地震の大きさがある程度正確に推定されるようになった1900年以降に起きた地震としては、チリ地震（1960年、モーメント・マグニチュード

9.5）に次ぐ史上2番目に大きな地震でした。

　阪神淡路大震災を起こした兵庫県南部地震のモーメント・マグニチュードは6.9でしたから、その約4000倍、2003年十勝沖地震（モーメント・マグニチュードは8.3）の約30倍という途方もないエネルギーが発生したことになります。

　この地震が起きた海域はインド・オーストラリアプレートとユーラシアプレートが衝突しているところです。この2つのプレートの衝突で、よく地震が起きるところです。このプレートが衝突している最前線がスンダ海溝（ジャワ海溝）で、ここで起きたプレート境界型の大地震のひとつがスマトラ沖地震だったのです。

　日本の太平洋岸沖の大地震のように、このスンダ海溝沿いの大地震も100から150年ほどの間隔で大地震が起きているところです。

　これだけ大きな地震でしたから、地球全体への影響もありました。地球の自転が100万分の3秒程度早くなり、地球の回転軸が約2cmずれた可能性があるという研究もあります。

スマトラ沖地震の各国の津波被害（数字は死者・行方不明者数）

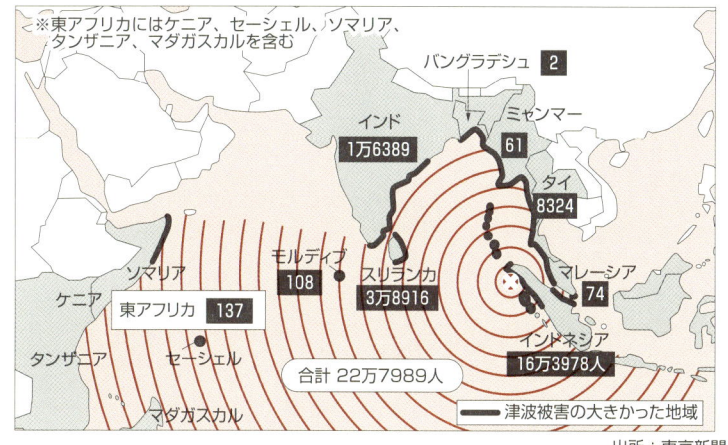

※東アフリカにはケニア、セーシェル、ソマリア、タンザニア、マダガスカルを含む

バングラデシュ 2
インド 1万6389
ミャンマー 61
タイ 8324
ソマリア
ケニア
東アフリカ 137
モルディブ 108
スリランカ 3万8916
マレーシア 74
タンザニア
セーシェル
マダガスカル
インドネシア 16万3978人
合計 22万7989人
━━ 津波被害の大きかった地域

出所：東京新聞

4　地震とはどんな現象なのだろうか

4-13 小地震の連続発生が大地震に

以前は、震源というものは、1枚の鏡のように平らな震源断層が一定の速さで滑るものだと考えられてきました。

■雪ダルマ式に地震が大きくなった?

　いまでも地震について書いた一般書や教科書には、震源とはこのようなものだと書いてあります。長方形で、幅何キロ、長さ何キロの震源、ともっともらしく書いてあるものも多いのです。しかしじつは、観測の分解能がなかったから、それ以上複雑な震源の現象がわからなかっただけだったのです。定規で測ったような長方形が震源に実際にあるわけもないのです。

　ふつう、震源で破壊が進んでいく平均的な速さは、毎秒3～4キロです。ジェット旅客機の15～20倍ほどの速さです。しかし地震のときに震源で岩が滑っていくときに、一定の速さでスーッと滑っていくことは、むしろありそうもないことが分かってきています。こうして最近では、引っ掛かったり、また滑ったりしながら、ゴリゴリ進んでいくのが実際の姿だと考えられはじめました。

　震源である震源断層の中には、硬くて壊れにくいところもあれば、すぐ近くに柔らかくて壊れやすいところも混在していることがわかってきたのです。硬くて壊れにくく、震源で岩が滑っていくときに引っ掛かるところのことを「アスペリティ」といいます。アスペリティとは英語で凸凹なこと、ザラザラしていて手ざわりが悪いことをいいます。

　小さなアスペリティでは、震源断層の動きは、少しつまずいたくらいで、そのままアスペリティを乗り越えて進みます。しかしアスペリティはまた、岩が滑っていくときの終点にもなることがあるのです。ここががんばってしまえば、震源断層の動きが止まってしまうのです。つまり

大地震の震源とは、いくつかのアスペリティで仕切られた何枚かの断層があって、そのそれぞれが別々に地震を起こしながら、全体として大地震になっていることが多いらしいのです。

最近の大地震では、地震計の記録を解析することによって、こういった震源の機微がある程度は分かってきています。たとえば北海道南西沖地震（1993年）のときには、この地震が1枚の震源断層が滑ったものではなくて、少なくとも5枚の別々の震源断層が次々に滑って起こしたものだということが分かりました。つまり、あちこちにアスペリティがあったのです。これは地震の直後に私たちが海底地震計で余震を観測したことによって分かりました。余震というのは大怪我のあとの疼きのようなもので、余震を精密に観測することによって、本震である大地震の性質が分かるのです。

このほか十勝沖地震（1968年）でも、以前に考えられたように15000平方キロもある、ほぼ岩手県くらいの面積を持った巨大な1枚の震源断層が滑ったものではなくて、何枚にも分かれたいくつかの震源断層がほとんど同時に滑って起こした複合的な地震だったことが最近分かってきました。

■意外に複雑な震源での現象

このように、地震の起きかたは一昔前よりも複雑だと思われはじめています。たとえば、地震のときに震源で岩が滑っていくときに、いったん止まったものが、また滑りだしたり、また滑りながら二つ以上の断層に枝別れしたり、ということもあることも分かりました。では、この不思議なもの、アスペリティとは実際にはどんなものなのでしょう。これはまだ深いナゾに包まれています。人類はまだ震源断層を掘ってアスペリティを見たことはないのです。

阪神淡路大震災のあと、京大の科学者たちがこの地震を起こした野島断層を掘り抜こうとして淡路島でボーリングを行ないましたが、失敗し

ました。アスペリティを見る機会は失われてしまったのでした。

しかも、アスペリティは地震が起きたときに、強い加速度を発生する場所でもあります。いままでは震源断層全体が一定の速さで滑ると考えられていたのですが、じつはそうではなくて、アスペリティのところが強い加速度を生むことが分かりました。

そうだとしたら、いままで全体が一様に滑るとしていた地震の震度予測が、すっかり違ってくる可能性が高いのです。これは政府が阪神淡路大震災以後推し進めている地震の震度予測が、じつはとても難しいことを示しています。

地震の同時発生、マルティプルショック

ひとつの大地震と思われていたものが、じつは複数個の地震の同時発生であることが分かってきました。

私たちの海底地震観測で、北海道南西沖地震（1993年）はひとつの地震ではなくて、少なくとも5個の別々の地震が次々に起きたものだということが分かりました。

このように、ひとつの大地震だと思ったものが、じつは2つとか4つとか、いくつかの地震に別れて起きていた、ということは、最近の研究ではそれほど珍しいことではなくなってきています。この、複数の地震がほぼ同時に起きることをマルティプルショックといいます。

十勝沖地震（1968年）だけではなく、昔の地震の記録を見直してみたら、アラスカ地震（マグニチュード8.4、モーメント・マグニチュードは9.2、1964年）という大地震も20近くもある地震が複雑に起きて、ひとつの大地震になっていたことも分かりました。石油のパイプラインが壊れるなど、アラスカで史上空前の被害を生んだ地震です。

いままで考えられていた震源像とは違って、このように、マグニチュード8クラス以上の大地震は、むしろマルティプルショックが普通なのではないかと考えられはじめています。

つまり、昔はピントが合っていない写真だったものが、ピントを合わせてみたらもっと細かい様相が見えてきた、というわけなのです。

単純な断層からアスペリティへ

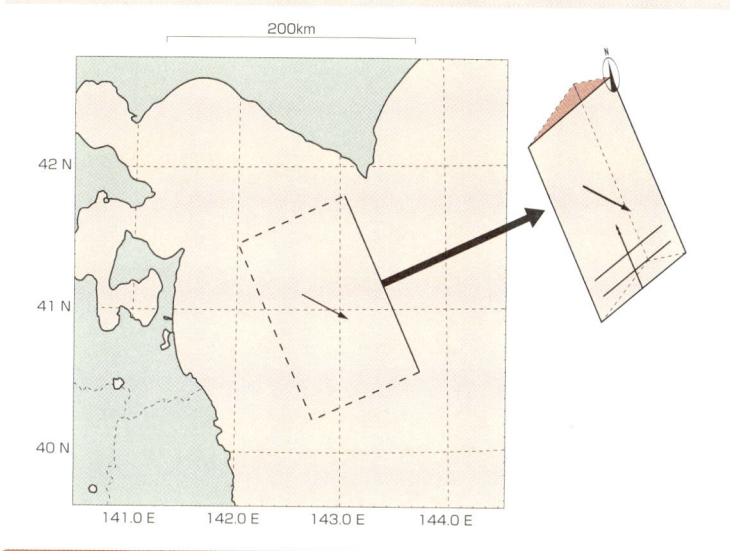

十勝沖地震（1968年、マグニチュード7.9）は、以前には、ほぼ岩手県くらいの面積を持った巨大な1枚の震源断層が滑ったものだと考えられていた（上）。しかし、何枚にも分かれたいくつかの震源断層が、ほとんど同時に滑って起こした複合的な地震だった可能性が高い。十勝沖で繰り返される地震は、複数のアスペリティの組み合せによって地震の大きさや発生の仕方が異なると考えられるようになった（下）。

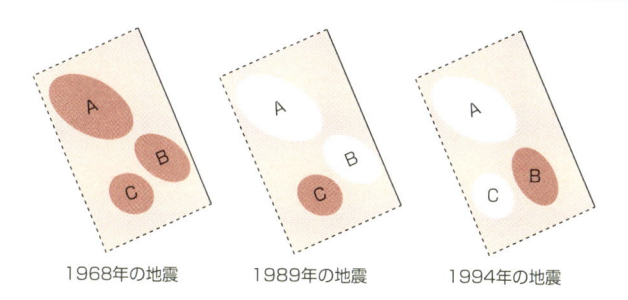

1968年の地震

1989年の地震

1994年の地震

4 地震とはどんな現象なのだろうか

4.14 津波地震という不思議な地震

津波は地震によって起こされるものですから、地震が大きいほど、津波も大きいのが普通です。

■ 地震につり合わない大きな津波が発生

しかし、地震の大きさから予想されるよりも100倍も大きな津波を生む、不思議な地震が、私たち学者のあいだで注目されています。

1896年、三陸海岸一帯を日本の歴史上、最大の大津波が襲い、死者22000を超える大惨事になりました。死者は岩手県の18000人を最高に宮城県で3500人、青森県でも300人の死者を出しました。津波の高さは最大で24メートルにも達し、家の流出は9000、船の被害は7000にもなりました。この日は旧暦では端午の節句の日、いまの子供の日で、お祝いに興じていた人々を悲劇が襲ったのでした。

でも、この地震は奇妙な地震でした。マグニチュードは6.8しかなく、地震の揺れによる被害はほとんどなかったわりには、もっとはるかに大きな地震なみの巨大な津波を生んだからです。揺れから見て大した地震ではない、と油断していた太平洋岸の町や村を大津波が襲ったことが、この地震の被害を大きくした原因でした。津波は太平洋を越えて、はるかハワイでも2～9メートルの大津波になり、米国西岸にも津波が達したほどです。

この地震は「明治三陸津波地震」、あるいは「明治三陸地震」といわれていますが、また「三陸地震津波」という地震としては不思議な名前で呼ばれることもあります。これは津波だけが大きかった地震ゆえの命名です。つまりこの地震は、地震のがらのわりには、はるかに大きな津波を生んだ特別の地震だったのです。

津波の大きさから「津波マグニチュード」というマグニチュードを計

算することが出来ます。それによれば、この地震の津波マグニチュードは8.6でした。つまり地震の大きさから予想されるよりも約500倍も大きな津波を生んだことになります。これが日本史上最大の津波被害を生んだ元凶でした。

地震は昔のものなのに、最近に至るまで、この地震の正体は分からないままでした。しかし、その後同じような地震がいくつか記録されるようになって、にわかに注目を浴びるようになったのです。この種の地震に名前も付きました。これらの地震は「津波地震」と言われるようになったのです。

たとえば1975年に根室沖で起きた地震は、地震のマグニチュードが7.0だったのに津波のマグニチュードは7.8。つまり地震のがらよりも16倍も大きな津波を生みました。また、1984年に鳥島近海で起きた地震では地震のマグニチュードは5.5だったのに津波のマグニチュードは7.3、やはり500倍もの大きな津波を生みました。

これら同類の津波地震は幸いにも巨大な地震ではなかったので、明治三陸地震ほどの被害は出しませんでしたが、いずれも地震のマグニチュードにくらべて、津波のマグニチュードがずっと大きかったのです。地震が小さければいいのですが、少しでも大きいと、大した地震ではないと思っているところに大津波が襲ってくるわけですから、津波地震はたいへん危険です。

■ ゆっくりと滑っていく地震

人間が地震の揺れをいちばん感じやすいのは、周期0.1秒から2秒までくらいの地震の波です。ですから震度のスケールも、この周期の地震の波を測って計算しています。揺れによる被害も、この周期を持った揺れが起こすことが多いのです。

ところが、津波はずっと長い周期の海水の振動なのです。津波のときに海水が引いたり襲ってきたりする周期は10分ほどのことが多く、これ

が津波の周期なのです。地震の震源から、このくらい長い周期の地震の波がどのくらい震源から出てきて海底をゆすったか、ということによって、津波の大きさが決まります。

スマトラ沖地震（2004年）はいわゆる津波地震ではないと考えられていますが、この地震では、震源地でプレートが3回に渡って南から順にずれ、そのずれが、全体としては6〜7分にもわたって継続したために、大きな津波が生まれてしまったのです。

このように、地震として人々が感じたり被害を生んだりする地震の波の周期と、津波を生む地震の波の周期はかなりちがいますから、もし片方だけが大きい地震があったとしたら、津波だけが大きい津波地震になる可能性があるのです。これは、何かの原因で震源断層が滑っていく速さが遅い、つまりゆっくりと滑っていく地震なのです。

最新の研究では、津波地震はじつは奥が深いのではないか、と言われ始めています。それは、いままで各地に起きていたのに地震計が「感じなかった」地震があって、これらの津波地震がその親戚である可能性が強くなったからです。つまり「サイレント地震」です。

4/15 「ステルス」なサイレント地震

地震の大小とは、地震の性質は同じもので、大きさだけがちがうものだと思われていました。

■ 誰も気づかない大地震

最近の研究では、津波地震という異端者の地震があって、地震としては大きくなくても津波だけが大きくなることが分かってきました。

では、もしかしたらもっと異端の地震があるかもしれない、というのが地球物理学の最新の話題です。もっと異端、ということは、おそろしくゆっくりした地震の波だけを出す地震があって、その地震は地震計には記録されていないのではないか、という疑いが出てきたのです。つまり誰も知らないうちに「大地震」が起きているというミステリーなのです。

専門的には英語でサイレント・アースクェイク（silent earthquake）、つまり聞こえない地震といいます。日本語ではまだ決まった言いかたはありません。サイレント地震とか無声地震とか言う学者もいます。これは防空レーダーには捉えられないステルス戦闘機のような、いわばステルス地震、忍者のような地震です。

地震計にはいろいろな種類がありますが、数十分、数時間、あるいは数日といったごく長い周期の地面の動きを、しかも高感度で捉える地震計はありませんでした。このため、もし忍者地震があったとしても見つからなかったことは十分に考えられるのです。

しかし最近は地震計以外でも、感度の高い観測がいくつか試みられるようになりました。この観測データにいろいろなデータ処理をすることによって、不思議な信号が捉えられるようになったのです。

忍者地震発見の序曲は、史上最大のチリ地震（1960年、モーメント・

マグニチュード9.5）のときでした。この大地震が起きたときに地球全体が釣り鐘のように振動していることが発見されました。米国にあった地殻変動の観測器が観測したのです。

このときの周期は何十分といったゆっくりしたものでした。バイオリンよりはコントラバスのほうが低い音を出すように、地球ほど大きなものは、釣り鐘よりはずっと低い周波数でふるえるのです。この現象を地球振動といいます。その後も、巨大な地震のときには、地球振動が何回か記録されています。つまり地殻変動の観測器は、何分、何十分といった、いままでの地震計では捉えることが出来なかった周期の波を捉える地震計として働いたのです。

しかし1991年になって、さらに新しい発見がありました。大きな地震がないときでも、地球が振動している日が見つかったことでした。解析した2年間のうち27日間も、地球は震えていたのです。これこそ、知らないあいだに巨大なサイレント地震が起きていたにちがいありません。けれども、どこでどんなサイレント地震が起きているのか、それは分かりませんでした。地殻変動の観測器が、いままで捉えることが出来なかった周期の波を捉える地震計として働いたとはいえ、地震の波を捉えたり震源を決めたり、といった地震計としての能力が、限られたものだったためでした。

■日本にもあった忍者地震

その後日本でも、三陸沖で1992年に起きた地震のときに、途方もなくゆっくり動く信号が、長野県や岩手県に置いてあった気象庁や国立天文台の地殻変動観測所に記録されているのが発見されました。この地震は太平洋プレートが潜り込んでいる海溝近くで起きた地震でした。その信号は普通に記録を見ただけでは分からないほど小さな信号でした。

この地震のマグニチュードは6.9として気象庁では記録されています。しかし、この地震はマグニチュード6.9というオモテの顔のほかに、約1

日をかけて断層がゆっくり滑っていったマグニチュード7.7にもなる忍者風の地震をウラの顔として持っていたことが分かりました。

この地震はウラの顔にくらべてエネルギーが15分の1と小さいとはいえ、まだオモテの顔を持っていますから、厳密な意味でのサイレント地震ではありません。しかし、その後も、オモテの顔がもっと小さい地震が見つかっています。

図には関東周辺で見つかったこれらの地震が示してあります。

ゆっくり地震やサイレント地震が起きた場所

- 1938年 塩屋沖地震（M7.5）
- 関東地方
- 2000年 銚子沖地震
- 1999年 銚子沖地震
- 1989年 東京湾地震
- 〜1960年 千葉地震
- 2002年 房総半島地震
- 1923年 関東地震（M7.9）
- 1996年 房総半島地震
- 元禄地震
- 1703年（元禄）関東地震（M8.4）
- 日本海溝
- 相模トラフ

（川崎一朗作成の図）

16 地震が起きる間隔は計算出来るか

地震のエネルギーが貯まるわりには、地震が起きない場所があることが分かりました。

地震の発生頻度を計算する

プレートがガマン出来る限界と、プレートの動く速さが分かったら、地震が起きる間隔が計算出来るはずです。

しかし最近になって、不思議なことが分かりました。北海道の南の沖にある千島海溝で調べてみると、太平洋プレートが動く量から計算した「起きるはずの大地震」の数よりも、「実際に起きている大地震の数」のほうが、ずっと少ないことが分かったのです。つまり千島海溝では「起きるはずの大地震」のわずか30〜40%にしか実際に起きていなかったのです。なんと60〜70%、半分以上の地震が「消えて」しまっていたのです。

大地震が起きる代わりに小さな地震がたくさん起きたのでしょうか。そうではありません。地震は、マグニチュードが小さくなるほど地震のエネルギーは急速に小さくなっていきますから、マグニチュード8の地震1発分のエネルギーを解消するためには、マグニチュード6の地震だと1000個、マグニチュード5の地震では3万個も起きなければなりません。そして、これらの小さ目の地震は、決してこれほどたくさんは起きてはいないのです。

この30〜40%という地震が起きる比率のことを、学問的な英語では「サイスミック・カップリング」と名付けられています。日本語訳はありません。直訳して「地震の結合度」としても日本語としては意味が通じませんから、「地震を起こす効率」とでも意訳して話を進めましょう。

千島海溝ではわずか30〜40%だった地震の効率は、フィリピン海プレ

ートが起こす西南日本の太平洋沖の地震では70〜100％。つまり起きるべき数の大地震がほとんど起きているのです。大地震がちゃんと起きてしまう、これは私たち日本人にとっては不幸なことですが、事実なのです。

一方、1960年に史上最大のチリ地震が発生した南米西沖のチリ海溝や、やはり世界有数の巨大なアラスカ地震（1964年）が発生したアリューシャン海溝では地震の効率はほとんど100％です。

では、なぜこの地震の効率が場所によってちがうのでしょう。これは科学としてはもちろん、災害への備えにも関係する大事なことですが、まだナゾです。じつは、この消えてしまった地震のエネルギーが、サイレント地震になっているらしいのです。

場所によっては、消えたエネルギーのほうが大きいわけですから、被害を起こすような普通の地震は、むしろ、これら見えないサイレント地震に左右されている、つまりサイレント地震の「おこぼれ」が私たちが恐れている「普通の」地震だ、と言えないこともありません。

しかし、なぜ、どうやってサイレント地震が起きるか、はまだよく分かっていません。

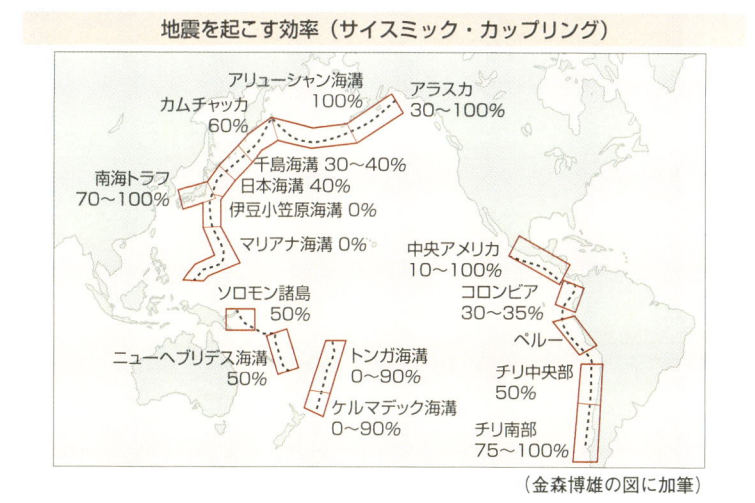

4 地震とはどんな現象なのだろうか

地震を起こす効率（サイスミック・カップリング）

- アリューシャン海溝 100％
- アラスカ 30〜100％
- カムチャッカ 60％
- 千島海溝 30〜40％
- 日本海溝 40％
- 伊豆小笠原海溝 0％
- 南海トラフ 70〜100％
- マリアナ海溝 0％
- 中央アメリカ 10〜100％
- ソロモン諸島 50％
- コロンビア 30〜35％
- ペルー
- ニューヘブリデス海溝 50％
- トンガ海溝 0〜90％
- チリ中央部 50％
- ケルマデック海溝 0〜90％
- チリ南部 75〜100％

（金森博雄の図に加筆）

4-17 本震と余震

大きな地震が起きたあとに引き続き地震が起きることが多く、これらの地震のことを余震といいます。

■ 余震は予測不可能

　元の地震（余震と区別するときには「本震」と言われます）が大きいときには余震も大きく、被害を生むこともあります。本震で傷んだ建物や土木構造物が余震で倒壊することもありますから、注意が必要です。また被災した人々に本震の記憶が残っていますから、デマの原因にもなりやすいのです。

　余震の最大マグニチュードは本震から1くらい小さいことが多いのですが、そうではない例外も多くあります。また最大の余震は本震の後、数日以内に起きることが多いのですが、半月以上たって起きることもありました。本震が起きた後でどんな余震がいつ起きるかを正確に予測することは現在の学問レベルでは不可能です。

　このため、気象庁が発表をしている余震の見通しは、たんに平均的な経験例を発表しているだけですので、予想が外れることも多いのです。とくに新潟中越地震（2004年）では、震源が複雑だったために、気象庁の予測を上回る余震が何度も繰り返されました。

　また、ほとんどの地震は余震を伴いますが、一般に震源が浅い地震ほど余震が多く、震源が深い地震は余震がないこともあります。

　余震の数は、全体としては時間とともに指数関数の形（図）で減っていくので、しだいに余震の回数は減っていきますが、なかには大きな余震が起きて、減りかけていた余震の数がぶり返してしまうこともあります。

　じつは大きな余震が、本当に前の本震の余震だったのか、あるいは近くで別の地震（つまり別の本震）が起きたのかは学問的には区別出来ません。つまり余震だから特別な特徴を持っているわけではないのです。

このため、どの地震を余震というかは見解が分かれても不思議ではないのです。

余震は全体としては減っていきますが、なかなか終息しません。感度が高い地震計を使ってごく小さい地震まで観測すると、大きい地震の余震が数十年あるいはそれ以上も続いているのがわかることがあります。たとえば米国のミズーリ州とケンタッキー州の州境では、1811年から1812年にかけての3ヶ月弱の間に、マグニチュードが推定8を超える大地震が続けて3回も起きました。ニューマドリッド地震と言われています。この余震は200年近くたった現在でもまだ続いています。

日本のように地震活動が高いところでは、余震がたとえ続いていたとしても、他の地震に紛れてしまいます。日本と違って米国のほとんどでは通常の地震の活動レベルがごく低いですから、こんなあとになって小さな地震がわずかに起きても、余震に違いないと分かるのです。

■本震の記録だけでは不十分

余震は、学問的には貴重なものです。それは、本震がどんな地震だったのか、つまりどこまで拡がっている、どんな震源断層がどう滑って本震を起こしたのかを詳細に研究するための大事なデータを提供してくれるからです。余震は、いわば怪我をしたあとの疼き（うずき）のようなものなので、遅ればせながらケガそのものの研究になるのです。

なぜ本震の記録だけでは不十分なのでしょう。それは本震は大きすぎて、震源断層のありさまを正確に決めるのに必要な、比較的近いところにある地震計の記録を飽和させてしまうことが理由です。

本震の震源断層がどこまで拡がっていたのかは、余震の拡がりから知ることが普通です。このため、大地震の後に臨時に地震計を設置して数週間か数ヶ月の間、余震観測を行うことが多いのです。

また北海道南西沖地震のように海底に震源があると、陸上の地震計による観測では、震源の精度が本質的に悪いということもあります。数十

キロも誤差があっても分からないことが多いほどなのです。小さい地震は、陸上ではもちろん観測出来ません。このため、海底に起きた大地震では海底地震計を使って余震観測をすることが多いのです。

ところで地震には本震・余震型として起きるもののほか、双子地震や群発地震もあります。これらの地震では、あとから起きる地震のほうが大きい例もありますから、注意が必要ですが、残念ながら、ひとつの地震が起きたときに、次にもっと大きな地震が来るかどうかは、現在の学問では分からないのです。

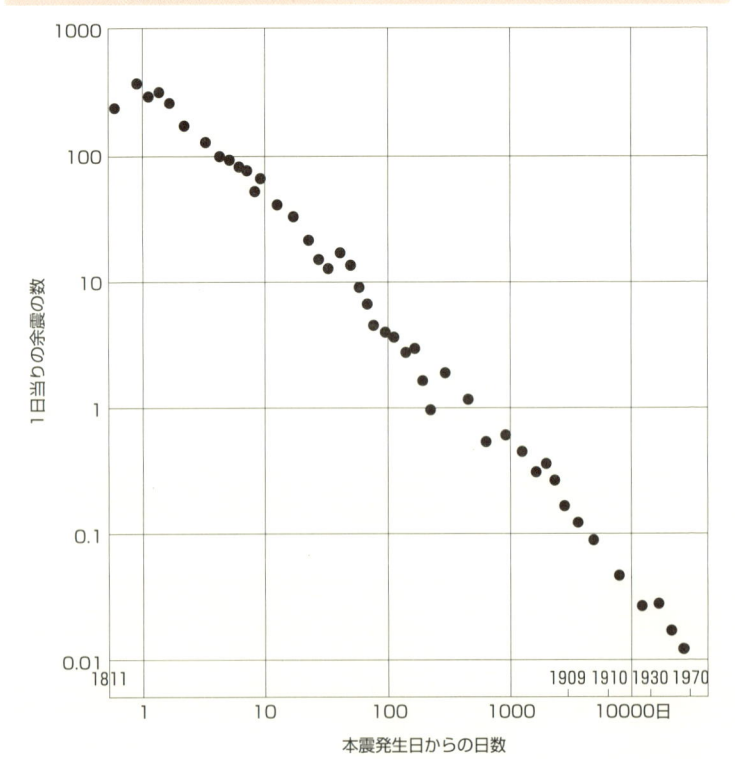

余震は200年以上も続く（ニューマドリッド地震）

本震発生日からの日数

「人造」地震

　阪神淡路大震災（1995年）のあとで、野坂昭如（作家）は次のような文章を残しています。それには、戦前の大水害や第2次世界大戦での空襲の大被害からの戦後の復興がめざましかったばかりではなく、その後の市街地開発や山を削って海を埋め立てる国土改造の先兵だった神戸を兵庫県南部地震が襲ったこと、しかも季節が冬で、新幹線が通る寸前の明け方だったことに神の存在を確信する、とあります。

　もちろん、エネルギー的には、神はともかく、人間が大地震を起こせるわけはありません。

　しかし、人間は間接的には地震を起こせないことはないのです。つまり、地震が起きそうなだけ地下にエネルギーがたまっているときには、人為的な行為が地震の引き金を引くことは出来るということが分かってきました。

　意図しないうちにこの実験をやってしまったことがあります。1962年に米国コロラド州のデンバーの近くで深さ3.7キロの深い井戸を掘って、液体の放射性廃棄物を捨てたことがあります。捨てたのは米空軍のロッキー山工廠という軍需工場の廃液でした。厄介ものの放射性廃棄物を処分するには地下深部というのは卓抜な思いつきだ、と思って始めたにちがいありません。

　ところが、日本と違って地震がまったくなかった場所なのに、突然地震が起こり始めたのです。多くはマグニチュード4以下の小さな地震でしたが、なかにはマグニチュード5を超える結構な大きさの地震まで起きました。生まれてから地震などは感じたこともない近くの住民がびっくりするような地震でした。

　騒ぎになりました。それで、1963年10月にいったん廃棄を止めたら、地震はしだいに減っていきました。そして1年後の1964年9月に注入を再開したところ、おさまっていた地震が再発したのです。

　そればかりではありません。液体の注入量を増やせば地震が増え、減らせば地震が減りました。1965年の4月から9月までは注入量が多く、最高では月に3万トンといままでの最高に達しましたが、地震の数も月に約90回といままでで最も多くなりました。液体を注入することと地震が起きることが密接に関係していることは確かなことでした。

　注入する圧力も変えてみました。時期によって圧力ゼロ、つまり自然

4　地震とはどんな現象なのだろうか

落下から最高70気圧までのいろいろな圧力をかけましたが、圧力が高いほど地震の数が多かったのです。

このまま注入を続ければやがて被害を生むようなもっと大きな地震が起きないともかぎりません。このため、この廃液処理計画は1965年9月にストップせざるを得なくなりました。せっかくの放射性廃液処理の名案も潰えてしまったのです。

別の例もあります。同じコロラド州のレンジリーという油田で、石油を掘り出す深い井戸に水を注入したところやはり地震が起きだしました。じつは水の注入は原油の産油量を増やすためによく行われることです。ここも地震がないところでしたが、地震の数は月に十数回になり、最大の地震のマグニチュードは4を超えました。

地下ではなにが起きていたのでしょう。人間が地下に圧入した水や液体が、岩盤の割れ目を伝わって深いところにまで達して、地下にある断層を滑りやすくした、つまり地震を起きやすくしたのにちがいないと考えられているのです。地震の起きた深さは10キロとか20キロ、穴の深さよりも数倍も深かったのですが、そこまで水がしみ込んでいったものと考えられています。

ところで、2004年に起きた新潟中越地震のときには、震央から約20kmしか離れていないところに天然ガス田（南長岡ガス田）があり、地下4,500mのところに高圧の水を注入して岩を破砕していました。深い井戸を通じて油ガス層に人工的な刺激を与え、坑井近傍の浸透性を改善することによって生産性を高めるために行われていたのです。

地下4,500m付近に分布する浸透性が低い緑色凝灰岩層に対して「水圧破砕法」を使って岩にひび割れを入れていました。これによって生産性を8倍も増加することに成功したと言われています。

新潟中越地震の余震分布の上限は4km程度、本震（ここでいう本震は地震断層の「壊れはじめ」で、本震そのものは余震域全体に拡がっていたと地震学では考えられています）の深さは13kmでしたから、震源に極めて近いところで「作業」をしていたのです。

南長岡ガス田は1984年に生産を開始していましたが、21世紀になってから水圧破砕法を使い始めていたのでした。

第5章

地震が起きると地面はどう揺れるのだろうか

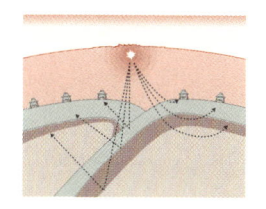

　地震が起きれば、地面が揺れ、ときには大きな被害を生みます。しかし、地震が大きいほど、また近いほど大きく揺れる、というほど単純ではないことが分かってきました。

51 3つの地震波には

地震が起きたときには、地震の震源から地震の波が出ます。この波には何種類かの波があります。

■ ガタガタッの波とユサユサッの波

3つの地震波とは、P波、S波、表面波です。地震が来たときに、はじめにガタガタッと揺れて、それからユサユサッと揺れるのを知っているでしょう。それは震源から2種類の地震の波が同時に出たのに、ガタガタッの波のほうがユサユサッの波よりも速いので先に行ってしまうからなのです。その速さの差は場所によって違いますが、地球の表面に近いところでは1.7倍ほどです。

ですから、震源の真上にでもいないかぎり、ガタガタッの波が先に到着して、それからユサユサッの波が到着するから2度揺れるのです。これは雷が光ってからしばらくしてドーンと音がするのと同じで、光が音よりも速いからこうなるのです。雷でも地震でも、この時間の差を測れば、雷や地震までの距離を知ることが出来ます。

ガタガタッという波はP波、ユサユサッという波はS波と言われます。英語で言えばプライマリー（primary）、最初の波、とセカンダリー（secondary）、2番目の波のそれぞれ頭文字を取ったものです。それぞれ、初期微動（しょきびどう）と主要動と言うときもあります。

そのほか地震の波のなかには、地球の中を通り抜けられないで、地表だけを通れるものもあります。この地震の波は表面波といわれるもので、海の波のように球の表面を伝わっていく波です。

大きな地震から出た表面波は地球の反対側を通り越して地震の場所まで帰ってきます。つまり地球を1周するわけです。さらに2周も3周もするのこともあります。表面波にとっては10万キロ以上の旅になります。スマトラ沖地震（2004年）のときには、少なくとも地球を5周したことが確かめられていて、8周した、と言っている科学者もいます。

■ 地震波から地球を探る

　こういったさまざまな地震の波を観測して研究することによって、地球の中がわかってきているのです。P波とS波は、どちらも固体の中だと伝わることが出来ます。しかし液体の中ではP波は伝わるのですがS波は通れません。これはP波は伝わっていくものの密度を変えながら伝わる波なのに対して、S波は伝わっていくものをねじりながら伝わる波だからです。

　身近な例でいえばP波は音の波と同じものです。音の波は空気の中も、水の中も伝わります。一方野球のバットのグリップをねじってまわすと、バットの先端がねじれます。こうやってバットの中を伝わっていくのがS波なのです。ドアについている回転ノブを強く回すとドアのちょうつがいがギシギシいうのは、じつはS波が伝わっていったのです。へんなたとえですが、もしドアが液体で出来ていたら、ちょうつがいには力が伝わらないのです。

5　地震が起きると地面はどう揺れるのだろうか

地震の波の種類と速さ

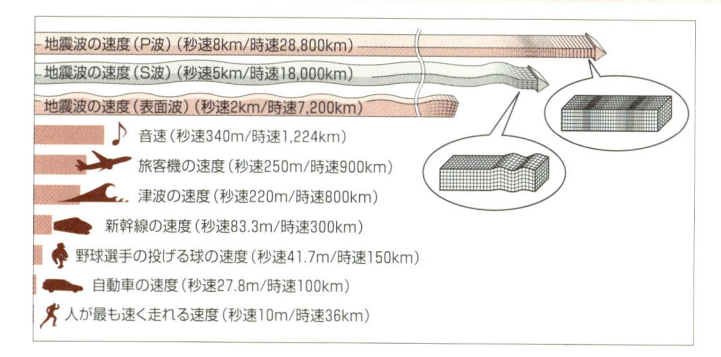

- 地震波の速度(P波)(秒速8km/時速28,800km)
- 地震波の速度(S波)(秒速5km/時速18,000km)
- 地震波の速度(表面波)(秒速2km/時速7,200km)
- 音速(秒速340m/時速1,224km)
- 旅客機の速度(秒速250m/時速900km)
- 津波の速度(秒速220m/時速800km)
- 新幹線の速度(秒速83.3m/時速300km)
- 野球選手の投げる球の速度(秒速41.7m/時速150km)
- 自動車の速度(秒速27.8m/時速100km)
- 人が最も速く走れる速度(秒速10m/時速36km)

52 地震波によって地球の中心核が発見される

100年ほど前、地球の裏側に近い地震計には、P波だけが来ていてS波が来ていなかったことが発見されました。

■ 地球の中心核

　地震計が地震から遠くないところにあればP波もS波も届きます。ところが地震から11000キロメートルくらい離れた地震計ではS波が突然弱くなって、その先にある地震計にはS波が来なくなっていたのです。ここを境にP波の性質も変わっていました。私たち地球科学者は、遠い地震を観測するときには距離ではなくて、地球の中心をはさんだ角度をスケールに使います。その角度が震源から103度のところでこの現象が起きていました。

　これは何を意味するのでしょうか。地震の波が伝わっていくときに「陰」をつくるものがあるにちがいない。つまりマントルの下には巨大な液体の球があるにちがいない、ということになったのです。太陽の光が木や屋根でさえぎられて日陰が出来るように、地震の波にも陰が出来ていたのです。この液体の球は核、または中心核といわれます。英語ではコア（core）、つまりリンゴのような果物の芯のことです。こうして、月の倍ほども大きな核（コア）が地球の中にあったのが発見されたのです。

■ 地震波から分かる地球の内部構造

　地震の波が伝わる速さは、地球の中に行くにつれてふつうは大きくなっていきます。これは中にいくにつれて圧力が高くなるので、岩が押されて硬くなっていくからです。しかしマントルの下にある核（コア）の中ではほかと違って速さが小さくなっていたので、その境で地震の波が

大きく曲げられてしまったのです。水を入れたコップの中に箸をいれると曲がって見えますね。あれは光が伝わる速さが空気の中と水の中とで違うため、光線が曲がったのです。それと同じように地震の波も曲がります。このため図のように、S波が消えただけではなくて、P波についても陰をつくっていたのです。

その後この核（コア）から反射して地表まで帰ってきた地震の波も見つかっています。P波もS波もこうして反射して帰ってきますし、なかにはP波で行ったのに反射したときにS波になって帰ってきたものとか、逆にS波で行ったのにP波で帰ってきた変わりものの地震の波もあります。これら、さまざまに変化した地震波を捕まえて、地球の内部構造の研究が行われているのです。

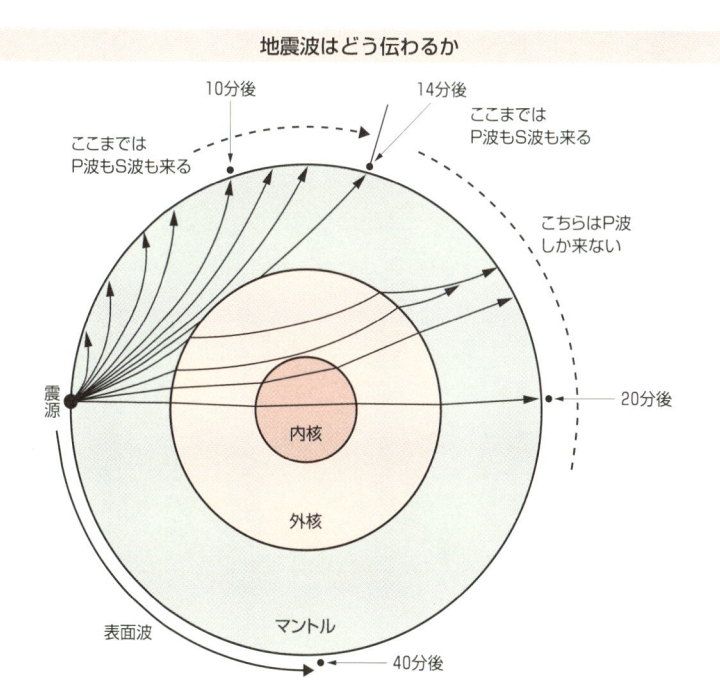

地震波はどう伝わるか

10分後　　14分後
ここまでは　　ここまでは
P波もS波も来る　　P波もS波も来る

こちらはP波しか来ない

震源　　内核　　20分後

外核

表面波　　マントル

40分後

53 地震波は20分かけて地球の中を突き抜ける

地震波を研究するために、鉄道のダイヤに似たツールを使います。これを走時曲線といいます。

■ 走時曲線

さまざまに地球の中を旅した地震の波を研究には、「走時曲線（そうじきょくせん）」というものが使われます。鉄道のダイヤグラムというものを知っている人なら、なんだ同じものか、というにちがいありません。これは世界中においてある地震計で世界各地に起きる地震を観測しながら、しだいにつくられていったものです。

このグラフの横軸は地震が起きた場所からの地球の中心をはさんだ角度で、震源があるところを0度にして、地球のちょうど反対側にある180度まで目盛りがあります。そして縦軸は地震が起きてからの時間が分で目盛ってあります。鉄道のダイヤグラムならば、横軸が駅の名前、縦軸が時刻になっているわけです。実際に地球の中をどのように地震の波が旅するかという、次々ページの図といっしょに見るとわかりやすいかもしれません。

■ 20分で地球を突き抜ける

図の中のいちばん下にあるPという線を追ってみましょう。これは地球の中を、いちばんすなおに近道をして地震計まで達した地震の波です。0度のところが0分なのはあたりまえですが、距離が増えるにつれて時間もかかるようになり、103度のところ、時間にして13分ほどのところで消えてしまいます。

この線に上のほうから近づいている線があります。PcPという線です。これは0度のところでも0分からスタートするのではなくて、約8分のと

ころからスタートしています。これはなんでしょう。これこそが核（コア）から反射して地表まで帰ってきた地震の波なのです。地震が起きたすぐ近くに地震計を置いておいても、この波が到着するのは地震の8分後なのです。

同じようにS波も、またScS波も走時曲線には描いてあります。またPcSとは、P波で行ったのに核（コア）で反射したときにS波になって帰ってきた変わりものの地震の波なのです。このように世界中の地震計の記録を解析することによって、この核（コア）は、直径7000キロもあることが分かりました。

地震波の走時曲線

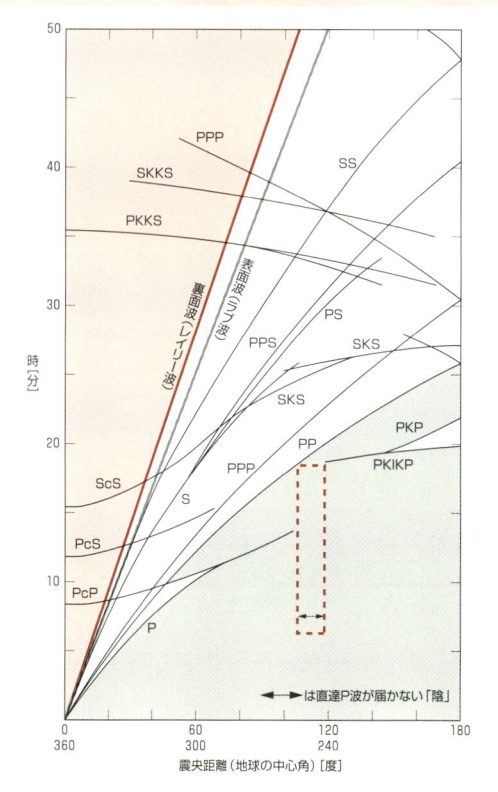

縦軸：時〔分〕、横軸：震央距離（地球の中心角）〔度〕

波の種類：PPP、SKKS、PKKS、SS、表面波（ラブ波）、表面波（レイリー波）、PS、PPS、SKS、ScS、S、PcS、PcP、PPP、PP、PKP、PKIKP、P

←→ は直達P波が届かない「陰」

■地球の内部に迫る

　地震の波を分析することによって、地球の内部それぞれの場所での密度やP波の速度を推定することが出来ます。この核（コア）を作っている液体は溶けた鉄だと思われています。ただし全部が鉄だとすると少し重すぎるので、鉄よりも軽い元素が10%ほど混じっているはずです。ニッケルや珪素やマグネシウムが入っているのでは、という説がありますが、まだはっきりはしていません。

地球断面内の各種の地震波

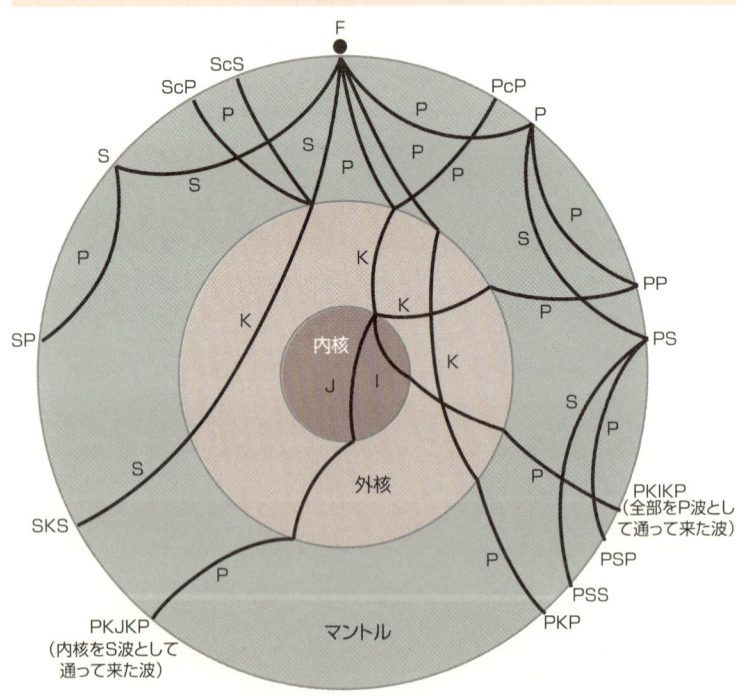

F、ScS、ScP、PcP、P、S、PP、PS、SP、SKS、PKJKP（内核をS波として通って来た波）、PKIKP（全部をP波として通って来た波）、PKP、PSS、PSP、K、J、I、内核、外核、マントル

ダムが出来ると地震が起きる

　人間が意図せずに起こしてしまった地震が大きな被害を生んだこともあります。

　1967年にインドでマグニチュード6.3の地震が起きました。177人が犠牲になったほか、2300余人が負傷しました。この地震は近くにコイナダムというダムを造ったことによって引き起こされたものだ、というのが地震学者の定説になっています。

　ここも米国と同じく、ふだん地震が起きないところでした。しかし1962年にダムが完成してからマグニチュード4クラスの地震が起き始めました。これらの地震はダムとそのすぐ近くの25キロ四方の限られた場所だけに起きました。しかも、ダムの周囲100キロのうちで地震が起きているのはここだけでした。震源の深さは6キロから8キロでしたが、ダムの高さは103メートルですから、ダムの底よりはずっと深いところで地震が起きたことになります。

　1967年になって9月にマグニチュード5を超える地震が2回起き、ついに12月にマグニチュード6.3の地震が起きて大変な被害を生んでしまったのでした。

　世界には、このほかにもマグニチュード6クラスの地震を起こしたと考えられているダムはいくつかあります。インドほどではありませんが、いずれも被害を生みました。

　たとえばギリシャのクレマスタ・ダムは1965年の貯水開始後地震が起きはじめ4ヶ月後には地震が急増、7ヶ月後にはマグニチュード6の地震が起きました。中国の新豊江ダムでも1959年にダムの貯水が始まったあと地震が増え、マグニチュード6.1の地震が起きました。米国カリフォルニア州にも例があります。またダムが出来てからすぐには地震が起きず、20年近くも経ってから比較的大きな地震が起きたエジプトのアスワンダムのような例もあります。

　現在、中国で建設中の三峡ダムは世界最大のダムですが、将来地震を起こすのではないかと考えている地震学者もかなりいます。

4 地震の震源はどうやって決めるのか

地震の震源はどうやって決めるのでしょう。ひとつの地点の地震計で観測しただけでは、震源は決められません。

■ 震源の決め方

　地震の震源は、あちこちにある地震計のデータを集めて解析して初めて震源が決まります。地震が起きれば震源から地震波が出ます。池に石を落として波紋が拡がるように、地震波は四方八方に拡がっていきます。それぞれの地震計で地震波がいつ到達したかを調べて計算すれば、いつ、どこで地震が起きたのかを推定出来るという仕組みなのです。

　震源から出る地震波のうちP波（縦波）とS波（横波）が震源を出るのは同時ですが、P波のほうが速いので、地震計にはまずP波が着き、遅れてS波が着きます。このP波とS波の到着時間をあちこちの地震計の記録から読み取って、震源の緯度、経度、深さ、地震が起きた時刻という4つの未知数を計算するのです。

　震源から遠くなるほどP波に比べてS波はどんどん遅れていきますから、P波とS波が到着する時間差から震源までの距離が分かります。昔はコンパスを使って地図の上にそれぞれの地震計を中心にした円を描き、その円を交わらせて震源を決めていました。当時は地震観測にコンパスは必需品だったのです。もちろん、いまではコンピューターを使って震源を決めていますが、決め方はコンパスと同じです。

　しかし実際に計算をしていると、不思議なことがたくさん起きます。たとえば計算の結果、震源が地上何キロもの空中に決まってしまうこともしばしばあります。また計算が収束しなくて、地震はたしかに起きたのに震源が決まらないことも珍しくはありません。

　震源が空中に決まってしまったり、深さゼロのはずがゼロでなくなっ

たりする理由のひとつは、誤差の影響です。誤差にはいろいろ理由があります。なかでも、震源から地震計までの地下構造が正確には分かっていないことが一番の理由です。地下構造は場所によって違い、とくにプレートが島や海山を掃き集めてきて出来たような日本列島のように複雑な地下構造を持つところでは、震源は決めにくいのです。

とくに日本の場合は陸の地下構造と海底の地下構造はかなり違います。しかし震源を決めるときは標準的な陸の地下構造だけを使っているのが普通ですから、このためにも誤差が出ることが多いのです。

また、地震計と震源の位置関係がよくないと震源が決まりにくいし誤差も大きいのです。たとえば北海道・根室沖の海底に地震が起きたときには、この地震波を観測出来る地震計は北海道の陸上にしかありません。つまり震源から四方八方に出ていった地震波のうち、西北方の片側だけでしかデータが取れないことになります。このため、この付近で地震が起きたときには、実際に地震が起きた震源と、計算された震源とは50〜100キロも違っていることがあります。東京に起きた地震を、熱海に起きた地震だと思っているようなものです。

震源決定の原理

A、B、Cは観測点。それぞれの観測点に到着したP波とS波の時間差から震源までの距離（たとえばD）が分かるから、その距離を半径にした三つの円を描いて交点を求める。震源は地表より深いところだから、円は地表では交わらず、地下の点Hで交わる。こうして震源Hと震央Eを決める。

ひとつの弦を直径とする半円

5 マグニチュードと震度はどうちがう？

マグニチュードと震度の違いを知っていますか。両方とも地震の強さ？　確かにそうですが、同じ強さではありません。

■ 電球の明ると机の明るさ

地震の震度はマグニチュードとはちがいますが、この2つはよく間違われます。マグニチュードを電球の明るさだとすれば、震度とは机の上の明るさなのです。

机の上の明るさは、電球が明るいほど明るくなりますが、同じ電球でも、電球に近いところでは明るくなります。つまり地震という電球が明るければ、震度は大きくなりますし、電球という震源に近くても震度は大きくなります。

マグニチュードは、起きた地震そのものの大きさです。ですから、地震から近くても遠くても、もちろん数値は変わりません。

震度は違います。震度とは、「ある場所で」記録したゆれの大きさです。つまり、同じ地震でも地震からの距離が変われば震度の数字は違ってきます。地震から近ければ大きいし、遠ければ小さい数になるのです。マグニチュード8の巨大な地震では、近くでは震度が7か6になるでしょう。でも、遠くなるにつれて震度が小さくなっていって、やがて震度1、そして震度0になっていくのです。

■ マグニチュードと震度の違いに注意

大地震のあとで、もっと大きな地震が来る、とか、震度6の地震がまた来るといったデマが流れることがあります。これは、気象庁が発表した「マグニチュード6クラスの余震があるかもしれない」というのを勘違いしたデマであることが多いのです。デマに惑わされず、正確な情報

を、被災した人々が共有することはとても大事なことです。

震度分布

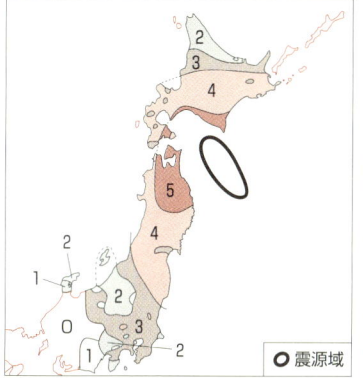

▼十勝沖地震（1968年）　　▼兵庫県南部地震（1995年）

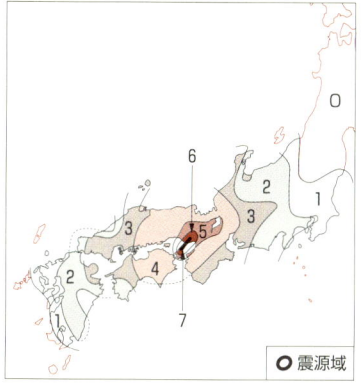

5 地震が起きると地面はどう揺れるのだろうか

　1968年に北海道の南の沖に起きた十勝沖地震は、マグニチュード7.9の大地震だった。これは日本のほぼ半分の面積で、その揺れが人体に感じられた。このときの震度は図のようになった。青森県や北海道の太平洋岸寄りで震度5の強震を記録し、遠くにいくにしたがって震度が減っていったが、東京や新潟でも震度3、はるか静岡県や石川県でも震度1だった。

　これを兵庫県南部地震（1995年、阪神淡路大震災を起こした地震）と比べてみると、震度が大きい範囲がずっと狭いことが分かる。阪神と淡路では震度7だったが、中部地方までいくと、もう震度2になってしまっている。

　これは、兵庫県南部地震のマグニチュードが7.3と、地震のエネルギーからいえば、十勝地震のほうが8倍も大きかったからだ。

139

5-6 日本の震度は10段階

日本では気象庁が決めた震度が使われています。これは震度0から震度7までの10段階があります。

最初は4段階

　震度には小数点以下はありません。震度3の次は震度4になるので、3.5とか3.8とかいう震度はありません。一方マグニチュードは、7.1とか、5.4とか、小数点以下一桁まで表すのが普通です。でも、昔の地震など、マグニチュードがよく分からないものには、7と3/4といった分数になっているものもあります。またマグニチュードは0よりも小さいものがあり、それらはマイナスの数字で表わします。

　もうひとつ混乱しやすいものがあります。マグニチュードは世界共通の目盛りなのですが、日本の震度は、外国の震度と違うのです。日本の震度は0から7までの10段階、いっぽう外国の震度には0がなくて、1から12までの12段階です。よく外国に起きた地震で、新聞で震度6とか7とか報道されることがあります。しかし、びっくりすることはありません。日本の震度の目盛りで測れば4なのです。けれども日本以外の外国では、震度はみんな共通というわけでもありません。国によって少しずつちがう国も多いのです。

世界の震度階

加速度	1gal			10gal			100gal				1000gal
気象庁	0	1	2	3	4	5−	5+	6−6+	7		
M.M.	1	2	3	4	5	6	7	8	9	10,11,12	
M.S.K.	1	2	3	4	5	6	7	8	9	10	11,12

MMは改正メルカーリ震度階（1931年に制定）で、米国、イタリアなどで使われている。これに対して東欧を中心に使用されているのがMSK震度階で、1964年にメドベデフ（Medvedev）、スポンホイエル（Sponheuer）、カルニク（Karnik）によって作られた。ロシア語では「バール」と言われている。

■ 阪神大震災以後、10段階で表す

ところで、日本の震度は最初から10段階だったのではありません。日本で震度を初めて決めたのは明治時代の1884年だったのですが、そのときには、微震、弱震、強震、烈震の4段階しかなかったのです。

その後、濃尾地震（のうび。1891年）や明治三陸地震津波（1896年）などの大地震のあと、もっとキメ細かいほうがいいということになって、1898年には弱震を「弱い弱震」と「弱震」に、強震を「弱い強震」と「強震」に分けて6段階とし、さらに人体には感じない「微震（感覚ナシ）」をつけ足して合計7段階としました。「弱い弱震」とか「弱い強震」は、お役人が作った言葉とはいえ、なんともへんな名前です。さすがに評判が悪かったのか、三陸地震津波（1933年）のあとの1936年には7段階のまま、「弱い弱震」を軽震、「弱い強震」を中震と名前を変えました。

さらに1949年には、さらに烈震を烈震と激震に分けて8段階のものとなりました。じつは激震という震度が加わったのには理由がありました。1年前の1948年に福井地震（マグニチュード7.1）が起きて、福井平野の北部では98%とか100%とかの家が倒れてしまった町や村があったのです。それで激震という震度を新たに作ったのです。福井地震の震度は、いまならば十分に震度7の激震にあたりますが、当時はまだ激震という段階がなかったから、公式記録には震度6の烈震としてしか記録されていません。一方、小さいほうでは、身体には感じないで、地震計だけに感じる震度は「無感」といいます。これが震度0です。

阪神淡路大震災以後、気象庁は震度階の震度6と5をそれぞれ強弱の二つに分け、全体で10段階にしました。同時に、激震・烈震・中震・強震・軽震・弱震・微震・無感という言い方をやめてしまいました。

福井地震での家屋倒壊率

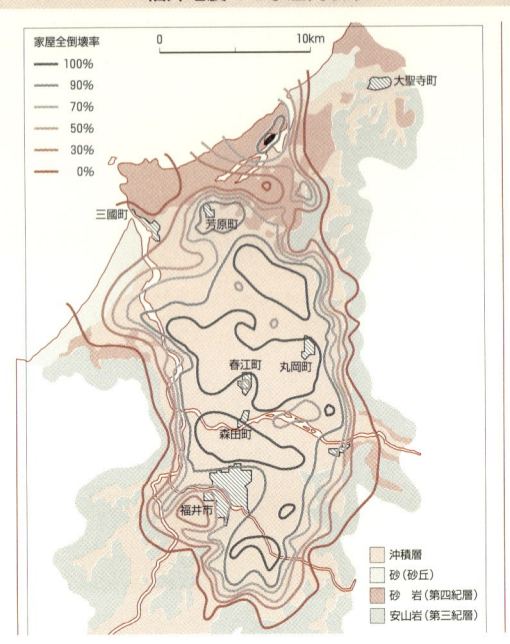

家屋全倒壊率
- 100%
- 90%
- 70%
- 50%
- 30%
- 0%

大聖寺町
三國町
芳原町
春江町
丸岡町
森田町
福井市

沖積層
砂（砂丘）
砂岩（第四紀層）
安山岩（第三紀層）

日本での地震の発生頻度

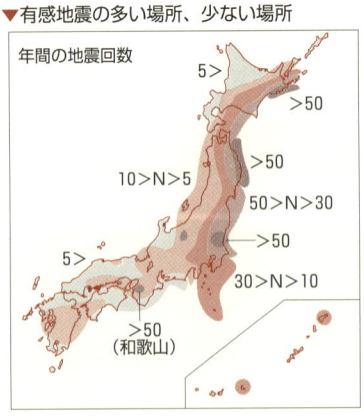

▼有感地震の多い場所、少ない場所

年間の地震回数
- 5>
- >50
- 10>N>5
- >50
- 50>N>30
- >50
- 30>N>10
- 5>
- >50（和歌山）

▼最近50年間の震度4の回数

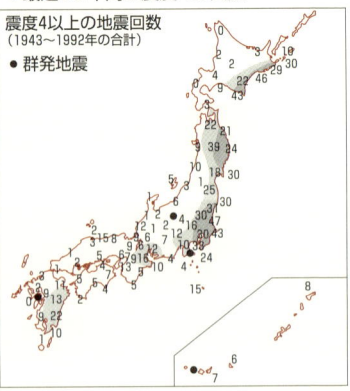

震度4以上の地震回数
（1943～1992年の合計）
● 群発地震

死語になる「激震」

　激震。断層。地殻変動。深層海流。新聞や週刊誌の見出しに踊るこれらの言葉は、もともとは、私たち地球物理学者が専門に使う学術用語なのです。なかでも「激震」はスポーツ紙に限らず、一般紙の強烈な見出しとして、選挙や大事件になくてはならない言葉になっています。

　この言葉は気象庁の発明です。気象庁にも、お役人ながら優れたコピーライターがいました。震度の7から1にそれぞれ対応して、激震、烈震、強震、中震、弱震、軽震、微震というネーミングを作ったのです。これほど分かりやすい表現はないでしょう。なお、このほかに震度0は無感というネーミングでした。

　ところが、阪神淡路大震災以後、気象庁は震度階を増やすのと同時に、この分かりやすい言い方をやめてしまったのです。震度階は、震度6と5をそれぞれ強弱の二つに分け、全体で10段階にしたのと同時の決定でした。震度はよりきめ細かくなりました。

　一方で、お役人が作った言葉としては異例に評判がよくてあちこちで使われてきた、激震、強震、軽震、微震といった言い方をすべてやめてしまって、たんに震度Xという言い方にしてしまったのです。

　ところで、雑誌や新聞に踊っている「激震」は、気象庁が発表しなくなり、子供たちも学校で教わらなくなるわけですから、やがて死語になる運命にあります。

　しかし気象庁のお役人たちは、自分たちが作った言葉だから、自分たちが勝手に替えても廃止してもいいと思っているのではないでしょうか。

　言葉は文化です。四季の変化があり、雪国から珊瑚礁の海まである日本では、昔から、気象用語は人々の生活に深く入り込んでいた言葉、つまり文化でした。これは文化としての言葉を、自分たちの専有物だと思っている思い上がりなのかも知れません。

5 地震が起きると地面はどう揺れるのだろうか

5-7 初めて分かった「揺れやすい地盤」

震度とは、その場所での揺れの大きさですから、地盤の良し悪しにたいへん左右されます。

■ 不思議な分布

次の図は、1968年の十勝沖地震のときの北海道だけの震度を示したものです。震源は北海道の南のはるか沖でした。震源から遠くなるにしたがって震度が減っていく、という単純なものではないことが分かるでしょう。

十勝沖地震（1968年）での北海道の震度分布

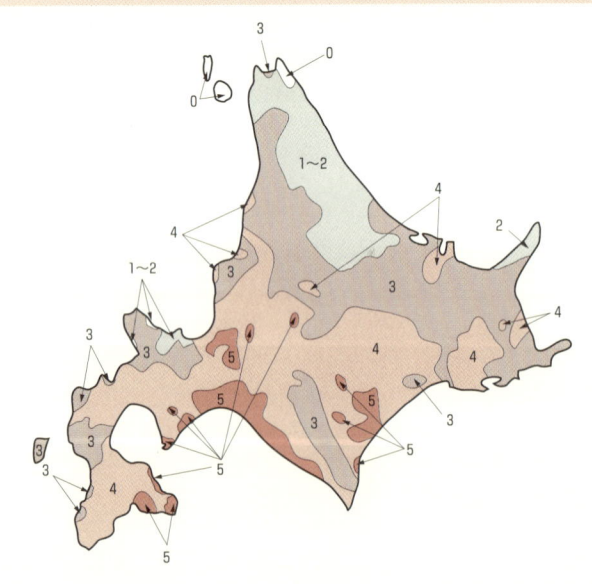

これは地下構造のちがいや、地面のすぐ下の地盤の良し悪しのちがいのせいです。大きな眼で見ているときには震度は震源から遠くなるほど減っていくのですが、局地的に見るとこんな不思議な分布をしていることが普通なのです。

　地盤の良し悪しはひとつの町の中にもあります。北海道の室蘭は、気象台は地盤が良いところにあるのですが、埋め立て地のような軟弱で悪い地盤も多い町です。1990年代の半ばまでは震度を気象庁の職員が体感で決めていたのですが、気象台が気を遣って、感じた震度よりも少しサバを読んで水増しした震度を発表していたほどです。

■ 揺れやすい地盤・揺れにくい地盤

　2005年7月23日に、首都圏は13年ぶりに震度5の地震に襲われました。千葉県北西部の地震です。マグニチュードは6.0でしたが、幸い、震源の深さが73キロもあって直下型というにはやや深かったので、被害はほとんどありませんでした。しかし一都三県でエレベーターが64000台も停止したり、交通機関も何時間にわたって乱れるなど、大きな騒ぎになりました。

　ところが、このときの震度分布は奇妙な形をしていました。震源から同心円状に震度が減っていくのではなくて、特定のところに震度が大きいところが集中していました。そして最大の震度であった5強は震源からかなり離れた東京足立区で記録されていました。

　震度5弱は東京都江戸川区から西へ大田区、川崎市川崎区、横浜市中区、一方東へは千葉県浦安市、市川市、木更津市など東京湾沿岸の埋立地で観測されました。しかしそれだけではなくて、内陸の東京都足立区から埼玉県草加市、鳩ヶ谷市、八潮市、三郷市や宮代町にまで震度5弱が広がっていたのです（次節の図）。

　震源に近い東京湾から北に向かって詳しく震度を見ていくと、東京湾岸にある江戸川区では震度5弱でしたが、少し内陸に入ると震度4になり

ます。しかしさらに北の足立区から埼玉県南東部にかけて再び5弱（5強を含む）となっていたのです。これらの震度5、震度4、そして再び震度5を記録した場所の地盤は、それぞれ埋立地、三角洲・海岸低地、後背湿地でした。

　三角洲・海岸低地は砂の地盤で、地震で揺れにくい地盤です。他方、後背湿地は揺れやすい地盤です。震源からの距離を考えに入れれば埋立地よりむしろ揺れやすいくらいです。現在は千葉県銚子市付近で太平洋へ注いでいる利根川は、江戸時代の初期まで、現在の草加市など埼玉県

地盤と震度の関係（首都圏の地盤の分類図）

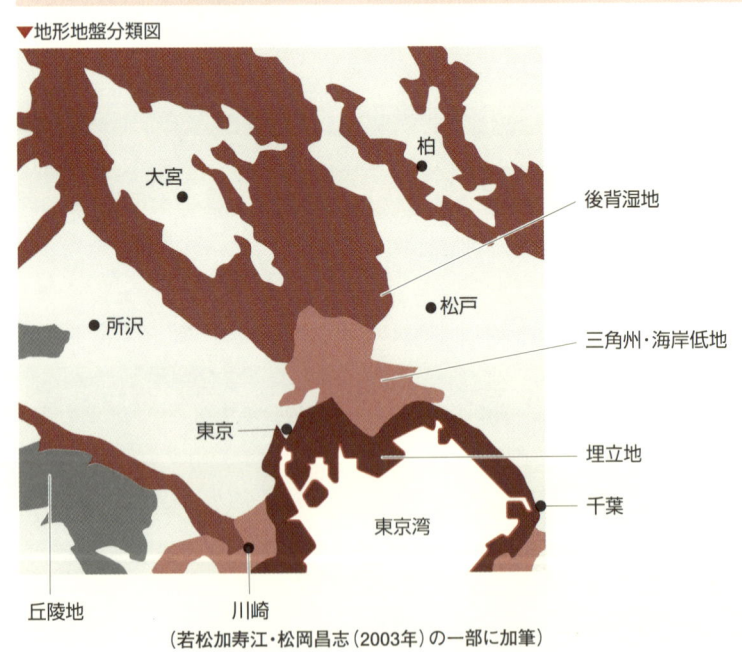

▼地形地盤分類図

（若松加寿江・松岡昌志（2003年）の一部に加筆）

東部から東京湾へ注いでいました。つまりこの後背湿地は、洪水のときに自然堤防を越えて浸水が繰り返されてきた場所で、それゆえ軟弱地盤なのです。

　後背湿地は過去に大きな地震災害を被ったことがあります。この地域の多くは、関東大震災（1923年）で震度6以上の激しい揺れに襲われました。つまり、地震で揺れてみないと分からないものの、じつはこの地盤は、地震の揺れをとくに大きく増幅してしまう地盤だったことが、この2005年夏の地震ではっきり分かったのです。

地盤と震度の関係（関東地震（1923年）の都内での震度分布）

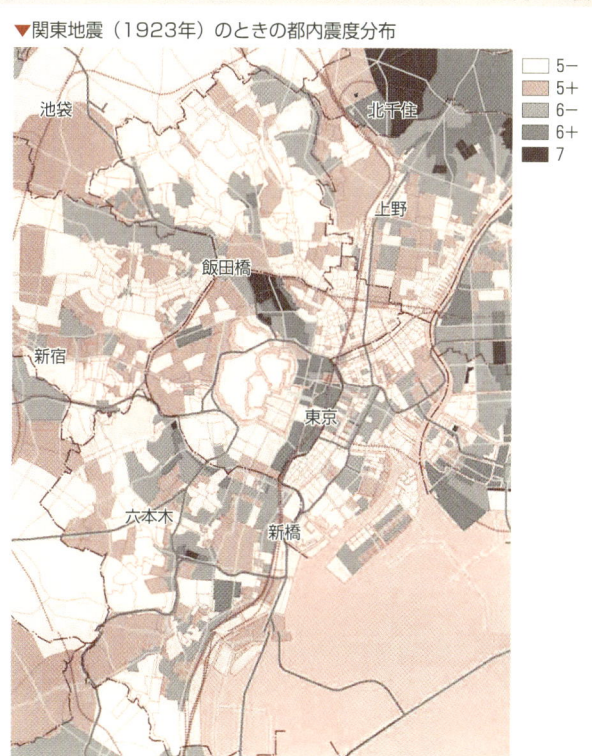

▼関東地震（1923年）のときの都内震度分布

エレベーターを「停める」ための地震計

　都会の生活にとってなくてはならないエレベーターですが、そのエレベーターにとってもっとも恐いものは地震でしょう。吊っているワイヤーが切れたらもちろん、エレベーターがレールから外れてもエレベーターが動けなくなってしまいます。

　そのため、どのエレベーターにも地震計がついています。大きな地震が起きたときにはすぐにエレベーターのかごを自動的に停めるような仕掛けが義務づけられているのです。つまり、エレベータの数だけ地震計が働いているのです。それだけではありません。地震の揺れには先に来るP波（初期微動）と後から来るS波（主要動）というものがあって、振幅からいえばS波のほうが大きいのです。だからエレベーターを停めるために、主要動を検知する水平動の地震計が付けられているのです。

　しかしこうやって停めると、地震が来たときには、エレベーターはどこに停まるかわかりません。エレベーターそのものは無事でも、階と階の途中に停まってしまってしまい、乗っている人が閉じこめられることにもなりかねません。それゆえ多くのエレベーターは、時間的にもっと早く来る初期微動を捉えて、動いているエレベータをもっと早く、途中ではなくて最寄りの階に停めるための仕組みを持っています。

　つまり、このためにもうひとつ別の地震計が使われているのです。これはP波を検知するために地面の上下の動きを測る上下動成分の地震計です。こちらの地震計は、特別に大きな主要動だけを感じればいい法律上の義務の地震計とは違って、やや高度の地震計と、エレベータを止めるべき地震だけを検知するためのいろいろなノウハウを必要とします。車が通ったり子供が跳ねたりするたびにエレベーターが停止しても困るからです。

　このためこちらの地震計は、エレベーターのメーカーからある地震計メーカーに注文が行くことになりました。それまでは大学や研究所に研究用地震計を年に20〜30台ほどを供給していた小さな地震計メーカーにとっては、毎年2500台もの地震計が売れるということは異例の大商いでした。

　この地震計は北海道大学の故D先生が設計したものでした。茶筒のような形と大きさをした上下動地震計です。地震計の振り子の固有周期は0.3秒で、もともとは研究のためにごく小さな地震を観測する高感度地

震計でした。まさかD先生も、けし粒のような小さな地震を観測するために自分が設計した地震計が、後年、はるかに大きな地震を観測するために、しかもエレベーター用に大量に売れるとは、思ってもいなかったに違いありません。

問題を抱えた政府の「震度予測」

政府の言う「きめ細かい震度予測」、つまり正確で細かい震度予測には大きな問題があります。それは地震の震源で起きていることが、まだ正確にわかっていないこと、つまりアスペリティの問題です。

アスペリティは、震源断層が滑っていくときに特別に強い揺れを生む場所でもあります。ですから、大地震の時の揺れを予測するためには、アスペリティが震源断層の中のどこに、どのくらいの大きさで分布しているのかということをあらかじめ正確に知っておかなければならないのです。しかし、容易に想像が出来る限り、これはほとんど不可能なことです。

そもそもアスペリティとは実際にどんなものかが知られていません。ざらざらの程度もまちまちかも知れません。人類はまだ地下にある震源断層を掘ってアスペリティを見たことさえないのですから。

近年起きた地震のデータを使って、アスペリティを統計的に推測しようという試みも行われています。しかしまだ実験的な手法ですし、この研究で得たアスペリティも震度予測のため使うにはほど遠いものにすぎません。

さらに、ちょっと前の地震についてはこんな正確なことは分かりません。たとえば恐れられている東海地震のひとつ前の大地震である東南海地震（1944年）については、十勝沖地震（1968年）ほど詳しいことは分かっていませんから、これから東海地震が起きるとしても、どこにどんなアスペリティがあるかは分かりません。つまり揺れを正確に予測することは不可能なのです。

まして、全国どこにでも将来起こりうる内陸直下型地震については、その大地震が実際に起きて余震観測でもしない限り、アスペリティは知りようもないのです。つまり「きめ細かい震度予測」は、ほとんど実現不可能なことなのです。

58 「震度5弱」と「震度5強」の差

2005年7月、首都圏は13年ぶりに震度5の地震に襲われ、都市機能に大きな障害が発生しました。

■ かろうじて「5強」入り

震度5の千葉県北西部の地震（2005年7月）では、この地震の最大震度は震源から約40キロも離れた東京都足立区伊興（いこう）で記録された5強でした。全国に約3000、首都圏だけでも何百とある震度計の観測のうち、ここ一ヶ所だけが5強を記録していたのでした。あとの震度計が記録していたのは、すべて5弱より小さな震度でした。

この震度計は西新井消防署に設置してありました。このデータは東京都庁のデータ処理システムを通ってから、気象庁に送られることになっていました。ところがこのシステムは古いものでデータ処理に時間がかかり、気象庁にデータを送ったのは地震後22分たってからでした。

この22分が結構な騒ぎになり、政府やマスコミの批判が集中しました。というのは、ある地震で、もし震度5強以上が観測されたときには、政府は総理官邸に地震対策室を立ち上げることになっていましたし、一方気象庁は、夜中でも昼でも、すぐに記者会見を開いて課長か課長補佐が説明に出ることになっていたからです。つまり、震度5強と震度5弱は、実際の震度の差はわずかなのに政府や気象庁の対応の仕方に大きな違いがあったのです。

じつは足立区のその一ヶ所だけで記録された「計測震度」は5.0でした。「計測震度」とは震度計が直接示したデータで、小数点以下1桁まで示します。震度には小数点以下の数字はありませんから、この計測震度のデータを震度階の10のスケールに当てはめて送信するのです。

具体的には「計測震度」が4.5～4.9までは震度5弱として、また「計測

震度」が5.0〜5.4までは震度5強として送信するのです。つまり、この場合は、わずか0.1か、もしかしたらもっと小さな違いで、かろうじて5強になった震度だったのです。もし震度計がたまたま西新井消防署に置いていなければ、この地震は最大震度5弱ということになり、政府や気象庁の対応はすっかり違っていたはずです。

なんだか、滑稽ではありませんか。政府や気象庁が勝手に決めて線を引いた「5強」に振り回されているようなのです。このように震度とは地震の揺れかたの目安にしかすぎません。ひとつの町の中でも、また同じ建物の中でさえ震度は違っても不思議ではないのです。ですから、震度の数字に目くじらをたてても、あまり意味がないのです。

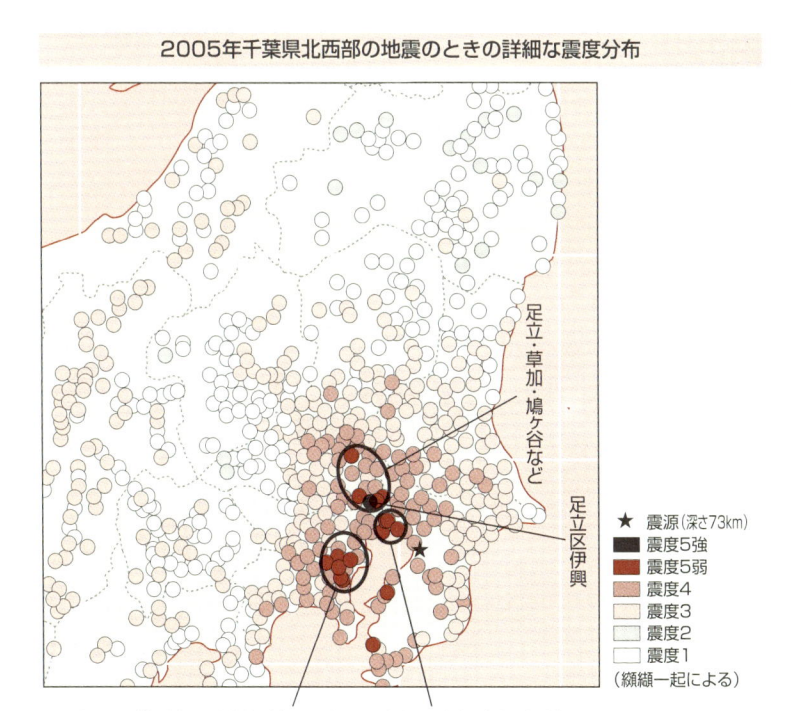

2005年千葉県北西部の地震のときの詳細な震度分布

★ 震源(深さ73km)
■ 震度5強
■ 震度5弱
震度4
震度3
震度2
震度1
(纐纈一起による)

足立・草加・鳩ケ谷など
足立区伊興
大田区・横浜中区・川崎川崎区など　江戸川区・浦安・市川・船橋など

59 地盤が地震の揺れを増幅する

福井地震(1949年)は阪神淡路大震災(1995年)の前に最大の被害を出した地震でした。

■地盤による影響

福井地震では約4000人の死者を生んでしまいました。福井市とそのまわりにある平野部では80%以上の家が倒れてしまいました。100%の家が倒れてしまった市町村さえいくつもありました。全部で36000軒以上の家が全壊したほどの大被害でした。この地震が、震度7という震度階を新たに作るきっかけになったのです。

福井の不幸は、福井市とその周辺の市町村が載っている堆積盆地が振動を増幅したことでした。つまり軟らかい地盤では、固い地盤に比べて地震の揺れをずっと大きくしてしまうのです。地震の震度の大小には、震源から出ていく地震波の強弱が方向によって違うことや、地震波の通り道による振動の増幅や減衰など、いろいろな要素が関係しています。しかし、なかでも浅いところの地盤の影響が圧倒的に大きいのです。

平らなところに都市が発達するのは福井には限りません。国土が狭い上に山地が多い日本では、平らなところはあまりありません。限られた平らなところに町や都市が発達したのは当たり前のことでした。ところがこういう平らなところは、海岸沿いの沖積層だったり、川が山地から平野に降りてきたところで作る扇状地でした。ともに地下には水が多くて軟弱な地盤です。このほか日本の平野には火山灰が降り積もって平らになったところだったり、湿原植物が腐って泥炭地になったところも多いのです。昔、川が流れていたところにもいまは都市が発達しています。

つまり日本の平地のほとんどは軟弱なものなのです。そしてこういう

平らなところは、柔らかいものが積み重なったり、地下に豊富な水があるというその成り立ちからして、地震の揺れが増幅されるところなのです。また、場所によっては液状化現象が起きるところでもありました。日本に住む多くの人びとは、こうして、よりにもよって地震に弱いところに住みついているのです。

■ 新興住宅地を襲った地震

宮城県沖地震（1978年、マグニチュード7.4）は仙台市とその周辺を襲って、それまで日本では経験されたことがなかった都市型の被害をはじめて生んだ地震でした。多くのマンションで玄関の鉄のドアが開かなくなってしまいました。ガスや水がストップした都市生活がどんなに大変なものか、人々は初めて思い知らされました。ブロック塀や門柱の倒壊による死者が死者の半分以上もありました。どれも、いわば新興住宅地型の、新顔の地震被害でした。

しかし、この地震で目立ったことはそれだけではありませんでした。この地震では、全壊した家1200戸の99％までが第二次世界大戦後に開発された土地に建っていた家でした。つまり昔の人が住むのを避けていた軟弱な土地や、斜面を切り開いたり盛り土をした宅地造成地に建っていた家が倒れたのです。昔は開発されるには難点があったのに最近になって土地開発が進められたところ、つまり田圃や、河原や、傾斜地を削ってひな壇を作った宅地造成地が地震波を増幅して被害を集中させたのでした。

■「皿に載せたこんにゃく」のように

埋め立て地や柔らかい泥の地盤は、その地下にある基盤の揺れを何倍にもしてしまうことがあります。ここで揺れといっているのは、物理的に言えば加速度のことです。建物や土木構造物を揺する力は、加速度にその構造物の重さをかけたものになります。

たとえば芸予地震（2001年、マグニチュード6.7）では、震源から60キロも離れていた広島市の北方にある湯来町では、最大加速度が832ガルにも達しました。加速度で400ガル以上は震度7相当だといわれていますから、大変な加速度だったのです。
　ところが、穴を掘って地下100メートルから200メートルのところに置いてあった地震計では、最大加速度は150ガルにしかすぎませんでした。つまり基盤が150ガルしか揺れていなかったのに、地盤によって地表では6倍近くも増幅してしまったことになるのです。ちなみに震度6弱は加速度換算で250〜325ガルといわれていますから、地盤のせいで、震度にして2段階も増えてしまったことになります。
　また瀬戸内海沿岸にあって、震源から東北に50キロも離れている三原市の付近にも局所的に揺れが大きいところがあり、ここでも652ガルという大きな加速度を記録しました。しかし震源から同じ距離でも加速度がはるかに小さなところも、いくらでもありました。つまり地盤による揺れの増幅があるときには、震源に近いから震度が大きい、遠いから震度が小さい、といったものではないのです。
　地盤による震動の増幅は皿に載せたこんにゃくを皿ごと振っているようなものです。皿の動きよりは、上に載せたこんにゃくのほうが、ずっとたくさん揺れるのです。
　阪神淡路大震災と同じマグニチュード7.3の地震だった鳥取県西部地震（2000年）では死者0、負傷者約140人と、阪神淡路大震災より遙かに被害が少なかったように、一般に中国地方は古くて硬い山地が拡がっており、比較的地盤がいいのです。しかし、たとえば東京の下町から臨海副都心にかけての地帯のように地盤が弱いところで鳥取県西部地震や阪神淡路大震災のような地震がもし起きたら、揺れははるかに大きいはずです。
　地盤としてもっとも弱くて振動を増幅しやすいのは埋め立て地や柔らかい沖積地盤、つまり泥質の軟弱な地盤です。同じ沖積地盤でも少しで

も固いものなら、振動を増幅する程度が少し少なくなります。その次には洪積地盤のうちで弱いものが続き、洪積地盤のうちで硬いものが次ぎ、岩盤だと、いちばん振動の増幅が少ないのです。

■ 東海地震の予測

　静岡県は、東海地震が起きたときの震度の予測を2001年に見直しました。その予想によると、震度7が予想される場所は地盤が特に弱いところとほとんど一致しています。つまり、地震による揺れの違いのうち、多くの理由は、地表近くの地盤の影響なのだと考えられているのです。地盤はこのように地震の揺れに関係が深いのです。しかし、この静岡県の予測はまだ不十分であると指摘されています。

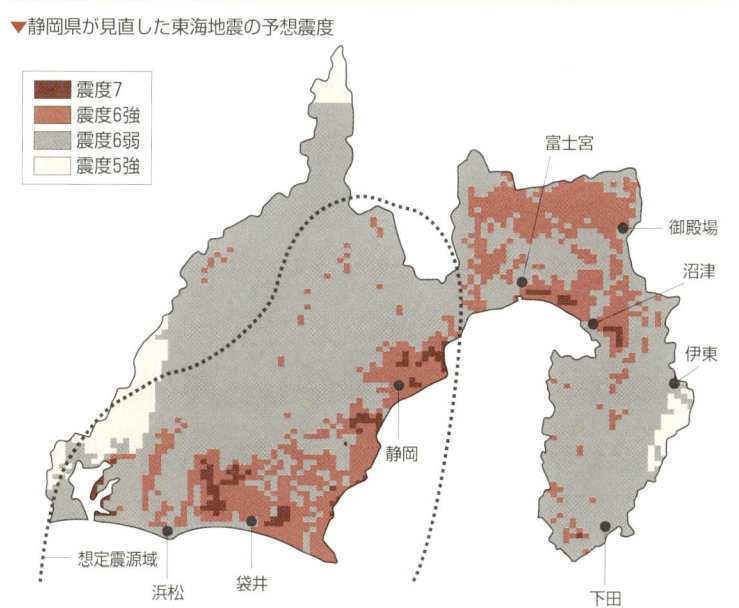

東海地震が起こったら

▼静岡県が見直した東海地震の予想震度

凡例：
- 震度7
- 震度6強
- 震度6弱
- 震度5強

地図中の地名：富士宮、御殿場、沼津、伊東、静岡、想定震源域、浜松、袋井、下田

5　地震が起きると地面はどう揺れるのだろうか

▼東海地震の津波予想

数字は地震発生後の津波の伝播時間（分）

地震の地鳴り

　茨城県の筑波山には東京大学の地震観測所があります。私は大学院生のころ、新しい地震計を作ると、それを持って行ってここでテストすることがよくありました。

　そこで驚いたことは、小さな地震が来るたびにゴオッという音が聞こえることでした。東京では地震のときに音が聞こえることはありません。もっとも、大地震のときは建物がきしんだり崩壊したりする音がしますが、これは別のものです。この地震のときに聞こえる音は地鳴りと言われます。

　ゴオッといった低い音のことが多いのですのですが、ときには雷のような音もします。身体に感じないほど小さい地震でも音だけが聞こえることがあります。この音は地震が発生した振動のうち数十ヘルツ以上という耳に聞こえる周波数の成分が地表を揺らして、空気中を伝わってくるものです。この帯域の周波数の振動は地下での減衰が大きいため、震源がごく浅い地震だけしか地鳴りを伴いません。また、地下構造や地形によって、地鳴りが聞こえやすい所と、まったく聞こえない所とがあります。

　筑波山付近は、頻繁に地震の地鳴りが聞こえるので有名です。これは筑波山では基盤岩が地上に顔を出しているためで、たとえば関東平野の他のところでは、基盤岩の上に厚い堆積層があるので地鳴りは聞こえま

せん。
　この観測所にインド人の地震学者を連れて行ったことがあります。筑波山の標高は877mなのですが、「マウント・ツクバ」と言ったら腹を抱えて笑われて、困ったことがあります。インド人にとっては、ヒマラヤのような山が「マウント」なのでしょう。

5　地震が起きると地面はどう揺れるのだろうか

5-10 深い地盤での地震の増幅

福井地震のときの不幸は、福井市とその周辺の市町村が載っている堆積盆地が振動を増幅したことでした。

■ 震災の帯

　地盤が軟らかいと地表での震度が大きくなります。しかし、阪神淡路大震災（1995年）ではそれ以外の影響も出たことが初めて分かりました。地盤の影響だけでは説明出来ない現象が起きていたのです。

　神戸の市街地は、海岸線と、海岸線に平行に走る六甲山の麓との間の狭い平坦地に、海岸線に沿って延びています。この幅の狭い市街地に、海岸から山地に向かって順に阪神電車、JR、阪急電車の三本の線路がほぼ並行に走っています。阪神淡路大震災の被害は阪神電車の沿線でいちばんひどく、次にJRの沿線でした。阪急の沿線から山地にかけての被害は、他のところに比べればはるかに少なかったのです。つまり被害がもっとも大きかった地帯が、海岸線と平行に帯のように延びていたのでした。

　このため、地震直後には、ここに活断層があるのかと疑われました。しかし、そうではありませんでした。兵庫県南部地震の震源のうち、淡路島で見られたような活断層は、調べても神戸側にはなかったのです。

　結局、神戸のこの「震災の帯」の地下では、地震波が進むときに反射したり屈折したりして振動が増幅された可能性が強いということになっています。震源から北方に進んでいった地震波が神戸市の北西方にある六甲山の基盤で反射して折り返してきた地震波と、もともとの地震波が強めあったのがいちばんの影響だというのです。つまり、すぐ下にある浅い地盤の影響だけではなくて、おそらく地下1000メートルくらいまでの広範囲の周辺の地盤が影響して、このような震災の帯を作ったのだろうというのが、考えられる解釈になっています。こんな深いところまでの地下構造が知られているところは、日本にはほとんどありません。

阪神淡路大震災の「震災の帯」

▼神戸など阪神地域

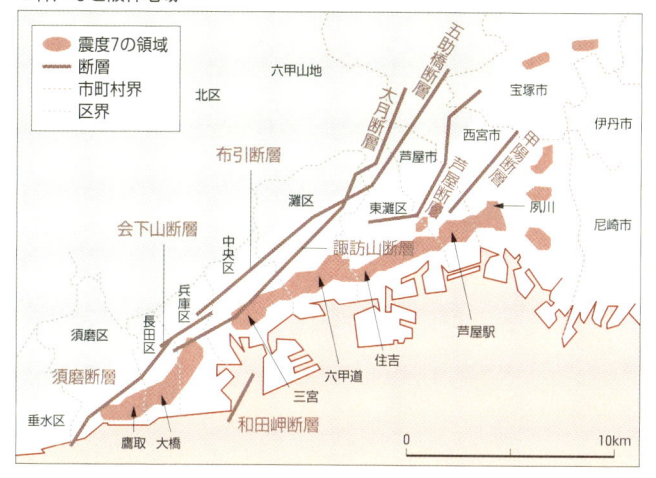

凡例:
- 震度7の領域
- 断層
- 市町村界
- 区界

地名・断層名: 五助橋断層、水尾断層、布引断層、芦屋断層、甲陽断層、会下山断層、諏訪山断層、須磨断層、和田岬断層、六甲山地、北区、宝塚市、西宮市、伊丹市、芦屋市、灘区、東灘区、夙川、尼崎市、中央区、兵庫区、長田区、六甲道、住吉、芦屋駅、須磨区、三宮、垂水区、鷹取、大橋

▼淡路島

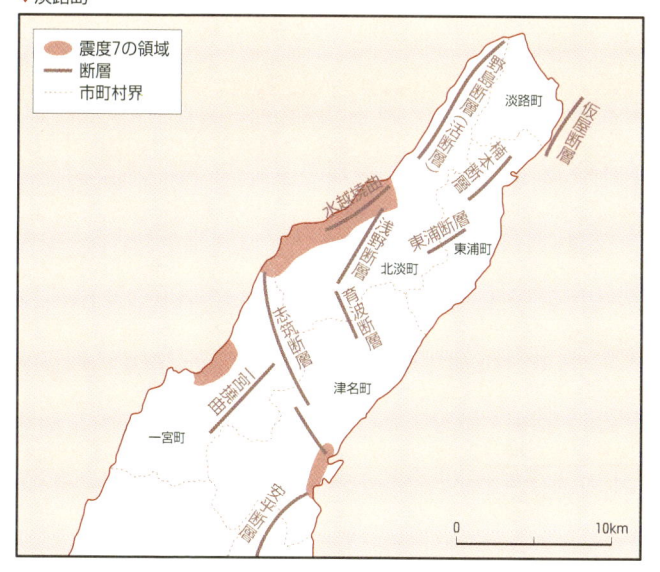

凡例:
- 震度7の領域
- 断層
- 市町村界

地名・断層名: 野島断層、(楠本断層)、仮屋断層、水越断層、浅野断層、東浦断層、育波断層、淡路町、北淡町、東浦町、志筑断層、甲武断層、津名町、一宮町、先山断層

5 地震が起きると地面はどう揺れるのだろうか

5-11 地震予知から震度予測へ？

阪神淡路大震災（1995年）では、地震予知が出来なくて大きな被害を出してしまいました。

■ 震度予測の精度は不確定

この状況を見た政府の反応は素早いものでした。震災直後に政府の地震予知推進本部は解散し、地震調査研究推進本部が出来て、国の地震研究の方針を転換したのです。それまでの地震予知の看板を下ろして、震度予測を大きな柱に据えたのです。

政府の地震調査研究推進本部では「きめ細かい震度予測」を看板に掲げています。つまり、それぞれの地域で想定される大地震が起きたときに、地盤の特性を考慮に入れて震度の予測の地図をあらかじめ作っておいて防災に役立てようと言うのです。その謳い文句によれば、当面は全国を概観した地震動予測地図が目標ですが、将来は「地域的にも細かなものを作成」して、「土地利用計画や、施設・構造物の耐震基準の前提条件」や「地震防災対策の重点化を検討する際の参考資料」「重要施設の立地、企業立地のリスク評価情報」としての活用を期待しているといいます。

しかし、実際にはこの予測は政府が思うほど簡単ではないのではないかと思っている地震学者は多いのです。

まず第一の問題は、それぞれの地域で想定される大地震というものに定説がないことです。「活断層のないところでは内陸ではマグニチュード6.5を超える地震はない」という、現在の地震学では誤った想定のもとに原子力発電所が作られているなど、将来の大地震の想定には、まだいろいろな問題があるのです。

第二の問題は地下構造です。阪神淡路大震災で「震災の帯」を生んだ

地下深くで起きた地震波の増幅を予測するためには、浅い地盤だけではなくて、地下1000メートルくらいまでの深い地盤についても十分詳しく知っていなければなりません。しかし、ごく浅い地盤の調査ならともかく、こういった深い地盤を、しかもある都市の全域にわたって三次元的に調べることは至難の業なのです。もっとも精度よく調べるには人工地震の手法が必要なのですが、人工的な雑音が高い都市は、地震観測にはもっとも不向きなところでもあるのです。

その上、人工地震で調べられるのは、それぞれの地層の中を伝わる地震波の速度や地層の境の形だけなのです。つまり、それぞれの地層の中で、どういった周波数の地震波がどのように強めあったり、あるいは弱くなるかという振幅の情報は、ほとんど分からないのです。

人工地震の原理

人工震源
海底地震計
プレート
地震波

人工地震を起こし、その地震波を海底地震計でキャッチすることで地球の内部構造を明らかにしようとする研究が進められている。陸上で行われる人工地震も同じ仕組みである。

■地震予測地図の落とし穴

　この意味では、2001年に静岡県が見直した第三次東海地震の被害想定も決して十分なものではありません。深い部分の地下構造の情報がまったく含まれていないからです。

　そして、もし政府が推進しているような震度予測の地図が出来たとしても、かなりの部分に曖昧なところが残っているに違いありません。しかし、いったん地図が作られたあとは「権威」になってしまって一人歩きを始めるに違いありません。場合によっては、ある場所は揺れが少ないはず、というので国民に油断をさせる恐れもないわけではないのです。

5-12 震源から遠いほうが震度が大きいことがある

震度は、震源から遠くなるほど減っていき、地下構造や地盤の良し悪しで局地的な震度が左右されます。

■ 不思議な地震

1973年9月に起きた地震では、不思議な震度が記録されました。次の図は地震の震度の分布です。関東地方から北海道の道東までのたいへん広い範囲で震度3を記録したほか、それよりも西へ行くにつれて震度は2、1、そして0になっていっています。この震度の分布は1968年の十勝沖地震の震度の分布と似ています。なるほど、震源は本州の東の沖に起きたのだな、と誰でも思うにちがいありません。

しかし地震計の記録から震源を計算してみると、震源はとんでもないところにありました。日本海の西の端、ロシアのウラジオストークの沖にあったのです。しかも震源の深さは575キロメートルと、大変に深いところでした。このへんは世界でも深い地震が起きる場所のひとつです。世界でいちばん深い地震は700キロほどです。この地震のマグニチュードは約7と、大きな地震でしたが、不思議なことに日本よりは震源にずっと近いロシアの沿海州でも朝鮮半島でも、地震の揺れはほとんどなくて、東日本だけが揺れたのです。

なぜ、こんな不思議な震度の分布が記録されるのでしょう。こういった現象はずっと前から見つかっていたのですが、原因は長い間、ナゾでした。震源から特別な方向だけに強い地震の波が出たのか、それとも地下にレンズのようなものがあって、地震の波を曲げたり集中したりするのか、といったさまざまな学説が出されました。なかには、遠くからの地震の波が、観測点のすぐ近くでいまにも起こりかかっていた別の小さな地震を誘発したのではないかといった説さえありました。

5 地震が起きると地面はどう揺れるのだろうか

■ プレートによる謎の解明

このナゾはプレートが解きました。日本海溝から日本の下へ潜り込んでいった太平洋プレートは、沿海州の地下深くにまで達しています。この潜り込んでいったプレートの中で起きる地震から出た地震の波が、プレートに沿って日本海溝に上がってきていたのです。

プレートはタマゴの殻で、その殻がタマゴの白身の中に潜り込んでいっています。地震の波は、殻の中も白身の中ももちろん伝わりますが、殻の中のほうが、ずっと伝わりかたがいいのです。つまり、白身の中では地震の波は弱まってしまったのに、殻に沿っては、あまり弱くならないままで伝わってきた、というわけなのです。

1973年の深発地震の震度分布（宇津徳治による）

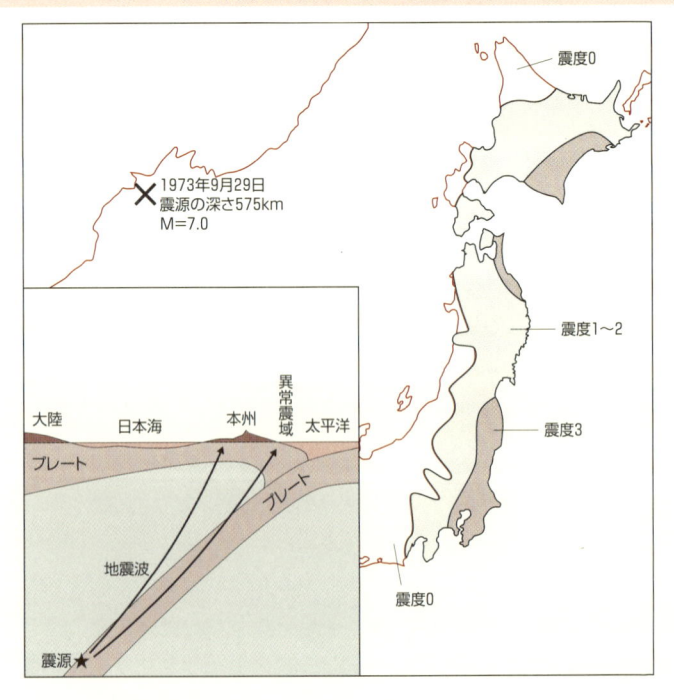

1973年9月29日
震源の深さ575km
M=7.0

震度0
震度1〜2
震度3
震度0

大陸　日本海　本州　異常震域　太平洋
プレート
プレート
地震波
震源★

第6章

日本のどこに、どんな地震が起きるのだろうか

　日本は世界の地震の20%もが起きる世界有数の地震国です。しかし、日本でも場所によっていろいろ違う地震が起きることが分かっています。

6-1 日本は「地震のデパート」

よく知られているように、日本は世界有数の地震国です。

日本に地震が多い理由

世界中でこの90年間に900ほど起きているマグニチュード7を越える地震のうち、陸地面積では世界の陸地のわずか0.28％、まわりの海を入れても0.6％しかない日本で10％、マグニチュード6以上だと22％もの地震（1995～2004年）が起きているのです。

その第一の原因は日本付近で起きているプレートの衝突にあります。プレートとプレートの境でプレートが押し合ったりこすれあったりすることは、日本だけでなく、世界で起きる巨大な地震の第一の要因でもあるのです。こうして起きるのが「海溝型」の地震です。

日本に地震が多い二番目の要因は、その押し合いでプレートがゆがんだりねじれたりして、プレートそのものが壊れてしまうことです。こうして起きる地震が「プレート内地震」です。数は前者に比べて多くはないとはいうものの、ときには大被害をもたらす、いわゆる「直下型」地震はこの型の地震です。この二番目の要因で起きる地震は、太平洋プレートやフィリピン海プレートが日本列島を押したことによって日本列島がねじれたりゆがんだりして、つまりいわば「二次的」に起きる地震です。「二次的」といっても地震の原因が二次的というだけのことであり、直下型として起きれば、阪神淡路大震災を起こした兵庫県南部地震のように、大きな被害を出すことがあるのです。

ところで、地震には、起きる原因や、起きる場所や、起きたときの岩の壊れかたによって、いくつもの分類があります。海溝型の大地震、内陸直下型地震という分類もあります。構造性地震と火山性地震といった分類もあります。また、単発地震、あるいは本震・余震型地震と群発地震という分類もあります。海溝型地震や中央海嶺型地震といった、起き

る場所で名付けられる分類もあります。

■火山性の地震と群発地震

　火山性地震や群発地震も日本ではよく起きます。2000年に三宅島のマグマ騒ぎから始まった神津島・新島・三宅島の近海で起きた群発地震は、近来珍しいほどの大規模な群発地震になりました。これは群発地震とはいっても、海底下のマグマが関与している火山性地震であった可能性が高い、つまり火山性地震の性質も持った地震です。

　群発地震には近くに火山もなく、火山が関与しているとは思えないものも多いのですが、それらもじつは地下でマグマが関与している隠れた火山性地震だと主張している地震学者もいます。

　火山性地震といえば、2000年に噴火した北海道の有珠火山の噴火前には、激しい火山性地震が起きました。震度5の地震が頻発したあとで噴火に見舞われたのでした。この有珠火山では、過去7回知られている噴火の歴史のうち、どの噴火のときにも噴火に先立って激しい地震活動が起きていました。逆に、有感地震（身体に感じる地震）があって噴火しなかったことは一度もありませんでした。

有珠火山の2000年の噴火前の地震活動

噴火に先行して活発な群発地震が続いた。3月27日以前には地震はなかった。

2000年3月に噴火予知に成功して住民を避難させたあとに噴火したときに、地球物理学者をはじめ、地元の人々を確信させたのはこの前例があったからです。つまり、有珠火山は、科学的な噴火予知というよりは経験による噴火予知が可能な火山なのです。

　じつは有珠火山でも、最初の噴火後「この程度の噴火で終わった例はない」と公言していた地球物理学者の予測は空振りに終わってしまいましたし、この最初の噴火後の刻々の推移の予測は容易ではありませんでした。

■地震のデパート

　気をつけなければならないことは、火山の性質は火山ごとに大幅に違うということです。有珠火山では幸運にも噴火予知に成功しましたが、ほかの火山でも同じように噴火予知が出来るわけではありません。1日に400回を超える激しい群発地震に見舞われながらも噴火せずに、そのうち地震が収まってしまった2000年夏の磐梯山（福島県）のような例もあるのです。

　また富士山の地下、富士山の高さの4倍ほどの深さのところには、低周波地震という特別な地震が起きていて消長を繰り返しています。低周波地震とは、地震の大きさの割には低い周波数の地震波を出す火山性の地震のことです。この火山性地震は、富士山の地下にあるマグマがまだ決して固まっていないことを示しているのです。

　このように、日本では多くの種類の地震が起きます。日本は地震のデパートなのです。

大地震と火山の噴火は連動する？

　東海地震の先祖のひとつである宝永地震（1707年）は日本では史上最大の地震でした。マグニチュードは 8.4 と推定されていましたがこれは気象庁マグニチュードという尺度で、2011 年 3 月の東北地方太平洋沖地震のマグニチュード 9.0 という「モーメント・マグニチュード」だと実際にはもっとずっと大きかったという説もあります。

　この地震で家が倒れた範囲は、東は東海道から西は九州にまで及びました。また津波の被害も伊豆半島から九州にまで及びました。

　悲劇はそれだけではありませんでした。この宝永地震の 1 月半後には富士山が大噴火をして、いまでも山腹に出っ張っている宝永山を作りました。地震と火山で踏んだり蹴ったりの惨事が続いたのです。

　じつは宝永の地震の 1 世代前の地震は慶長地震でしたが、そのときにも火山が噴火しました。1605 年、慶長年間に起こった慶長地震が房総半島から伊豆諸島、南海道を襲い、その 9 カ月後には八丈島が噴火したのです。例が多いわけではありませんが、大地震と大噴火が関連して起きることは、世界的にもそう珍しいことではありません。

　北方四島の国後島にある爺爺岳（ちゃちゃだけ。1822 メートル）は 19 世紀の始め以降は活動していない火山で噴気も見えないほどでしたが、1973 年以来活動が活発になり、1978 年 7 月に噴火しました。その後の 12 月には、北海道の東にある国後水道でモーメント・マグニチュード 7.8 という大きな地震が起きたこともあります。この地震は震源が 100 キロとやや深く、千島海溝から潜り込んでいった太平洋プレートが裂けたときに起きた地震だと思われています。

　地震と火山は地下でつながっているのに違いないのですが、残念ながら現在の科学はそのメカニズムを解明出来ていません。

　じつは東北地方太平洋沖地震のあと、富士山の地下深くで起きる小さな地震が活発化しています。心配なことです。

6 日本のどこに、どんな地震が起きるのだろうか

6.2 海溝型地震と内陸直下型地震

小さめの地震である火山性地震や群発地震を除けば、日本を襲う大地震を大まかに分けると2つのタイプがあります。

■ 大地震の2つのタイプ

　日本に起きる大地震には「海溝型」と「内陸直下型」があります。海溝型には怖れられている東海地震があり、直下型には阪神淡路大震災を起こした兵庫県南部地震があります。「海溝型」地震は、起きる場所も起きるメカニズムも、かなり分かっている地震です。一方、「内陸直下型」地震は、メカニズムが多様なうえ、日本のどこを襲っても不思議ではない地震です。直下型ゆえ、マグニチュードが7程度でも大被害を起こすことがあります。

　このうち海溝型の地震はプレートが衝突したところで起きる地震です。世界でも最大級の地震、つまりマグニチュード8を超える地震は、この海溝型地震として起きます。日本をはじめ、太平洋のまわりの各国で起きるタイプです。メカニズムとしては、海底で生まれた海のプレートと大陸を載せた陸のプレートが衝突したときに、海のプレートが地球内部に潜り込むときに起きる地震です。

　東南海地震（1944年、マグニチュード7.9）、南海地震（1946年、マグニチュード8.0）、それに、静岡沖を震源として起きるのではないかと恐れられている東海地震、これらはいずれも、海溝型のマグニチュード8クラスの巨大地震です。

　海溝型の地震は学問的に厳密にいえば、「プレート間地震（あるいはプレート境界地震）」と「プレート内地震」とに分かれます。起きる場所としては、ともに、海溝近くで起きますが、1968年の十勝沖地震がプレート間地震で、1933年の三陸沖地震がプレート内地震です。

しかし、まぎらわしいことには、「プレート内地震」とは、海溝付近で起きるもののほかに、たとえば中国大陸の内部で起きる地震のように、プレートが衝突していないところに起きる地震も含めた呼び方であることなのです。日本で起きる直下型地震、たとえば阪神淡路大震災を起こした兵庫県南部地震もプレート内地震なのです。

　このため、この本では、海溝付近で起きる大地震をまとめて、「海溝型」地震と呼んでいます。海溝型地震とはプレートの押し合いが直接の原因になって海溝の近くで起きる地震のことで、プレートの押し合いの結果、最後にどういう壊れ方をするかは、地震学者にとっては関心がありますが、一般の人たちから見れば重要ではない枝葉のことだからです。

　内陸直下型地震というのは、じつは学問的な用語ではなくて、マスコミが作った言葉です。地球物理学者としての私はそのネーミングに感心しているのですが、学会ではその用語を認めておらず、「プレート内地震」のひとつとして扱われています。しかし、「プレート内地震」には直下型ではなくて深いところで起きる地震も含まれます。直下型という絶妙の名前を学術的には使わず、まぎらわしくてもプレート内地震を固執するという意地を張っているのです。この本では意地は張らず、分かりやすい言い方を通したいと思います。

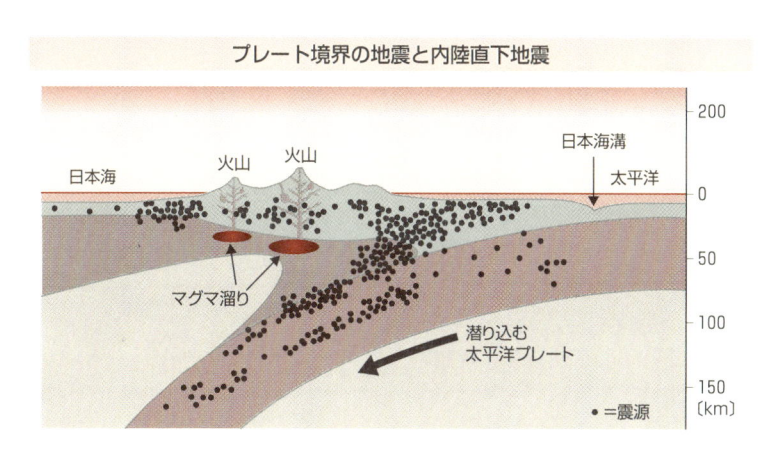

6　日本のどこに、どんな地震が起きるのだろうか

プレート境界の地震と内陸直下地震

6.3 プレートの衝突の現場

プレート境界といっても、まだすべてのプレート境界が明確に知られているわけではありませんでした。

■ 点と点が線で結ばれた

じつは日本のすぐ近くにも、知られていないプレート境界があったのです。1983年に日本海中部地震（マグニチュード7.7）が秋田の沖に起きたときには、なぜそんなところに起きたのかはナゾでした。地震学者の間にも、起こるはずのない場所に起きた新しい型の地震だという考えと、福井地震（1948年）や鳥取地震（1943年）のように、内陸直下型地震がたまたま日本海岸沿いにたまに起きた地震では、という考えが相半ばしました。この福井地震（マグニチュード7.1）は約4000人、鳥取地震（マグニチュード7.2）も1100人の死者を生んだ大地震でした。

そのあと北海道南西沖地震（1993年、マグニチュード7.8）が起きました。この2つの地震のメカニズムを研究するために、私たちはそれぞれの海底に海底地震計を設置して余震観測を行ったほか、さまざまな科学者が、メカニズムの解明に取り組みました。

こうして、いろいろな研究の結果、日本海中部地震や北海道南西沖地震は、日本海岸の沖に沿ってプレートの押し合いが始まっているために起きた、いままで知られていなかった型の地震なのではないかということが分かってきたのです。

こういった目で見直してみると、いままで東北日本から北海道、サハリンにかけての日本海沖にバラバラに起きた地震だと思われていた地震が、日本海中部地震が起きたことによって、それぞれが兄弟である地震の系列であることが見え出したのでした。バラバラだった点と点が線で結ばれて推理小説のナゾが突然に解けるように、点と点を結ぶ要点に日本海中部地震と北海道南西沖地震が起きたのでした。

日本海のプレート境界に並ぶ地震の震源

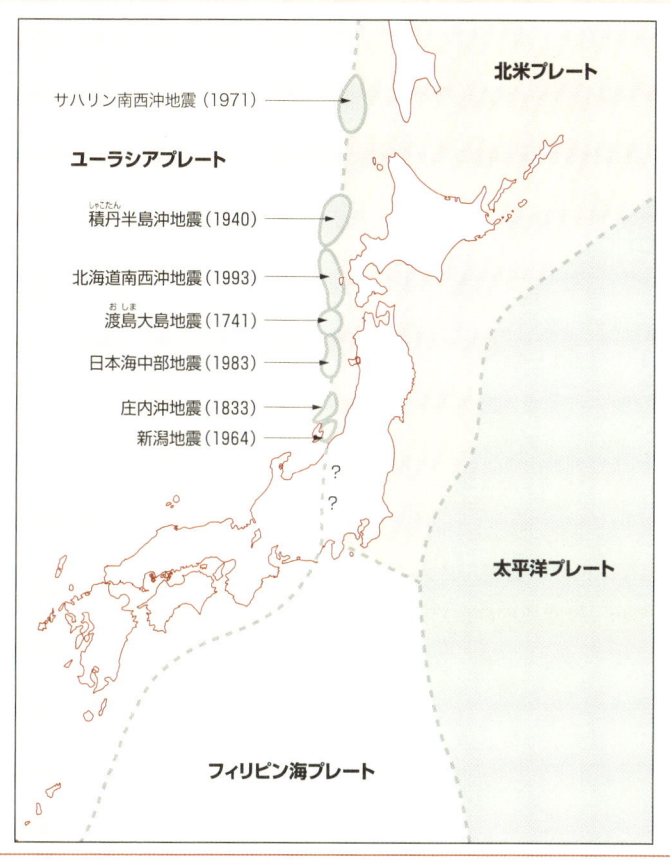

日本のどこに、どんな地震が起きるのだろうか

地図中の注記:
- サハリン南西沖地震（1971）
- ユーラシアプレート
- 積丹半島沖地震（1940）
- 北海道南西沖地震（1993）
- 渡島大島地震（1741）
- 日本海中部地震（1983）
- 庄内沖地震（1833）
- 新潟地震（1964）
- 北米プレート
- 太平洋プレート
- フィリピン海プレート

　その地震の系列を南から北へ順にたどっていくと、1964年に起きた新潟地震（マグニチュード7.5)、日本海中部地震、1741年の渡島大島地震（マグニチュードは推定で約7）、1940年の積丹半島沖地震（マグニチュード7.0）、1971年のサハリン南西沖の地震（マグニチュード6.9）が並んでいる。これらの震源はいずれも浅く、それゆえ津波で大きな被害を生んだ。

　なお、1741年の渡島大島地震は、じつは地震ではなく火山が噴火したときの山体崩壊ではないかという学説もある。歴史には大津波だけが記録されている。

4 日本海で起きていた プレートの衝突

日本海で衝突しているのは、ユーラシアプレートと北米プレートです。

■ 世界的な事件だった日本海沿岸での地震

北米プレートとは、その名の通り北米大陸を載せたプレートですから、それまでは日本付近にまで来ているはずがない、と思われていたプレートなのでした。それまでは、日本で衝突している2つのプレートは、東北日本では太平洋プレートとユーラシアプレート、西南日本ではフィリピン海プレートとユーラシアプレートであると考えられていたのです。

しかも、普通は2つのプレートが押し合っているときにはどちらかのプレートが押し負けて地球の中に潜っていくのですが、このプレート境界は新しく出来たもののせいか、ユーラシアプレートと北米プレートのどちらが下になるか決まらないうちに、両側のプレートの先端部が複雑に砕けてしまった地震であることも分かりました。

このプレート境界は新しく発見されただけではなくて、じつは地球の歴史でも新しいプレート境界です。いまの形の日本海が出来たのは1500万年くらい前で、このプレート境界はそれよりもずっと後の時代に造られたと考えられています。太平洋プレートの潜り込みが2億年も前から始まっていたのとくらべて格段に新しいのです。

ユーラシアプレートと北米プレートは世界でも最大級の大きさを持つプレートです。ユーラシアプレートはシベリア、ヨーロッパを超えて大西洋まで続いています。また北米プレートも、北米大陸を超えて大西洋にまで続いています。米国やカナダが載っている北米プレートが日本にあるとは奇異に聞こえるでしょう。しかし、次の図を見てください。北米プレートとユーラシアプレートの境は北海道南西沖地震（1993年）や

日本海中部地震（1983年）の震源から北へたどると、北極圏を越えて大西洋中央海嶺に続いているのです。この2つのプレートはシベリアの北部に「軸」があって、そこを中心にして回転していると考えられています。

軸の向こう側の大西洋中央海嶺ではプレートが新しく生まれている一方、軸のこちら側では、2つのプレートどうしが押し合って地震を起こしている、というのが私たちの仮説です。つまり北海道南西沖地震や日本海中部地震は、日本だけのローカルな地震ではなくて、世界のプレートの中で最大級のプレートどうしが起こした世界的な事件だった可能性が強いのです。

見直してみると、かつてこのプレート境界で起きた大地震も、じつは、福井地震や鳥取地震のような、いわゆる直下型地震よりは大きかった可能性もあるのです。たとえば1940年の積丹半島沖地震のマグニチュードは、気象庁によれば7.0でしたが、米国人学者は7.7だとしていましたから、これも実際にはかなりの大地震だった可能性があるのです。

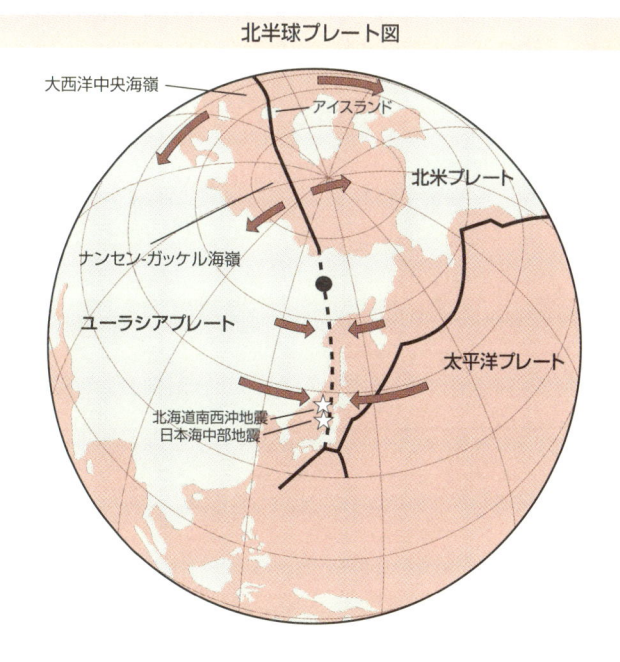

北半球プレート図

- 大西洋中央海嶺
- アイスランド
- 北米プレート
- ナンセン-ガッケル海嶺
- ユーラシアプレート
- 太平洋プレート
- 北海道南西沖地震
- 日本海中部地震

ユーラシアプレートと北米プレート、この2つのプレートが同時に生まれるところが大西洋中央海嶺です。私の研究テーマのひとつは大西洋中央海嶺です。1987年から毎年、大西洋各地に出かけて、ユーラシアプレートと北米プレートの誕生の地の研究を続けてきました。

　私たちの研究は、プレートの境で何が起きているのか、地球の中がどうなっているのか、という研究です。地球の向こう側を調べなければ、こちら側も分からないのです。

地震と魚の不思議な関係

　漁獲量と地震の関係を最初に論文に書いたのは、夏目漱石の弟子でもあった寺田寅彦です。寺田は伊豆半島の伊東沖の1日ごとの群発地震の数のグラフと、近くで捕れたアジやメジ（マグロの仲間）の漁獲量のグラフが、大変よく似た形をしていることを示しました。

　しかし寺田にはその理由はわかりませんでした。不思議なことに、この漁獲量は地震が起きていた相模湾側のものではなくて、伊豆半島を挟んだ反対側の駿河湾側の漁獲量でした。なぜ相模湾側の漁獲量を使わなかったのか、いまとなっては調べようがありません。

　近年、この寺田の追試がされました。1974年から1989年までの16年間に、相模湾一帯に分布している定置網27ヶ所の漁獲量のデータ全部を調べ上げてみたのです。データは静岡県と神奈川県の水産試験所が作っていました。

　この16年間には、伊豆大島で島民全部が島外に避難した1986年11月から12月にかけての噴火もありましたし、1989年5月に始まった群発地震がどんどん盛んになって7月に手石海丘を作った海底噴火もありました。またこの期間全体では、寺田が調べたような伊東沖の群発地震は11回もありました。データとして不足はなかったのです。

　ところで、このへんで定置網でよく捕れる魚はアジとサバとイワシです。いずれも「浮き魚」と言われる魚で、群をなして浅いところを回遊しています。

　けれども、結果は寺田寅彦が示した例のように見事なものばかりではありませんでした。なかには寺田が示したのと同じような例もありまし

た。たとえば小田原と真鶴の間にある定置網では、伊東沖の群発地震とアジの漁獲量がよく並行していました。また、熱海のすぐ南にある定置網でのアジの漁獲量は、1986年の伊豆大島の噴火の前後に起きた地震の数と並行しているように見えます。これらのグラフだけを見せられれば、誰でも地震と漁獲量が関係があると思うほどのグラフです。

　なぜ、こんなことが起きるのでしょう。魚たちは地震が嫌いで海底に起きた地震から逃げようとして沿岸の定置網にかかってしまうのでしょうか。それとも、地震が好きで遠くからこの海域に寄ってきて、たまたま仕掛けてあった定置網にかかってしまったのでしょうか。

　しかし、見事なグラフばかりではありませんでした。これらの定置網の近くにはいくつもの別の定置網があったのに、それらの漁獲量は、地震の数とは関係が見られませんでした。しかもその中には地震の震源にもっと近い定置網もいくつもあったのです。1989年5月に始まった群発地震と海底噴火のときも、27の定置網のうち漁獲量のグラフが地震数のグラフと似ているものもあったし、どう見ても似ていないものも多くありました。

　また、サバとイワシのグラフは似ているのに、アジのグラフは逆で、イワシとサバが増えたときには減り、減ったときには増える傾向が見えました。またイワシとサバも同時に増えたり減ったりするわけではなくて、どちらかが遅れることがよくありました。

　これは、「陣取り合戦」のせいかもしれません。つまり、これらの魚は大群で移動するためもあって同じ場所には一緒にいられないらしいのです。

　つまり、寺田が言ったことが正しいかどうかいまだに分からないのです。

65 日本では4つのプレートが衝突している

最近になって、日本の近くにあるプレートについて、いままで知られていなかったことが分かってきました。

■「若い海」だった日本海

　日本付近のプレートは、以前考えられていたよりもずっと複雑に衝突を繰り返していたのです。

　海溝型地震の原因は2つのプレートの衝突です。このため、起きる場所は日本の太平洋岸沖と、北日本の日本海岸沖に限られています。日本の太平洋岸沖には、北海道の沖から沖縄の沖まで、いくつかの別々の名前が付けられていますが、じつはひとつながりの海溝が続いています。

　これらの海溝は、千島沖から北海道の襟裳岬沖までが千島海溝、そこから房総沖までは日本海溝と名付けられています。ここで海溝は2つに枝分かれしていて、そこから南、グアム島の先までは伊豆小笠原海溝、一方、そこから西、房総半島や三浦半島の南を回って伊豆半島までは相模トラフという名が付いています。伊豆半島の西にある駿河湾から静岡県御前崎の沖までは駿河トラフ、その先、宮崎沖の日向灘までは南海トラフ、そしてその先、台湾までは琉球海溝が続いています。

　海溝としてはひとつながりのものなのに別々の名前がつけられているのは、名前がつけられた当時は、海溝とはプレートが衝突して地球の中に潜り込んでいくものだとは知られていなかったせいです。そのため、たんに海底の地形だけから、深いものは海溝（海の溝）とか、やや浅いものはトラフ（海の谷）とか、名付けてしまったものなのです。

　一方、日本海側には、まだ海溝がありません。プレートの衝突が始まってから時間がたっていないので、十分な深さの海溝が、まだ出来ていないのです。しかし、紅海がいずれ大西洋のように大きな海になるよう

に、日本海側にも、何千メートルという深さの海溝が、やがては出来ていくことでしょう。

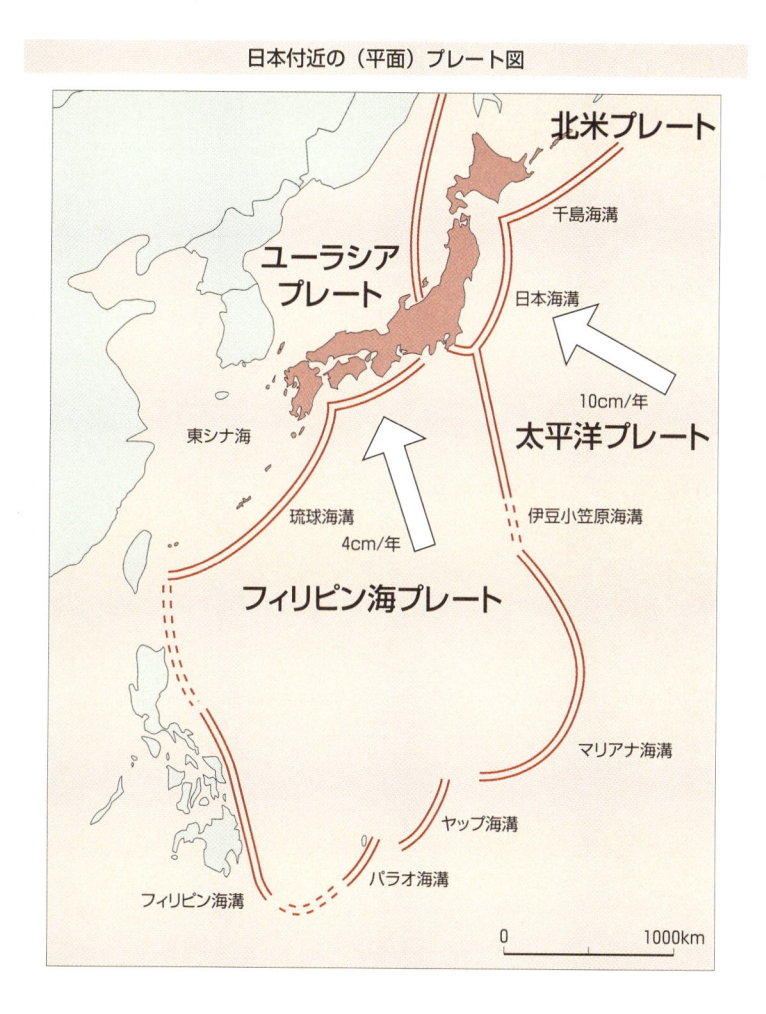

日本付近の（平面）プレート図

北米プレート
千島海溝
ユーラシアプレート
日本海溝
10cm/年
東シナ海
太平洋プレート
琉球海溝
4cm/年
伊豆小笠原海溝
フィリピン海プレート
マリアナ海溝
ヤップ海溝
パラオ海溝
フィリピン海溝
0 1000km

6 日本のどこに、どんな地震が起きるのだろうか

6-6 「震源」と「震央」と「震源域」

震源はよく点で表わされます。しかしこれにはほとんど意味がないのです。

■地震＝大きな岩が壊れること

4-1節に日本の近くでどんな地震が起きるのかの図があります。地震の震源が点で表されている普通の図はよくありますが、この図はそれとはちがいます。それは震源が楕円で表されていることです。この楕円は、そのなかの岩がそれぞれの地震で壊れたことを示しています。つまり楕円が大きいほど地震が大きかったことになります。

地震の大きさとは何でしょう。大きな地震とは大きな体積を持った岩が壊れることです。大きな地震を生むエネルギーを貯めるには大きな体積が必要ですから、楕円の面積が大きいのです。もちろん、それぞれの大地震の震源の形が正確に楕円であるわけではありません。震源の正確な形を調べるのは難しく、どんな形なのかはよく分かっていないことが多いのですが、楕円や角がとれた長方形に近いことが多いのです。

「震源」という言葉は、学問的な言い方では、地震のとき、岩が壊れはじめた「点」を示します。しかし、小さなひとつの点から大地震のエネルギーが出てくるわけではありません。大きな地震というのは、小さな点から壊れはじめて、ついには大きな範囲の岩が壊れることなのです。世界最大級の地震では本州の半分もの範囲の岩が壊れます。

それゆえ大地震は、壊れはじめの「点」で表すよりは、壊れてしまった範囲で表したほうが正確なのです。学問的には、この範囲のことを「震源域」といいます。しかし震源域全体のことを「震源」と言う言い方もあります。この本では震源域というのはあまりに専門的な言葉ですから、この後者を採用して「△△地震の震源」といいましょう。つまり

地震のエネルギーを出した全体が「震源」なのです。

　一方気象庁が震源として発表するのは「壊れはじめの点」としての震源です。「大船渡沖10キロ、深さ50キロ」と発表するのは、壊れはじめた点のことを言っています。この壊れはじめは、地震の震源の範囲の端にあることが多いのです。つまり地震はどこかの端から壊れはじめて、ある範囲に拡がっていって終わるのです。

　岩は一瞬のうちに壊れるのではありません。大きな地震ほど時間がかかります。岩の中を破壊が広がっていく速さは毎秒3〜4キロメートルほどの速さです。それゆえ、巨大な地震では、岩が壊れはじめてから壊れ終わるまでには何十秒もかかります。

　ところで、震央、という言葉を聞いたことがあるかもしれません。震央とは「点としての震源」の真上の地表にある「点」のことです。つまり震源は地下にあるので深さはゼロではありませんが、どんな地震でも、震央は深さがゼロなのです。学問的に正確な言い方では震央というべきものでも、言葉がちょっと専門的すぎるので、この本では震源と表しています。もちろん震源と言って間違いというわけではありません。

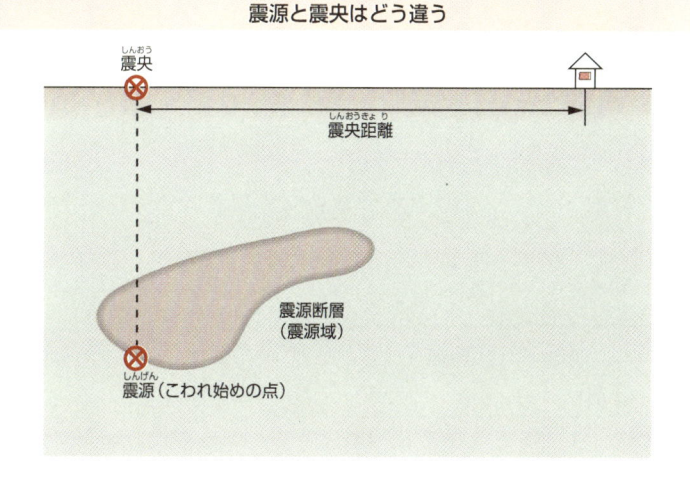

6 日本のどこに、どんな地震が起きるのだろうか

震源と震央はどう違う

震央
震央距離
震源断層（震源域）
震源（こわれ始めの点）

6-7 日本の巨大地震は海底で起きる

4-1節の図を見れば、日本では巨大な地震は海底で起きることは一目瞭然でしょう。

■ 日本は「海の地震国」

　北海道の沖から西南日本の沖まで、日本の太平洋岸に沿って大きな地震が行儀よく整列しています。並んでいるこれらの大地震の多くはマグニチュード8クラスで、いずれも横綱格の地震です。いままで日本では、マグニチュード8を超える地震は、すべて海底で起きました。

　しかもこれらの地震は1回だけの地震ではありません。プレートの動きのせいで、それぞれの地震は繰り返しているのです)。

　じつは何年か前までは、唯一の例外として濃尾（のうび）地震だけが陸で起きてマグニチュード8を越えた地震だとされてきました。1891年に岐阜県を中心に起きた地震です。

　しかし近年の研究では、いま気象庁が使っているマグニチュードで表すと、濃尾地震のマグニチュードは7.9が順当なところではないかということになっています。つまりマグニチュード8を越えた地震は、いままで1回も陸では起きていないことになったのです。

　日本に起きる地震の数のうち85％までは、海底で起きています。地震のエネルギーから見ても、数から見ても、日本は圧倒的に「海の地震国」なのです。

　また、日本では有史以来、犠牲者の数が1万人を越えた地震が7つあります。関東地震（1923年）、明治三陸地震（1896年）、安政江戸地震（1855年）、島原半島の地震（1792年）、八重山群島と宮古群島を襲った八重山（やえやま）地震（1771年）、東海道を広く襲った宝永（ほうえい）地震（1707年）、同じく東海道の明応（めいおう）地震（1498年）

です。

　このうち島原半島の地震は山崩れ（山体崩壊）が海に落ち込んだために津波が起こって対岸の肥後を襲った「島原大変、肥後迷惑」として知られている地震です。これと、江戸の直下型地震だった安政江戸地震をのぞいた全部は海底に起きた地震です。

　一般的にいえば、海の地震は、同じ規模の地震が陸に起きた時に比べれば被害は小さいはずです。震源が遠いので、いわゆる直下型地震にならなくてすむからです。

　しかし油断するわけにはいきません。海に起きる大地震のほうが陸に起きる大地震よりもマグニチュード、つまり地震のがらが大きいのです。恐れられている東海地震も海の地震です。震源は静岡県のすぐ沖で、マグニチュード8クラスの大地震が起きると考えられています。

日本付近の（立体）プレート図

4つのプレートがせめぎあう日本

6.8 日本にある3つの「地震製作工場」

日本に起こる地震のほとんどは、海溝と太平洋岸の間にある狭い帯状の部分から生まれています。

■ プレート衝突の現場が「地震製作工場」

4-1節の図で目立つことは千島列島の沖から、北海道、本州、そして四国から九州まで、海の大地震がおたがいに重なりもせず、隙間もほとんど空かずに、きちんと行儀よく整列していることです。もっとも、三陸沖地震（1933年）だけは、ちょっと行儀が悪く、東側にはみ出しています）。

海の大地震は、なぜ、こんなにきちんと並んでいるのでしょう。この大地震が並んでいる片側の端には、特別な地形があるのです。つまり、これら大地震が並んでいる東側の端にはちょうど海溝が走っているのです。西南日本では、東側というよりは東南側になります。

さて、海溝と太平洋岸の間にある狭い帯状の部分。この帯の幅は本州の幅よりも狭いほどです。しかしここの地下こそが、日本の巨大な地震のほとんどを産み出している巨大地震の「製作工場」なのです。

日本には地震の工場が3つあります。太平洋プレートと北米プレートの衝突現場、フィリピン海プレートとユーラシアプレートの衝突現場、そしてユーラシアプレートと北米プレートの衝突現場の3つです。

フィリピン海プレートは太平洋プレートよりはずっと小さいプレートですが、それでも、さしわたしが3000キロほどあって、日本全体がすっぽり入ってしまうくらいの大きさのプレートです。フィリピン海プレートの北の端は南西日本で、東の端は伊豆小笠原海溝やマリアナ海溝です。つまり小笠原諸島やグアム島のすぐ東です。南の端はヤップ島の南、そして西の端はフィリピンや台湾の近くです。

このフィリピン海プレートも日本のほうに向かって押し寄せてきています。太平洋プレートが動く速さは年に10センチほどですが、フィリピン海プレートはもっと遅く、年に4センチほどです。しかしどちらも、巨大な力で押して来ていることには変わりありません。

　恐れられている大地震である東海地震は、このフィリピン海プレートが起こすといわれている地震です。

地震製作工場

ユーラシアプレート　　北米プレート

地震工場

太平洋プレート

地震工場

フィリピン海プレート

地震工場

6 日本のどこに、どんな地震が起きるのだろうか

6.9 日本と似た巨大地震は別の国でも起きる

地震大国の日本ですが、他の地域でも日本とよく似た大地震が発生しています。

■ 地震の兄弟

　前節で説明したように海溝に沿って大地震が並んでいるのは、なにも日本だけではありません。千島海溝に沿ってカムチャッカ半島まで、そしてその先アリューシャン海溝に沿ってアラスカまでも、まったく同じ状況が続いています。日本に起きることと同じことが他の地域でも起きているのです。

　太平洋プレートが衝突をしているのは日本海溝だけではありません。日本海溝のすぐ北には、北海道の南の沖からカムチャッカ半島の沖まで続いている千島海溝、さらにカムチャッカ半島から先、アラスカまで続いているアリューシャン海溝があります。また日本海溝のすぐ南には、伊豆マリアナ海溝がグアム島の先まで伸びています。

　太平洋プレートは、この全部の海溝で衝突をしているのです。そして、そのどこでも押し負けて地球のなかに入りこんでいます。これが、兄弟分の地震があちこちで起きている理由なのです。つまり日本の大地震と兄弟分の地震が、千島列島やカムチャッカ半島にも起きているのです。アラスカ地震（1964年）は、日本で起きる巨大地震よりもさらに大きな地震だったのですが、やはり兄弟分の地震です。

　そして日本に暮らす私たちにとって重大なことは、この北太平洋から西太平洋まで1万キロ以上も続いている長い海溝のすぐ近くで、3000万人もの人間が密集しているところは、東京とその近郊のほかには、他のどこにもないことです。地震が何百万年以上も同じように起き続けているうちに、私たち日本人は、じつに危ないところに住み着いて、どんど

ん増えてきてしまったというわけなのです。

千島海溝とアリューシャン海溝の巨大地震の分布図

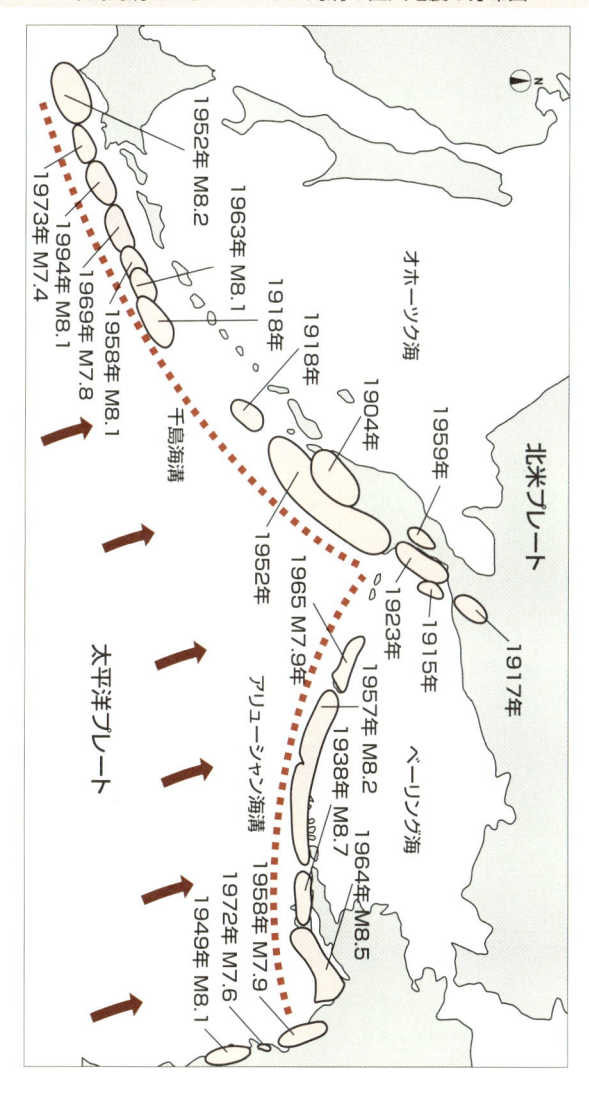

1952年 M8.2
1963年 M8.1
1918年
1904年
1959年
1923年
1915年
1917年
1952年
1965年 M7.9
1957年 M8.2
1938年 M8.7
1964年 M8.5
1972年 M7.9
1949年 M8.1
1958年 M8.1
1969年 M7.8
1994年 M8.1
1973年 M7.4

オホーツク海
北米プレート
ベーリング海
アリューシャン海溝
千島海溝
太平洋プレート

6　日本のどこに、どんな地震が起きるのだろうか

6-10 「ナワ張り」を守って起きるプレート境界型地震

巨大地震には「ナワ張り」があり、おたがいに「棲み分け」ながら発生しているのです。

■ 縄張りが大地震に密接に関連している

不思議なことがあります。4-1節の図で、海溝沿いの大地震が行儀よく並んでいるだけではなく、おたがいに重なっていないことです。

じつはこれらの大地震には「ナワ張り」があるのです。そして、それぞれのナワ張りのなかで、同じような大地震が繰り返し起きています。サル山のサルのように大地震が「棲み分けて」いるわけです。このナワ張りは、日本の地震だけではなくて千島海溝やアリューシャン海溝に起きる兄弟分の地震にもあります。

このナワ張りとは何なのでしょう。そして、なぜそこに境があるのでしょうか。じつは、これはまだよく分かっていない学問の最前線なのです。

プレートのなかには、プレートが出来た時の古傷が刀傷のように残っています。これは断裂帯（だんれつたい）といわれるものです。

太平洋プレートは東太平洋にある海嶺（東太平洋海膨）でつぎつぎに生まれて、延々と1万キロもの旅をして来て、日本の近くに達します。太平洋プレートの中でもいちばん古い部分が日本の近くにあることになります。断裂帯もプレートが生まれるとともにつぎつぎに生まれて、プレートとともに延びていきます。それゆえ日本の近くにあるいちばん古い断裂帯は1億年前に出来たものです。

私たちは、この古傷、つまり断裂帯こそがナワ張りの境にちがいない、と考えています。つまりこの断裂帯の研究は大地震の発生に密接に関連している重要なナゾなのです。

私たちが海底地震計を作って、このところアイスランドやノルウェー

に毎年のように行っているのは、このプレートが生まれるときの古傷のナゾを調べるためでもあります。

地震の縄張り

▼千島海溝の例

千島海溝で起きる巨大地震は活動期と休止期を繰り返してきた。2003年の十勝沖地震で次の活動期が始まったのだろうか。

A	B	C	D	E	F	期間(年間)
1763 M8	(不			明)	1780 M8	17
休止期						59
1856 M8	(1839 M7½)	→1843→ M8以上	(不	明)		17
休止期						37
	←1894 M7.9	1893 M7¾	(1918 M7.7)		1918 M8.0	25
休止期						34
1968 M7.9	1952 M8.2	(1973 M7.4)	1969 M7.8	1958 M8.1	1963 M8.1	21
休止期						(30)
	2003 M8.2					

▼南海トラフの例

歴史に残っている過去の巨大地震のほかに、地図にある1〜13までの遺跡の調査から、それぞれの場所での、それ以前の地震の繰り返しが推測されている。

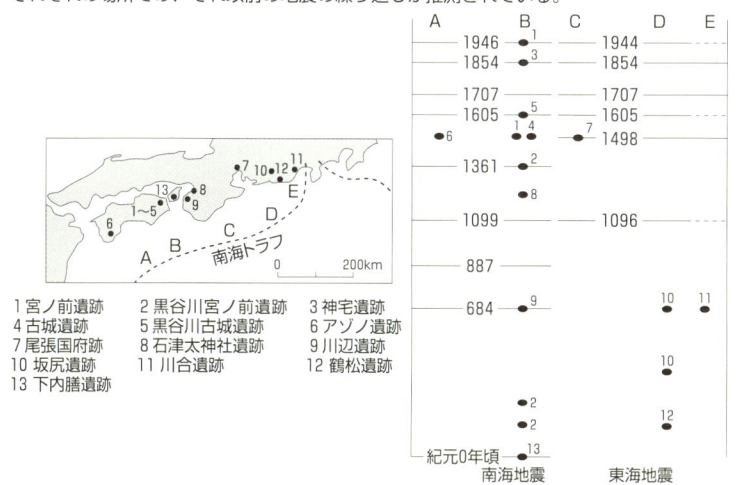

1 宮ノ前遺跡　　2 黒谷川宮ノ前遺跡　　3 神宅遺跡
4 古城遺跡　　　5 黒谷川古城遺跡　　　6 アゾノ遺跡
7 尾張国府遺跡　8 石津太神社遺跡　　　9 川辺遺跡
10 坂尻遺跡　　11 川合遺跡　　　　　　12 鶴松遺跡
13 下内膳遺跡

日本のどこに、どんな地震が起きるのだろうか

6-11 「大地震周期説」は正しいか

「地震は繰り返す」と言います。つまり地震には周期があるということですが、厳密な周期があるのでしょうか。

■ 地球物理学では周期説は否定

それぞれのナワ張りのなかでは、場所にもよりますが、短くて70～80年、長くて150年とか200年ごとに、比較的よく似た大地震が繰り返して起きています。

東海地震がやがて起きるという最大の根拠もここにあります。繰り返しから見て、起きても不思議ではない頃になってしまっているからです。

しかし繰り返しとはいっても、相手は破壊という現象です。ですから地震には日食や彗星の周期とはちがって、厳密な周期があるわけではありません。

かつて関東地方南部では、大地震が69年周期で起きるという説が流されたことがあります。有名な大先生が言いだしたこともあって、かなりの騒ぎになりました。しかしこの説をはじめ、大地震には厳密な周期があるという説は最近の地球物理学ではすべて否定されています。

■ エネルギーのシーソー

さて、海溝型地震のメカニズムでは、大地震が起きた次の日から、次のもう1サイクル先の地震の準備が始まります。プレートは動き続け、地震のエネルギーは昨日までと同じように溜まり続けるからです。

日本庭園によくある獅子脅し（ししおどし）という仕掛けを知っていますか。柄杓（ひしゃく）に水が一杯になるとシーソーのように傾いて、水をはき出して、またシーソーがもとへ戻る、というのをいつまで

も繰り返す仕掛けです。つまり、大地震が繰り返すということは、プレートが動くエネルギーが少しずつ溜まっていくのを、地震という柄杓で定期的に水を汲み出しているようなものです。この場合には、柄杓の水は、いつでも1杯分の水より増えることはありません。

　このメカニズムでは、次の大地震が来ることは確かなことです。だから、この意味では次の大地震の予知は出来る、つまり海溝型地震では長期的予知は可能だと言うことは出来ます。

　しかし、これだけでは人々が期待するような予知とはいえないことは確かでしょう。大地震が起きるのが1年先か50年先かが分からないのでは、役に立つ地震予知とは言えないのです。

獅子脅しのメカニズム

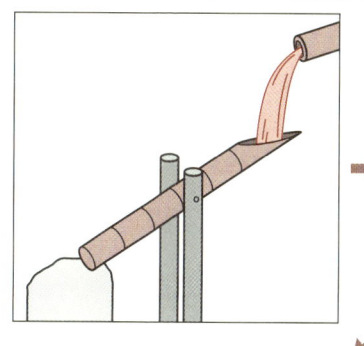

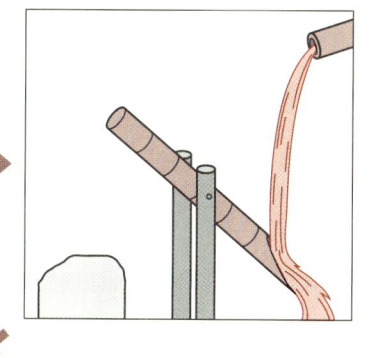

竹筒に水が流れ込む仕組みになっている。一定量の水がたまると筒のお尻が持ち上がり、中の水がはき出される。はき出した際の反動で竹筒のお尻が石を叩き、音が出る。この同期的な音を愛でるための仕掛けが「ししおどし」である。

6-12 東海地震が起きる根拠

予想されている大地震として、もっとも身近なのが東海地震でしょう。この地震の根拠はなんでしょうか。

■エネルギーの「残り」

東海地震が起きる、という最大の根拠は、江戸時代の安政年間（1854～1859年）に起きた大地震のあと、1940年代になってから起きた2つの地震の起き方の謎に発しています。

じつは東南海地震（1944年）と南海地震（1946年）の2つの地震が起きたときに、その2つの地震を起こした震源は、その前の安政の2つの地震の震源よりも狭かったのです。つまり、安政の地震のときにはエネルギーを解放して地震になった震源の一部が、エネルギーを出さないまま残っているのではないかという恐れなのです。

この「残っている部分」は安政の震源の東の端の領域です。東南海地震の震源の東の端は浜名湖の沖くらいでしたから、そこから駿河湾までの壊れ残った部分がエネルギーが残っている部分、つまり東海地震の想定震源というわけなのです。

■2日連続で大地震が発生

安政年間に起きた巨大地震は不思議な起きかたをしました。それは1つの地震が起きた次の日に隣のナワ張りで別の地震が起きたのでした。1つめの地震は1854年12月23日（当時の暦では11月4日）に起きました。被害は関東地方から近畿地方にまで及び、津波は房総半島から土佐（いまの高知）まで襲ったと記録されています。

そして翌日、正確には前の地震の32時間後に次の巨大地震が起きてしまいました。やはり大津波が襲い、紀伊半島の串本では津波の高さが15メートルにも達しました。この地震は前日の地震の1つ西隣の縄張りで起きたもので、被害は中部地方から九州にまで及びました。前の地震は

安政東海地震、あとの地震は安政南海地震と呼ばれています。大地震が次の日にも起きるという、地獄の日々でした。

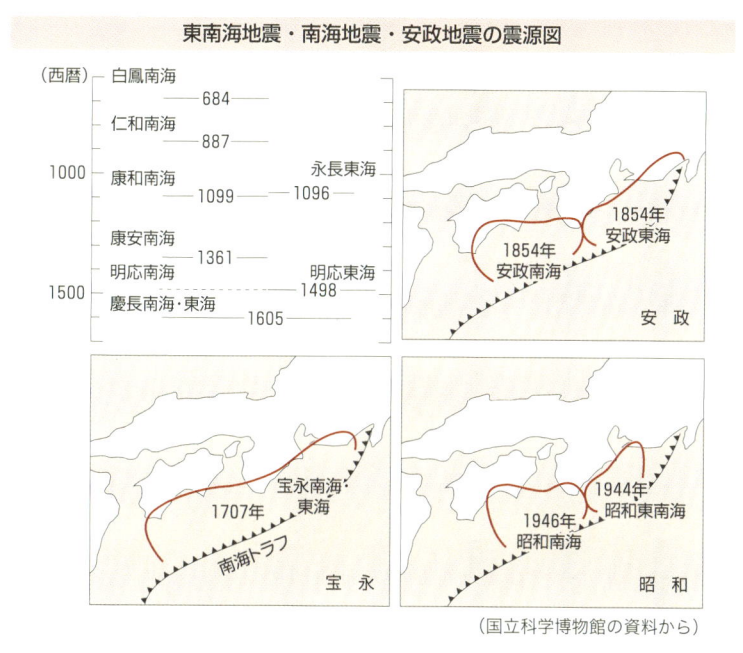

東南海地震・南海地震・安政地震の震源図

(西暦)
- 白鳳南海 —684—
- 仁和南海 —887—
- 康和南海 —1099— 永長東海 —1096—
- 康安南海 —1361—
- 明応南海 明応東海 —1498—
- 慶長南海・東海 —1605—

1854年 安政東海
1854年 安政南海
安政

宝永南海・東海 1707年
南海トラフ
宝永

1944年 昭和東海
1946年 昭和南海
昭和

(国立科学博物館の資料から)

6 日本のどこに、どんな地震が起きるのだろうか

6-13 日本で起きた史上最大の地震

日本の歴史上、最大の地震といわれているのが1707年に南海・東海地域を襲った宝永地震です。

■ナワ張りを「道連れ」にして発生

次の図を見てください。伊豆半島沖から四国の足摺岬沖までには、ナワ張りはAからEまでの5つがあると考えられています。これらのそれぞれでは、ナワ張りはナワ張りとして守られていて、隣の地震が踏みこんでくることはありません。これは千島海溝や日本海溝など、他の地域でも同じです。

南海トラフ上の地震のナワ張り

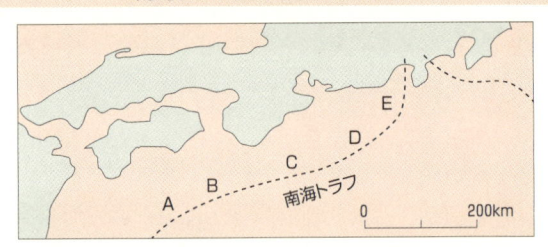

しかし、この地域だけはちがうことがあります。それはナワ張りは守ってはいるのですが、一方、隣のナワ張りの地震を「道連れ」にして起きてしまうことがある、という特別な性質を持っているのです。

大地震が起きて、あるナワ張りのなかで断層が滑ったら、その両隣のナワ張りになにかの影響を及ぼすことは十分に考えられます。しかしほかの地域では、隣まで引きつれて大地震になってしまうことはありません。しかしこの地域では図に見られるように、AからCまでの部分をナワ張りとする地震が一緒に起きたり、ときには1707年に起きた宝永地震

太平洋岸の大地震の歴史

■過去の東海地震と東南海・南海地震

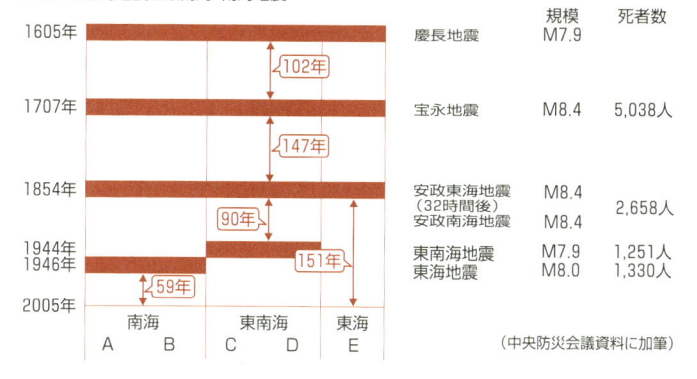

年		地震名	規模	死者数
1605年		慶長地震	M7.9	
	102年			
1707年		宝永地震	M8.4	5,038人
	147年			
1854年		安政東海地震 (32時間後) 安政南海地震	M8.4 M8.4	2,658人
	90年			
1944年 1946年	151年	東南海地震 東海地震	M7.9 M8.0	1,251人 1,330人
	59年			
2005年				

南海　東南海　東海
A　B　　C　D　　E

（中央防災会議資料に加筆）

6 日本のどこに、どんな地震が起きるのだろうか

　東南海地震では図のCとDの部分の地震が一緒に起き、南海地震では先の図のAとBの部分の地震が一緒に起きた。このように過去7～8回にわたって、100年から200年といった間隔をおきながら、この地方の地震が繰り返してきていることが分かってきている。

　ここは地震の効率が70～100%と高い地域。つまり千島海溝などと比べれば、プレートの動きにくらべて多くの巨大な地震がたびたび襲ってくる不幸な場所だ。歴史をたどると、この地方の地震は、宝永地震でAからEまでのすべての部分が壊れ、二度の安政地震でまたAからEまでの部分が壊れた。

　しかし、東南海地震と南海地震が起きたあとも、Eの部分だけは、まだ壊れないで残っていることが分かったのだ。この「壊れ残り」が分かってきて、東海地震の危険性が指摘されたのは1976年ごろのことだった。東海地震が起きると言われている最大の根拠がこのことなのである。

　フィリピン海プレートが動いている速さは年に約4センチだから、安政の地震から約150年たったいまでは、計算上は約6メートルもの歪みがすでに蓄えられていることになる。地下の歪みそのものを測ることは、じつは現在の観測技術では出来ない。

　しかし、もし6メートルという歪みが本当にたまっていれば、危険が迫っている可能性がある。こうして、明日起きても不思議ではない、という騒ぎになって、地震に備える法律やら政府の委員会やらが慌てて作られて、東海地震に備えることになったのである。

のように、AからEまでの全部の地震が一挙に起きてしまったりしたことがあるのです。

この宝永地震は、安政の2つの大地震のもう1回前の繰り返しとして起きた地震です。この地震は日本では史上最大の地震でした。マグニチュードは8.4と推定されています。しかしこのマグニチュードも実際よりは小さすぎる見積もりで、じつは関東地震（マグニチュード7.9）の11個分だという推定もあります。いずれにせよ、この地震がいかに大きかったかわかるでしょう。

この地震の死者は約5000人。家が倒れた範囲は、東は東海道から西は九州にまで及びました。また津波の被害も伊豆半島から九州にまで及びました。津波の高さは最高で23メートルにも達したと言われています。

じつは、宝永地震の「さらに1回前」の繰り返しだった巨大地震である慶長地震（1605年）も、宝永地震と同じ起き方をした可能性が強いのです。もしかしたら安政の大地震のようにわずかな時間をおいて続発したのかも知れないと考えられていますが、昔のことなので詳しいことは分かっていません。この慶長地震の津波の被害も、いまの千葉県犬吠埼から九州にまで及びました。

2011年3月に起きた大震災の地震（東北地方太平洋沖地震）も、知られていたナワ張りを超えて起きた地震です。この地震の震源となった岩手県沖から茨城県沖までは、それまでは4つか5つのナワ張りがありました。しかし宝永地震や慶長地震のように、ナワ張りで区切られた隣のナワ張りといっしょに大地震が起きてしまったのです。

ひとつの大地震が起きたときに、その隣のナワ張りに地震のエネルギーがたまっていると、ドミノ倒しのように、隣の地震も続いて起きてしまったのではないかと思われます。今回の大地震の地震断層の動きを解析してみると、少なくとも4つの大地震がドミノ倒しのように続いて起きたようです。このため、最初の岩手沖の地震から最後の茨城沖の地震までは約5分間という、大地震にしても長い時間がかかりました。この地震

はモーメント・マグニチュードで9.0でした。昔の宝永地震や慶長地震のモーメント・マグニチュードをきめることは不可能で、比べられないのですが、それら並みか、あるいはそれらを超える地震であった可能性があります。世界的に見ても、1960年のチリ地震のモーメント・マグニチュードは9.5で世界最大、2004年のスマトラ沖地震が世界第2位で、それらに次いで大きな地震、たとえばアラスカ地震（1964年）やアリューシャン地震（1957年）、カムチャッカ地震（1952年）などと肩をならべる世界最大級の地震でした。

昭和新山の誕生

　東南海地震（1944年）と同じころ、北海道の有珠火山のすぐ近くの麦畑で、山が突然出現し、ニョキニョキ盛り上がって、わずか1年あまりのあいだに400メートルほどの高さになりました。これが昭和新山です。地震もずいぶん起きました。いまなら大騒ぎになったでしょう。

　上がってきたのは熔岩ドームと言われる粘性が高い熔岩でした。人命の被害はなかったのですが、東南海地震と同じく、この新山の誕生と成長も、人心を乱すという政府の判断で秘密にされて人々の知る権利は奪われてしまったのです。暗い時代でした。

（撮影　島村英紀）　　　　　（撮影　島村英紀）

6/14 東海地震の先祖

東海地震が起きる海域では、過去たびたび大地震が繰り返し起きています。

■ 兄弟、それとも先祖？

繰り返し起きている、という意味では先祖に当たる地震が過去1300年間にわたって知られています。安政地震（1854年）のあとで起きた東南海地震と南海地震の2つは、東海地震の兄弟分の地震だと思われてきました。しかしごく最近には、もしかしたら兄弟ではなくて、ひとつ前の先祖だったのではないか、という考えも出てきています。

東南海地震（マグニチュード7.9）が起きたのは1944年でした。想定されている東海地震のすぐ西隣のナワ張り、つまり紀伊半島から名古屋の沖にかけての太平洋沖で起きました。当時は第二次世界大戦の末期で、中京地区にあった軍需工場に壊滅的な大被害を与えました。

この地震は「逆」神風で、敗色濃かった日本の降伏を早めたと言われています。死者は1000名。建物の全壊は26000軒、半壊は47000軒。津波も大きな被害を生みました。しかし戦時中であったために、この地震や被害のことは、当時、政府や軍部によってひた隠しにされて、新聞にもラジオにもまったく出ませんでした。

東南海地震の2年後の1946年に襲ってきたのが南海地震（マグニチュード8.1）でした。震源は高知から紀伊半島にかけての太平洋沖。死者と行方不明は1400余名を超え、建物の全壊は12000軒、半壊は23000軒余にも達しました。津波は静岡県から九州の沿岸までの広い範囲を襲い、3000隻もの船が壊れたり流されたりしました。家も約1500軒が流出し浸水は33000軒にも及ぶなど、津波の被害も甚大でした。第二次大戦が終わった翌年でしたから、地震は戦争で疲れ切った人たちに追い討ちをかけることになりました。

この2つの地震は隣接した海域で起きました。そして、この2つの地震

の震源を合わせたものは、その前の先祖である安政年間の地震の震源よりは小さかったのです。これが東海地震が起きる、という最大の根拠（石橋克彦説）になっています。

東南海地震（1944年）と南海地震（1946年）の震源と震度分布

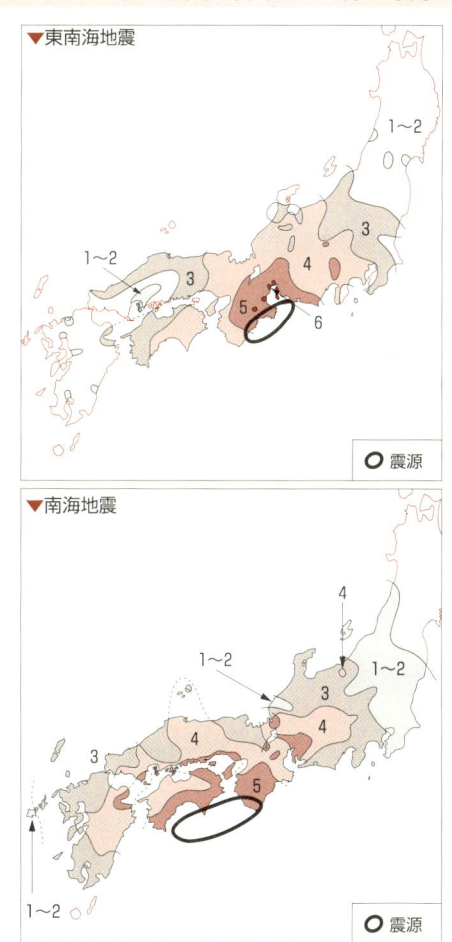

▼東南海地震

○ 震源

▼南海地震

○ 震源

6 日本のどこに、どんな地震が起きるのだろうか

6-15 東海地震の超巨大化説

東海地震が起きる可能性が指摘されてから、25年が経ちました。現在の「可能性」はどうなのでしょうか。

■ 超巨大地震として発生する

1976年に東海地震の可能性が指摘されたときには、地震予知が出来るかどうかの判断は別にして、多くの、たぶんほとんどの地震学者は、早ければ数年、遅くとも十数年以内には東海地震が起きても不思議ではないと思っていました。しかし誰にも地下の状態がわかっていたわけではありませんから、地震学者の考えといっても学問的な判断ではなくて、勘のようなものでした。

しかし実際には、その後東海地震が起きないまま、すでに四半世紀が経ってしまいました。もちろん、いまでも数年ないし十数年の間に東海地震が起きる可能性が高い、と思っている地震学者もかなりいます。

ですが同時に、想定されていた東海地震は、じつは想定されていたようには起きないのではないかと思い始めている学者も増えてきたのです。それは、東海地震が東海地震として単独では起きなくて、「次の東南海地震」や「次の南海地震」と連動して、超巨大地震として同時に起きる可能性が増えてきているのです。

つまり過去の大地震、たとえば宝永地震(1707年)のように、いまの静岡県の沖から高知県の沖まで連続した巨大な震源が起こした地震の再来が恐れられはじめているということなのです。あるいは、震源の広がりから言えば、巨大なスマトラ沖地震(2004年)のような地震です。

この巨大な地震が起きれば、神奈川県東部から宮崎県に及ぶ広い地域で震度6を超える揺れがあるものと考えられています。また3メートル以上の津波が、東は伊豆半島から西は鹿児島県の大隅半島までの広い範囲を襲い、場所によっては10メートルを超える津波に襲われるでしょう。

起きる時期は分かっていません。しかしいままで起きてきた地震の間

隔からいえば、21世紀の前半に起きる可能性がないわけではないのです。

■ プレスリップによる検知

東海地震についての気象庁の想定では、プレスリップが陸の下で起きたとき、しかも大きなプレスリップが起きたときだけは検知出来て地震予知が出来る可能性があります。しかし、東海地震のときでさえ、海底にプレスリップが起きたとしたら、たとえ大きなプレスリップが起きたとしても検知出来ないで不意打ちになってしまうのです。

ところが、この超巨大地震、あるいは次の東南海地震や南海地震にもしプレスリップがあるとしても、これらの地震の震源のほとんど全部は東海地震と違って想定震源域が陸の下にまで及んでいません。つまり海底で起きるわけですから、プレスリップを検知出来なくて不意打ちになる可能性が東海地震よりも高いのです。

もしこの超巨大地震が起きるとしても、プレスリップが「たまたま、震源のうちの東端である東海地震の想定震源域のうちでも陸の下」という、よほど検知に都合のいい場所で起きない限りは検知出来ないのです。

中央防災会議が発表した超巨大地震の被害想定（2003年9月現在）

		東海地震				東南海・南海地震		
		予知がなかった場合			予知があった場合	予知がなかった場合		
	発生時期	5時	12時	18時		5時	12時	18時
死者数（人）	建物倒壊	6,700	3,400	3,400		6,500	2,900	3,900
	津波	400〜2,200	200〜1,000	200〜1,100		3,300〜8,600	2,200〜4,100	2,300〜5,000
	斜面倒壊	700	400	500		1,900	1,000	1,300
	火災	200〜600	80〜300	600〜1,400		100〜400	60〜200	800〜2,100
	合計	7,900〜9,200	4,100〜4,700	4,600〜5,900	1,000〜2,000	11,900〜17,400	6,100〜8,100	8,300〜12,300
経済損失（兆円）	直接被害	26			22	6〜8		
	間接被害	11			9	40〜56		
	生産停止による被害	3			2	30〜42		
	東西間交通寸断による被害	2			2	4〜5		
	地域外等への波及	6			5	0.3〜1		
	合計	37			31	10〜14		

出典：内閣府

●中央防災会議が発表した超巨大地震の被害想定

 政府の中央防災会議の専門調査会は2003年の9月に、この超巨大地震（東海・東南海・南海地震）の被害想定を発表した。それによれば、死者の最大は2万8千人、地震や津波で96万棟の家屋が全壊、経済的被害は、想定したケースにもよるが53兆円から81兆円という見積もりになっている。

 81兆円の内訳は、個人の住宅など直接被害が60兆円、東海道新幹線など東西の交通幹線の寸断や工場の生産停止など間接被害が21兆円とされている。東西の交通幹線の寸断による被害は、震度が大きい範囲が広いだけに、東海地震単独のときよりも連動地震のほうが倍ほど大きいと想定されている。死者数も経済被害も、東海地震単独で起きるときよりは3倍近くも大きくなっている。

 しかし、この想定も東海地震の被害想定と同じく、この通りになるはず、とは言えない。それはどんな仮定をするかによって、結果が大幅に異なるからだ。げんに、この想定でも「午前5時」「正午」「午後6時」という発生時刻別の試算では、死者数は多くの人々が寝ている午前5時が最悪で1万2000人〜1万7000人。これが正午だと、約半分になるとされている。つまり、いつ起きるかでこれほど見積もりが違ってしまうのである。もちろん、基礎になる仮定が少しでも違

えば結果は大幅に変わってしまう。

いずれにせよ、被害は東海地震が単独で起きるよりも、ずっと大きいことは確かだ。関西経済の中心である大阪は、震源から遠いのでそれほどの被害はないかもしれない。しかし太平洋岸を中心に、東海地方から四国まで被害が及ぶことが怖れられている。

●この超巨大地震への国の備え

このため政府は2003年12月に「東南海・南海地震対策大綱」を発表して、東京都から宮崎県までの21都府県の652市町村（当時）を「防災対策推進地域」に指定した。範囲が広いので、域内に住む人口は3700万人と日本全体の3割にも上る。

この大綱では「10メートルを超える津波対策」「全国的な救援ネットワークの整備」「時間差発生時の被害拡大の防止」を重点としている。ここで「時間差発生時」と言っているのは、前に起きた安政年間の地震のように、もし次の日に起きることがあれば、ということへの対応である。もちろん今の学問では、こんな起き方をするかどうか、事前には分からない。指定された自治体をはじめ、域内の鉄道、電気、ガス、通信会社などは大綱に沿って、早期に防災計画を見直すことになっている。

しかし防災には金がかかる。たとえば静岡県は、東海地震対策のために過去20数年間で1兆4千億円も使った。これは地震予知計画で観測や研究に使われた費用よりも、はるかに多い額である。

しかし東海地震の強化地域とは違って、この652にも及ぶ市町村の防災対策には国からの財政支援の裏付けはない。静岡県が東海地震ですでにやったのと同等の防災対策を、東南海地震と南海地震で被害が想定されるこの広い地域全部に拡大するには、国家予算規模の費用が必要となってしまう。政府も地方自治体も、これだけの金の負担については、まだ何も言っていない。

6 日本のどこに、どんな地震が起きるのだろうか

6-16 いまそこにある「内陸直下型地震」

世界的に見ても最大級の地震はプレート衝突による海溝型の地震ですが、そのほかの原因でも地震が起きています。

■ 被害の大きさでは直下型も恐ろしい

どんな原因で、日本のどこに、どんな地震が起きているのかを見ていきましょう。

日本では太平洋の底ばかりではなくて、日本の陸の下にも地震が起きます。これらの地震は、太平洋プレートやフィリピン海プレート、そしてユーラシアプレートや北米プレートといったプレートが、直接、かかわっているのではありません。プレートに押された日本列島がねじれたり曲がったりして起こす原因によるものが多いのです。

日本海溝や南海トラフなどの海溝の近くに起きる地震が「一次的」な原因によるものだとすれば、これら内陸の地震は「二次的」な原因による地震なのです。しかし、二次的な原因による地震とはいっても、原因と、それが起こす地震の被害とはもちろん別のものです。その地震が直下型として起きれば大きな被害を産むことがあります。

阪神淡路大震災（1995年）は近年では最悪の例でした。6400人以上の方が亡くなり、地元は地震から10年以上たっても、まだ震災の影響が残っていて完全に復興されたわけではありません。

その前に起きた直下型地震による大きな被害は福井地震（1948年）で4000人近い犠牲者を出しました。また鳥取地震（1943年）も1100人の死者を生んだ大地震でした。なぜ阪神淡路大震災を起こした兵庫県南部地震が奈良でも京都でもなくて阪神や淡路島を襲ったのか、なぜその前に福井や鳥取を襲ったのかは、現在の学問ではまったく不明です。

日本は過去たびたび、このような直下型地震に襲われてきています。

京都府に起きて3000人が死んだ北丹後（きたたんご）地震（1927年）とか、いまの長野県に起きて9000人が死んだ善光寺（ぜんこうじ）地震（1847年）もありました。

■ 被害の大きさと「がら」の大きさ

しかし被害の大きさではなくて地震としての「がら」の大きさから見ると、これら直下型地震は海溝型の大地震には遠くかないません。陸の地震のマグニチュードは、福井地震と兵庫県南部地震が7.3、鳥取地震が7.2、北丹後地震が7.3、善光寺地震が7.4。いずれもマグニチュード8と比べると、地震のエネルギーとしては1/8から1/15と、ずっと小さかったのです。

たとえば福井地震を起こした断層は、面積が400平方キロほどのものでした。その2年前に起きた南海地震の断層の面積にくらべて20分の1にしかならないものでした。このように、地震のがらの大きさから言えば南海地震よりもずっと小さな地震だったのですが、被害は福井地震のほうがずっと大きかったのです。内陸直下型の地震は直下で起きるがゆえに、このように恐ろしいものなのです。

地震のがらの大きさから言えば、濃尾地震（1891年）だけは例外でした。マグニチュードは7.9です。日本には兵庫県南部地震よりも、もっと大きな直下型地震が起きる可能性があるのです。

いままでに起きた内陸直下型地震

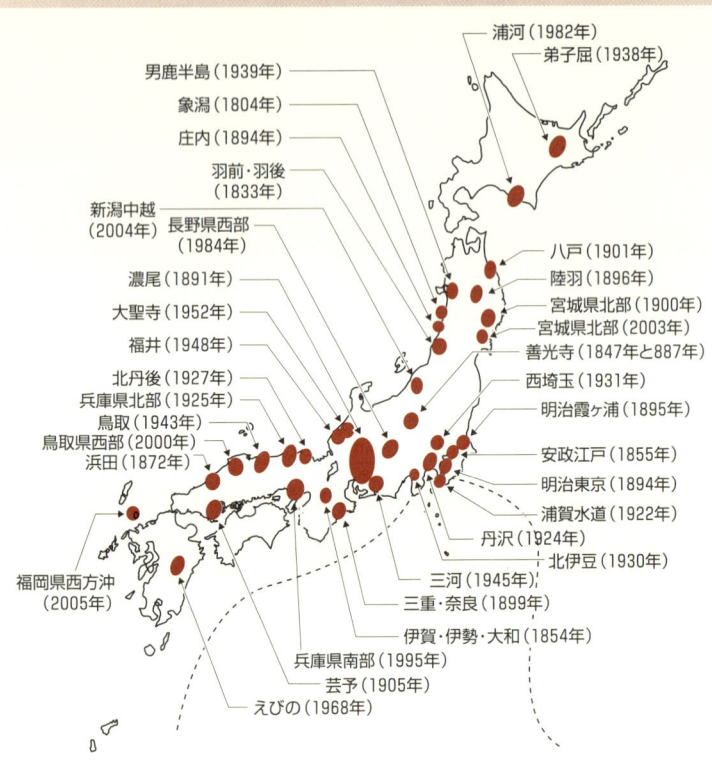

- 浦河（1982年）
- 弟子屈（1938年）
- 男鹿半島（1939年）
- 象潟（1804年）
- 庄内（1894年）
- 羽前・羽後（1833年）
- 新潟中越（2004年）
- 長野県西部（1984年）
- 濃尾（1891年）
- 大聖寺（1952年）
- 福井（1948年）
- 北丹後（1927年）
- 兵庫県北部（1925年）
- 鳥取（1943年）
- 鳥取県西部（2000年）
- 浜田（1872年）
- 福岡県西方沖（2005年）
- 八戸（1901年）
- 陸羽（1896年）
- 宮城県北部（1900年）
- 宮城県北部（2003年）
- 善光寺（1847年と887年）
- 西埼玉（1931年）
- 明治霞ヶ浦（1895年）
- 安政江戸（1855年）
- 明治東京（1894年）
- 浦賀水道（1922年）
- 丹沢（1924年）
- 北伊豆（1930年）
- 三河（1945年）
- 三重・奈良（1899年）
- 伊賀・伊勢・大和（1854年）
- 兵庫県南部（1995年）
- 芸予（1905年）
- えびの（1968年）

6 日本のどこに、どんな地震が起きるのだろうか

学者を惑わす「牧師の報告」

　米国本土ではいちばん地震が多いカリフォルニア州には、開拓時代、各地にあった教会の牧師が書いて中央に送った報告書が残されています。昔の地震の歴史を調べるために、この報告が調査されたことがあります。

　牧師のような聖職者の報告は、当然ながら客観的で正確なものと思われていました。

　しかし、調べれば調べるほど不思議なことがあったのです。周囲の報告や状況と照らし合わせてみると、あまりに被害が大きすぎるようななんとも誇大な報告がありました。また反対に、大地震の震源地だったのでかなりの被害があったに違いないのに、ほとんど被害がないと意図的に無視したとしか思えない報告も目立ったのです。これらの報告は、後世、古地震研究の科学者を大いに悩ませることになりました。

　ようやくわかった理由は社会心理学的なものでした。カリフォルニアという、当時としてははるか辺境の地に赴任させられた聖職者の多くは、荒くれ男たちばかりの新開の地である任地に居続けることがイヤでイヤでたまりませんでした。それゆえ、地震の被害を過大に報告して、ここは人が住む地ではない、早く帰ってほしい、と訴えたのでした。

　では正反対の報告は何だったのでしょう。じつは先住民族をだまして交易を進め、しこたま金儲けに励んでいる「聖」職者も多かったのです。彼らにとっては、せっかく築き上げた金づるである任地を変更されることは、なんとしても避けなければならないことでした。だから、地震は大したことがない、平静にしてほしい、と地震の報告をあえて押さえたのです。

　こうして、辺境にあった牧師の心情は、後世、学問を惑わすことになったのでした。

6-17 内陸直下型地震には繰り返しはない

内陸に起きる直下型地震は、海溝型の大地震のようにナワ張りや発生地域が予想できるわけではありません。

■「地震危険度マップ」には注意が必要

内陸直下型地震は、いわば日本のどこにでもゲリラのように発生する可能性があるのです。ところで、世の中には地震の危険度を示す地図があります。これは、それぞれの場所が過去にどのくらい地震で揺れたか、というデータから地震の危険度を示していることが多いのです。損保会社が頼りにしている地図もこのようなものでしょう。

しかし、昔、有名な地震学者の先生が作った地図で、当時いちばん安全だとされた新潟に、その後新潟地震（1964年）が起きて大きな被害を出したことがあります。新潟は、新潟地震の前には記録に残っている限り、地震が起きたことがなかったのです。

この事情はその後も変わりません。1985年に作った地震危険度の地図を見ると、その後に地震が起きた兵庫県南部地震（阪神淡路大震災）、鳥取県西部地震、芸予地震、新潟中越地震などが起きたところは、いずれも安全なところとされているのです。

私たちが知っている過去の地震（古地震）の歴史は、ごく限られたものです。それゆえ、この種の地図は気を付けて見なければなりません。

■繰り返しのない内陸直下型

厄介なことは、海溝型の地震が海溝の近くにしか起きないのと違って、直下型地震は日本のどこにでも起きる可能性があることです。実際、日本のあちこちで起きてきました。そして、いままでに起きていないところでもこれから起きる可能性があるというのが困ることなのです。

内陸直下型の大地震は、海溝型の大地震のように100年とか200年とかの繰り返しで起きるわけではありません。これらの地震の繰り返しはよく分かっていないのですが、短くても千年。長ければ何万年とか、もっと長いのではないかと思われています。

　そもそも、こういった内陸直下型の大地震にプレート境界型の大地震のような繰り返しがあるものかどうかもじつは分かっていないのです。もしかしたら、繰り返しがない1回きりの地震もあるかも知れません。

　繰り返しが歴史に記録されている唯一の例が、いまの長野県北部に起きて約9000人が死んだ善光寺地震（1847年）です。この地震によく似た地震が、ほぼ同じ場所で約1000年前の西暦887年に起きていて、これが1回前の善光寺地震ではないかと思われています。

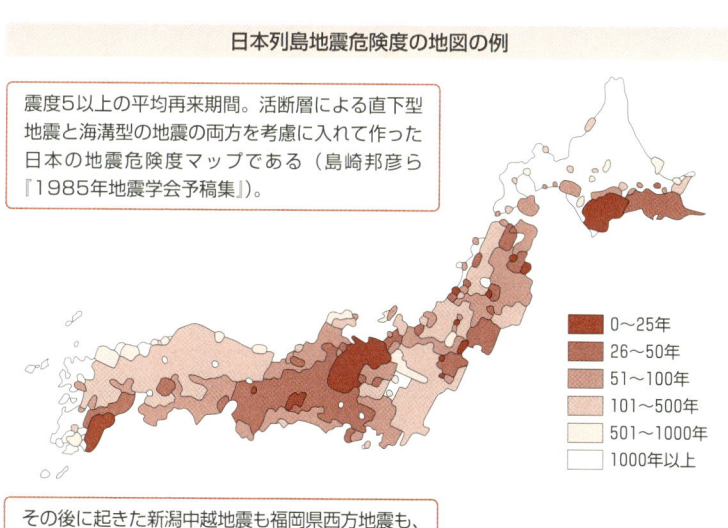

6　日本のどこに、どんな地震が起きるのだろうか

日本列島地震危険度の地図の例

> 震度5以上の平均再来期間。活断層による直下型地震と海溝型の地震の両方を考慮に入れて作った日本の地震危険度マップである（島崎邦彦ら『1985年地震学会予稿集』）。

凡例：
- 0〜25年
- 26〜50年
- 51〜100年
- 101〜500年
- 501〜1000年
- 1000年以上

> その後に起きた新潟中越地震も福岡県西方地震も、この地図では安全なところに起きてしまった。

6/18 東京を襲った地震

東京はプレートの衝突によって起きる海溝型地震の最前線のなかで、もっとも人口が密集した地域です。

■ 東京は危険がいっぱい

 北太平洋から西太平洋にかけて続く海溝、つまり巨大な地震が太平洋プレートと陸プレートの衝突で起きている最前線のなかで、東京付近ほど人口が集まっているところはありません。つまり東京付近はもっとも地震が危険な人口密集地なのです。

 しかしじつは、東京付近はそれ以上に危険なところなのです。それは次の図に見られるように、2つのプレートが衝突しているだけではなくて、3つのプレートが衝突しているからです。関東地方から中部地方にかけては、地下に太平洋プレートとフィリピン海プレート、両方が潜り込んでいます。この両方のプレートがそれぞれの系列の地震を起こすばかりではなく、2つのプレートがこすれ合っていることによっても、また別の系列の地震を起こしているのです。もし、日本の首都を江戸なり東京なりに定める前に、これらのことがいま分かっているくらい知られていたら、ここには首都などは置かれなかったかもしれません。

 さて、これらのプレートから予想されるとおり関東地方は歴史時代だけでも多くの地震に見舞われ、多くの被害をこうむってきました。フィリピン海プレートが起こした関東地震はそのひとつです。前に説明した1703年の元禄関東地震も、関東地震と同じく、相模トラフから潜り込んでいるフィリピン海プレートが起こした地震です。

 このようにフィリピン海プレートが起こした地震が江戸や東京をたびたび襲ったほか、太平洋プレートが起こした地震も被害を起こしました。

首都圏に被害を及ぼす地震の震源（断面図）

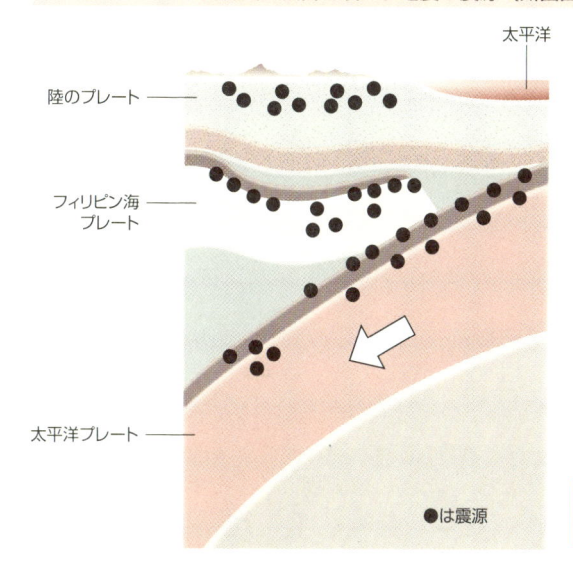

太平洋
陸のプレート
フィリピン海プレート
太平洋プレート
●は震源

3つのプレートが衝突している

6 日本のどこに、どんな地震が起きるのだろうか

■ 江戸・東京、受難の歴史

　東京を襲ったのは、こうした海溝型（プレート境界型）の地震だけではありません。関東地震や安政の地震（安政南海地震と安政東海地震、1854年）のようなプレートが直接起こす巨大地震とはちがって、直下型地震もあるのです。しかもこれらの直下型地震については、どんな震源断層がどう動いて地震をひき起こしたのか、肝腎なことがわかっていない地震が多いのがこの地域の地震の特徴でもあるのです。

　江戸に幕府が置かれて以来、約400年の間、いまの東京は30回近くも震度5や震度6の地震に襲われています。300年あまりのあいだに、これだけたくさん強い地震に見舞われた場所は、日本ではめったにありません。

　この30回のうちには1855年（安政2年）の安政江戸地震や、1894年（明治27年）の明治東京地震がありました。安政江戸地震は、日本での

直下型としては最大の被害を生んだ地震です。1万人以上が犠牲になり、14000軒の家が壊れたり燃えたりしました。直下型ゆえ、被害は直径20キロあまりの範囲だけに集中していました。そこにちょうど江戸の下町があったのが不幸でした。

　推定されているこの地震のマグニチュードは6.9～7.2くらいだと推定されています。阪神淡路大震災のように、このくらいの地震でも都市の直下で起きれば大被害を生むのです。しかし昔のことでもあり、どんな地震の断層がどう滑ってこの地震を起こしたのかは分かっていません。

　また1894年の明治東京地震のマグニチュードは7.0でした。このとき東京・横浜などでは最大震度6相当の揺れに襲われ、31名の死者を含む災害になりました。その震度分布を見ると、2005年に起きた千葉県北西部の地震と同様に、東京湾の奥と西部の湾岸で大きな震度が観測されています。つまり、この明治東京地震は首都圏直下の深い部分で起きたらしいのです。なかでも神田、深川、本所といった下町に被害が多いのが特徴でした。

　当時はわずかの数の地震計しか動いていませんでしたが、その記録から見るとこの地震の震源は直下型地震としてはかなり深かったようです。首都圏の地下に東から潜り込んでいる太平洋プレートと陸のプレートとの間に南から潜り込んでいるフィリピン海プレート内の地震ではないかという説もあります。つまり直下型の地震としては幸い震源が深かったことが地震の大きさにくらべて被害が少なかった理由ではないかと思われています。その意味では不幸中の幸いだったのでしょう。

　このように、首都圏の地下には、さまざまな深さの直下型の地震が起きる可能性があるのです。

首都圏とその近隣を襲った地震

番号	発生日(西暦) (グレゴリオ歴)	地震の規模 (推定マグニチュード)	地震の名称・通称 (カッコは一般的な名前が確定していない地震)
1	818年	7.5以上	(弘仁関東)

こうにん　相模・武蔵・下総・常陸・上野・下野で被害（房総半島を除く関東地方の全域）。山が崩れ谷も埋まり、圧死者は数え切れないほどだった。正史の記事と地震後の詔の内容から、震央は関東の内陸かとも考えられている。

2	878年11月1日	7.4	(元慶関東)

がんぎょう　関東諸国で被害が出た。被害は相模（現神奈川県）・武蔵（現東京都・埼玉県）が最も多く、激しい余震が5〜6日続いた。「公私の屋舎で完全なものは一つもなく、大地が陥没した。往来途絶し、圧死者は数え切れなかった」と記録されている。

3	1241年5月22日	7	(仁治鎌倉)

にんじ　鎌倉で被害が大きかった。由比ヶ浜の大鳥居内の拝殿流出、岸の船十余艘が破損。しかし地震の揺れの被害はわかっていない。『吾妻鏡』の記事は強い南風による高潮のようにも読めるが、地震による津波の可能性もある。

4	1257年10月9日	7〜7.5	(正嘉)

しょうか　鎌倉で被害が大きかった。「神社仏閣で全きものは一宇もなし。山岳崩れ、家屋転倒。築地はすべて破壊」とある。方々で地が裂け水が涌出。裂け目から青い炎が燃え出た所もあった。

5	1293年5月27日	7	(永仁)

えいにん　鎌倉で被害が大きかった。建長寺が転倒し、ほとんど焼失した。他の寺院も、埋没、転倒、焼失など被害を受けた。死者多数。後世の史書には、死者23000人という数字を記すものもある。

6	1433年11月7日	7以上	(永享)

えいきょう　関東各地で被害を生んだ大地震。家屋転倒も死者も多数出た。鎌倉の寺院にも大きな被害が出て、大山の仁王の首が谷に落ち込んだ。当時東京湾に注いでいた利根川の水が逆流したとの記録もある。

7	1605年2月3日	7.9＋7.9（2つ以上の地震の複合）	慶長東海南海

けいちょう　海溝型の東海・南海地震の先祖のひとつ。しかし不思議に京都・大阪では地震を感じたという記録がない。津波は東海、南海、九州沿岸のほか伊豆諸島や外房地域を襲った。「関東でも大地震（大揺れ）」と記した京都の日記もあるが、関東の史料ではまだ揺れの被害は確認できていない。

8	1615年6月26日	$6\frac{1}{4}$〜$6\frac{3}{4}$	(元和江戸)

げんな　江戸を中心に被害が出た。家屋が多数破壊し、地割れを生じた。死傷多数と記した史書もあるが、確実なことは分からない。たまたま大阪(大坂)城陥落の翌月だった。

9	1633年3月1日	7.0	寛永小田原

かんえい　特に小田原の被害が大きく、市内の家屋はほとんど倒壊した。死者150人、あるいは千人とも言われる。小田原城の多門矢倉門塀壁等も全て破壊された。熱海に津波が襲来した可能性がある。震源は神奈川県西部と考えられている。

6　日本のどこに、どんな地震が起きるのだろうか

| 10 | 1647年6月16日 | 6.5 | （正保江戸） |

しょうほう　江戸を襲った大地震。江戸城も破損し、石垣が所々で崩れた。大名屋敷も多く破損し、上野の寛永寺にあった大仏の頭が崩落した。相模川下流の馬入川渡し口が崩れた。余震多数とあるから、震源が浅かったのであろう。

| 11 | 1649年7月30日 | 7.0 | （慶安武蔵） |

けいあん　川越（現埼玉県）の町屋約700軒が大破、田畑に地変を生じた。江戸城も破損、石垣の崩れ、大名屋敷の被害は2年前の1647年の地震の被害を上回るものだった。日光東照宮も破損した。

| 12 | 1677年11月4日 | 8.0 ? | （延宝津波） |

えんぽう　磐城（現在の宮城県南部・福島県東部一帯）から房総半島にかけての太平洋岸と八丈島、青ヶ島（伊豆諸島）を津波が襲った。死者は430人以上。しかし津波の前に地震を感じたと記してあるのは銚子と上総一宮の現千葉県内の記録だけだったので津波地震だったかもしれない。震源は太平洋沖の海底と思われる。

| 13 | 1697年11月25日 | 6.5 | なし |

鎌倉の揺れが強く、鶴岡八幡宮の鳥居が倒れ、民家にも被害が出た。江戸城の壁や石垣などにも所々破損を生じた。

| 14 | 1703年12月31日 | 7.9～8.2 | 元禄関東 |

げんろく　大正関東地震と同じく相模トラフ沿いで起きた海溝型の巨大地震だが、1923年の地震より大きかった。小田原藩領の被害は壊滅的で、地震と火災で死者は2000人を超えたほか、地震・津波・火災を合わせた死者は1万人を超えたという説もある。厚木（現神奈川県）でもほとんどの家が倒壊した。

| 15 | 1782年8月23日 | 7.0 | なし |

大地震は午前1時頃に起きたが、その後も大小の地震頻発した。群発地震のような地震だったのかも知れない。相模（現神奈川県）で震度が強く、小田原城も破損、民家千軒近くが損壊。江戸城と市中でも被害。現静岡県の御殿場、裾野などで人家倒壊多数とある。

| 16 | 1812年12月7日 | 6 | なし |

相模（現神奈川県）東部と武蔵（現東京都・埼玉県）南部、とくに保土ヶ谷・神奈川・川崎・品川辺の被害が大きかった。最戸村（現横浜市港北区）で農家20軒と寺3軒大破。江戸市中、岩槻（現埼玉県）、木更津（現千葉県）など所々で小被害。

| 17 | 1853年3月11日 | 6.7 | 嘉永小田原 |

かえい　小田原の被害が大きく、城も天守はじめ所々大破。市中では、竹花町・須藤町などほぼ全潰した町も多い。藩領の農家824軒が全潰、1405軒が半潰した。震源は神奈川県西部と思われる。

| 18 | 1854年12月23日 | 8.4 | 安政東海 |

あんせい　南海トラフ沿いの海溝型の巨大地震。翌日にすぐ西隣の震源領域で「安政南海地震」が発生した。歴代の東海地震の中では関東南部の震度は最大級だった。江戸でも地盤の悪いところでは家屋が倒壊し、死傷者が出たところもあった。とくに大名屋敷で被害や死傷者が目立った。それは老中若年寄などの幕閣要人や、権威の高い大名が居住していた西の丸下や大名小路（今の八重洲から皇居外苑あたり）は中世までは海で、地盤が悪くて、大地震のたびに被害が出るところだったからだ。

| 19 | 1855年11月11日 | 6.9 (7.1～7.2か) | 安政江戸 |

以前はM6.9とされてきたが、近年の地震史料収集の進展でM7.1～7.2ではないかと考えられるようになった。冬の夜10時頃発生したので火災の被害も大きく、地震による江戸の被害としては最大になった。死者は7000～10000人と推定されるが、町の住民については町役人の公式報告以外の数字は不確実だし、各藩にとって極秘事項だった武士の正確な死傷者数も分かっていない。そもそも武家人口そのものが秘密であった。また、被差別部落、諸国からの出稼ぎ、流入窮民の被害も明らかになっていない。

| 20 | 1894年6月20日 | 7.0 | （明治東京） |

東京湾北部に震源があった地震。増えてきていた煉瓦積みなどの洋風建築が地震に弱いことが証明された。1891年の濃尾地震を受けて1892年に設立されていた震災予防調査会により詳細に調査された。東京の死者24人、横浜・川崎で7人。

| 21 | 1895年1月18日 | 7.2（7弱か？） | （明治霞ヶ浦） |

震央は霞ヶ浦付近（茨城県南東部）。被害範囲は非常に広く、茨城・東京・埼玉・千葉・神奈川から福島・栃木・群馬の一部にまで及んだ。死者9人、全潰家屋47。被害の拡がりが大きいことから見て、やや深い地震だろう。

| 22 | 1923年9月1日 | 7.9 | 大正関東 |

相模湾・神奈川県・千葉県南部を震源域とする海溝型（プレート境界型）の巨大地震。死者行方不明　142,807人は日本の地震史上空前になってしまった。これは地震後燃え広がった火災による死者が多かったためだ。

| 23 | 1930年11月26日 | 7.3 | 北伊豆 |

この年　2～5月に「伊東群発地震」が起こっていた。11月に入って前震が発生し、本震に至った。本震後の余震も多かった。山崩れ・がけ崩れが多く、死者272人、全潰家屋2165に達した。掘削中の東海道線の丹那トンネルが2メートルも横ズレを起こしたのでトンネルを修正した。

| 24 | 1931年9月21日 | 6.9 | 西埼玉 |

震央は埼玉県北西部の山地と平野の境界部だが、被害はむしろ地盤の軟弱な荒川・利根川沿いの平野部で多かった。死者は埼玉県で11人、群馬県で5人だった。

6 日本のどこに、どんな地震が起きるのだろうか

6/19 古文書に見る地震の歴史

近代的な方法による観測が始まる前に起こった地震を知る手掛かりは、当時、記録されたさまざまな文書にあります。

■ 古文書が証人

　日本では、地震計を使った地震観測が始まったのは明治時代の1885年です。それまでは機械による観測は行われておらず、それゆえ地震計の記録もありませんでした。

　このため、もっと昔の地震について知るために昔の記録や日記を読んで何百年も昔の地震の歴史を調べる調査があります。日本だと寺や役場が残している文書を読むことが多いのです。寺の過去帳のように、いつ誰がどんな原因でなくなったかを記録している古文書は過去の地震や津波の貴重な記録なのです。それゆえ、かび臭い蔵にこもって古い文書を1頁ずつ繰っているという地震学者がいるのです。

　プレートは同じように押して来ているわけですから、同じような地震が、昔から、繰り返して起こり続けていたはずです。どんな大きさの地震がどこで起きてどんな被害を出したかといった昔の地震の繰り返しの歴史を知って、これから起きる地震の予知にも役立てようとしているのです。教訓は歴史の中にあるはずなのです。これら歴史に書かれている地震のことを歴史地震といいます。

　ところが、この調査にはいろいろな問題があります。まず、歴史の資料の質や量が時代や地域によってまちまちなので、全国で均質な調査とはとてもいかないことです。

　古くから都のあった近畿地方では歴史の資料が豊富で、数多くの地震が記録されています。

　一方、歴史の資料が少ない地方では、知られている地震の数が少ないことがよくあります。しかし記録に残っている地震が少ないということは、その地方で発生した地震が少ないということではない可能性がある

のです。また北海道では、わずか200年前の地震の記録はもうありません。これは文字を持たない先住民族が文字記録を残してこなかったからです。

もうひとつの問題があります。歴史の資料から得られた地震の震源の場所や震源域（震源断層の拡がり）、それにマグニチュードといった、起きた地震についての正確なデータが得られないことが多いのです。これら地震についてのデータは被害や津波の状況から推定されます。マグニチュードは被害が及んだ範囲から推定されます。しかし報告が均質でない以上、あてにならない結果になってしまうことが多いからです。

■ 真偽が疑わしい文書

このほか、地震の被害の報告が政治的な判断でゆがめられた例も多く知られています。大きな被害をそのまま報告することが藩の弱みを見せることになるために隠したり、逆に、援助をたくさん得るために被害を水増ししたりした例もありました。

瓦版といわれる大衆向けの昔の新聞も、地震学の眼で読み直されています。しかしこれらは、たとえば大阪の夕刊紙のように、あることないことを針小棒大に面白おかしく書いているものも多いので信憑性が疑わしいものも多いのが問題です。安政の江戸大地震（1855年）の後わずか3日間で、380種もの木版の絵と文で地震について描いた鯰絵（なまずえ）が発行されました。この地震は江戸を襲った直下型地震で、一説には1万人以上が犠牲になった大地震でした。

しかしそれにしても380種とはたいへんな量です。大衆が欲しがる迅速でセンセーショナルなニュースが商売になるのは今も昔も変わらないのでしょう。

いずれにせよ、地震計の記録とちがって人が残した記録は、よく言えば人間味が溢れるものですし、悪くいえば政治的だったり扇動的だったりする可能性があるのです。

文書に記録された地震

▼安政地震鯰絵

▼1741年渡島大島の津波の被害者の過去帳（北海道・江差にある法華寺で）

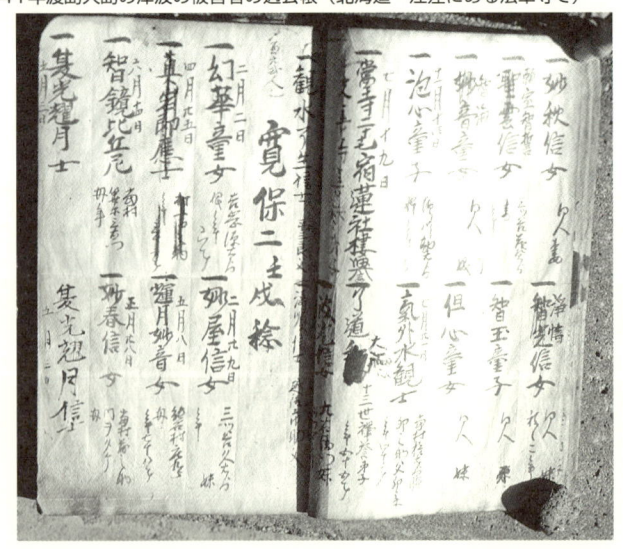

（撮影　島村英紀）

6 日本のどこに、どんな地震が起きるのだろうか

先史時代の地震の痕跡

　人間の営みは地球のスケールよりもはるかに短いものです。中国やイランでは3000年前の地震までたどれても、日本では本州でも千年も前までたどれれば長いほうです。しかしこれでは、ときには数千年に一度の地震の歴史を知るにはあまりに短いのです。

　このため考古学的な手法も使われています。先史時代の人類の生活の遺跡に残った地震の跡を調べるのです。たとえば遺跡が地震で出来た断層に断ち切られていれば、地震はその遺跡で人々が暮らしていたよりも後に起こったことなのです。こうしていくつかの遺跡を調べれば昔の地震の年代が知られることになります。

　もっと前も知りたいときは苔を使うこともあります。苔の仲間の成長は遅いのです。ときには何万年もかかって成長するものもあります。苔がようやく成長したときに地震が起きると、苔は断ち切られたり埋まったりしますが、またゆっくりと成長を始めます。ですから、苔の層の重なりや成長を調べれば昔の地震の歴史が分かるというわけなのです。これで考古学より、もう少し前までの地震の歴史がたどれることになりました。

　論争の多い日本の国歌ですが、作詞者もまさか苔が地震国日本の地震研究に使われるとは想像もしなかったにちがいありません。

6/20 活断層とは何だろうか

地震の原因としてよく聞くのが「活断層」という言葉でしょう。活断層と地震の関係を見ていきます。

■ 活断層と断層震源

もし内陸で起きる地震も繰り返しているのならば、陸上に見えている震源断層を掘り下げてみると、地震で食い違った地層のズレが見つかることがあります。そしてそのそれぞれの地層から時代が分かる「地質学的な時計」が読み取れれば、地震の繰り返しの歴史がわかることがあるのです。これが活断層調査です。地質学的な時計には、噴火した歴史が分かっている火山からの火山灰や、地層に含まれている木片のなかにある炭素の同位体などが使われています。

地震は地下で「震源断層」というものが起こします。しかし、震源断層は活断層と同じものではありません。「活断層」とは、過去に地震を繰り返し起こした震源断層の一部が、たまたま浅くて地表に見えているもののことをいいます。ですから、震源断層がちょっとでも深ければ活断層として見ることは出来ません。また、ときには震源断層は浅くても、日本のほとんどの都市部のようにその上に柔らかい泥や火山灰をかぶっていれば、やはり活断層としては見ることが出来ないのです。

つまり、活断層が「見えない」ところには活断層は「ない」ことになってしまうのです。たとえば関東地方も、首都圏が載っている平地では「活断層がない」ことになっています。しかし首都圏は、過去たびたび直下型地震に襲われました。たとえば安政江戸地震（1855年）は江戸川の河口付近を震源として発生したらしいのですが、この辺は基盤岩の上に柔らかい堆積層が3000から4000メートルも載っているところですから、もちろんなんの活断層も「ない」ところなのです。

それゆえ、活断層が「ない」ところでも内陸直下型の大地震は起きるのです。阪神淡路大震災で活断層が脚光を浴びて以来、政府の地震調査

研究推進本部は地震予知の看板を下ろし、活断層の調査に力を入れています。しかし活断層だけを調べて注意していれば、日本に起きる将来の地震に備えることが出来るものではない、という肝心なことは広報していません。

じつは、阪神淡路大震災を起こした兵庫県南部地震の場合は、淡路島の一部だけは活断層が見られたのですが、よく調べたら震源のほとんどでは活断層は見えなかったのです。地震直後の報道で神戸側に活断層があったというのは間違いだったのです。

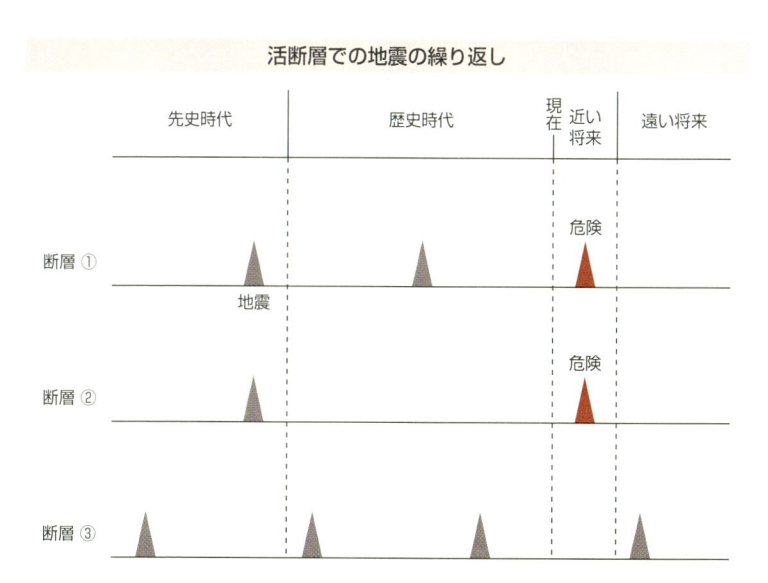

活断層での地震の繰り返し

	先史時代	歴史時代	現在	近い将来	遠い将来
断層①	地震	地震		危険	
断層②	地震			危険	
断層③	地震	地震	地震		地震

断層の次の活動時期は、いままでの地震の間隔から予測する。①と②の場合は、地震の間隔は違うが、いずれも近い将来に起きる可能性がある。③は当分起きないと予想される（松田時彦による）。

6 日本のどこに、どんな地震が起きるのだろうか

■ 活断層を調べれば内陸直下型地震がわかるのだろうか

　活断層の研究でも、日本の内陸のどこに、そしていつごろ次の地震が起きるか、といった地震予知はまだとても出来るレベルではありません。内陸の地震はゲリラのように日本のあちこちに出没しています。政府が活断層調査に力を入れだした阪神淡路大震災以後に日本で起きた直下型地震（2000年の鳥取県西部地震、2004年の新潟中越地震、2005年の福岡県西方沖地震、2005年の首都圏直下地震）は、いずれも活断層ではないところで起きてしまいました。

　日本には2000を超える数の活断層があることがすでに分かっています。この多数の活断層を全部調べるのは大変時間も費用もかかるので、不可能だと思われています。このため政府の地震調査研究推進本部では、都市部に近くて、地震が起きたときの影響が大きいと予想される98カ所の活断層を選んで重点的に調べています。

　しかしこの98カ所の調査が終わっても、あるいはたとえ2000カ所全部の調査が終わったとしても、将来の大地震がこれら活断層に起きるとは限らないのです。

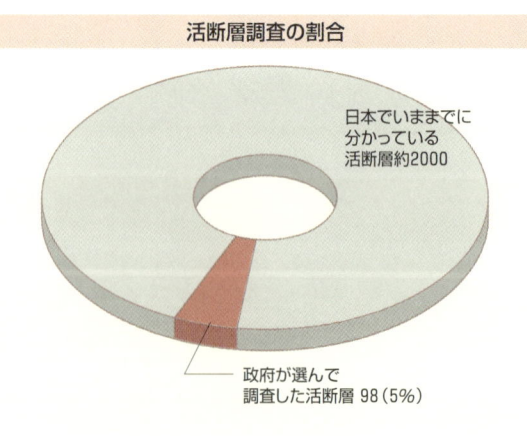

活断層調査の割合

日本でいままでに分かっている活断層約2000

政府が選んで調査した活断層 98（5%）

■活断層は掘り下げて調べる

　活断層を調べる手法は、航空写真と実地踏査、それにトレンチ法です。まず、航空写真によって活断層らしい地形を見つけます。過去の地震の繰り返しによって川筋や山筋が食い違っていることがあり、この食い違いから活断層らしい地形を見つけます。

　しかしこれだけでは十分ではありません。現地に行って地形や地質を調べ、さらに活断層らしいものを掘り下げて調べることによって、はじめて活断層だと断定出来るのです。こうしてくわしく調べてみると、かつては活断層地形だと思われていた富山市内を走っている呉羽山断層のように、じつは活断層は2キロも別のところにあったこともあります。

　地面を掘り下げて調べる方法をトレンチ法といいます。トレンチとは軍隊が掘る細長い塹壕（ざんごう）のことです。断層に沿って細長い矩形の穴を掘り下げるので、こういわれます。もともとは米国で始まった手法です。こうして、地震で食い違った当時の土地の表面の上に、その後の堆積物や火山灰が次々に載っていった歴史を断層を掘り下げて断面を見ることで調べます。先代の地震だけではなくて、先々代以前の何回もの地震の繰り返しが分かることもあります。

　ところで直下型地震は日本の近くの海底で起きることもあります。たとえば2005年に起きて福岡市の沖にある玄海島に大被害をもたらした福岡県西方沖地震は、海溝型の地震ではなく、海底下に震源がある直下型地震でした。ところが、仮に海底に活断層があったとしても、陸上の活断層のように精密に調べることは不可能です。現在行われているのは音波探査による海底地形の調査だけで、解像力も悪く、しかも海底より下のことは分かりません。掘ってみることも不可能です。つまり海底の活断層調査は、ほぼお手上げなのです。

6-21 活断層と地震予知

活断層で起きる地震のような直下型地震は、海溝型地震と違って繰り返しの間隔がずっと長いのです。

■ 繰り返しの予測が曖昧

　繰り返しの間隔はごく短いものでも数百年、長いものでは10万年以上というものもよくあります。活断層を掘って調べてみて、過去何回かの地震の繰り返しが分かり、さらにいちばん最近の地震がいつ起きていたかが分かれば次の地震の「予知」が出来そうに思えます。

　しかしことはそう簡単ではないのです。まず最初の問題は、この活断層の地震予測は次に地震が来るまでの時間の予測があまりにも曖昧なことです。仮に、1000年に1度ずつ大地震を起こす活断層があったとしましょう。1000年に1度とは、活断層の中でももっとも間隔が短い、つまり活断層の活動度が高くて地震危険度が高い活断層です。

　そこで活断層調査をしてみて、その活断層では前の地震から990年経っていることが分かったとしましょう。しかし次の地震が算数の引き算のように1000年引く990年で10年、というわけではないのです。それは、地震エネルギーが秤で計ったように正確に溜まっていくものではありませんし、一方「我慢の限界」のほうも、いろいろな要素があって決して一定ではないからなのです。つまり次の地震は来年起きるかも知れませんし、あるいは80年先に起きるかも知れないのです。これでは地震予知としてはあまりに曖昧にすぎるでしょう。次の地震に備えようもありません。

　これが、もっと活動度が低い活断層、たとえば10万年に一度ずつ大地震を起こしている活断層だともっと曖昧さが大きくなります。次に起きるかも知れない時期が、1000年単位で曖昧になってしまうのです。つまり次の地震が5年先なのか7000年先なのか分からないことになります。困ったことには「活断層として」の活動度が低いからといって起きる地

震が小さいというわけではないことなのです。たまに起きる地震が大地震ということも珍しくないのです。

■ 活断層調査の問題点

　活断層による将来の地震の予測の第2の問題は、もっと深刻なものです。分かっているだけでも2000もある活断層のうち、「都市部に近く、地震が起きたときの影響が大きいと予想される」活断層を選んだと政府は言っています。しかし、そもそもこの選定がどの学者にも疑いがない選定かどうかは議論の余地がありますし、「都市部に近く」なくても「地震が起きたときの影響が大きいと予想される」場所は数多くあるからです。たとえば、原子力発電所付近や新幹線の通過場所などは重点的に調べる活断層とは考えられていません。

活断層による次の地震の予想の曖昧さ

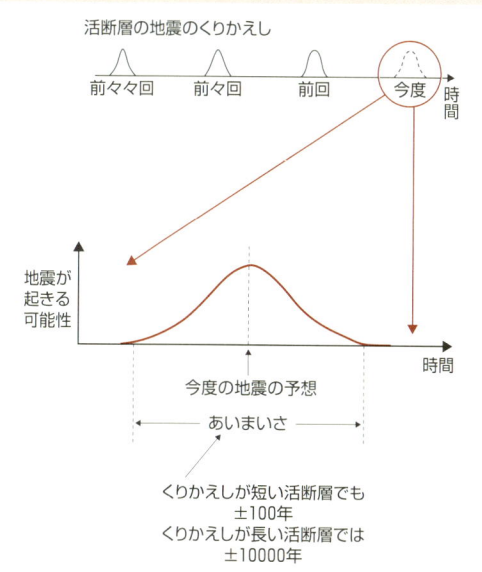

活断層の地震のくりかえし

前々々回　前々回　前回　今度　時間

地震が起きる可能性

今度の地震の予想

あいまいさ

くりかえしが短い活断層でも
±100年
くりかえしが長い活断層では
±10000年

地震確率にどう対応したらいいか

　阪神淡路大震災で地震予知が無力なことが分かったとき、政府の地震調査研究推進本部は地震予知の看板をいち早く下ろし、活断層の調査と地震の確率発表を地震活動の柱に据えました。地震の確率発表とは、今後発生する可能性がある日本各地の地震の確率を数字で発表することです。しかしこの確率は曖昧なものですから、自治体も個人も対応しようのない数字だという批判があります。

　たとえば琵琶湖の西岸に沿って走る「琵琶湖西岸断層」という活断層があります。政府はこの活断層での地震発生確率を30年以内に0.09％から9％、50年以内には0.2％から20％と発表しています。

　この活断層の長さは59キロあるとされています。活断層は長いほど大きな地震を起こすことになっていますから、この長さだとマグニチュード7.8の大地震を起こすとされています。もしこの地震が起きれば京都市内でも大被害が出るかもしれません。

　しかしこの政府の発表結果を、いったいどう評価してほしいというのでしょう。まず、いちばん近い未来までの予測でも30年以内というのは予測期間としては長すぎます。また、地震が起きる確率が0.09％から9％という低い数字を示されても、一般の人も地元の自治体も困るだけではないでしょうか。

　0.09％ならば、誰がどのくらい備えをすればいいのでしょうか。では9％ならどうなのでしょう。家を建てるときには高い金を払ってでも特別に強い家にすべきなのでしょうか。むしろ転居してほかに住むべきなのでしょうか。こういった具体的な疑問に対して、政府の推進本部が明確な答えを持ったうえで確率の数字を発表しているとは、私にはとうてい思えません。30年以内に0.09％から9％といっても、ともに確率としてはごく低いものです。しかし、百倍も違う数字です。明日雨が降る確率が1％から100％というのでは天気予報をやる意味はありません。つまり百倍も数字が違うということは、元になったデータも、それを評価した方式にも、大変な曖昧さ、悪く言えばいい加減さ、があることを示しているのです。

　この琵琶湖西岸断層では今後300年間に地震が起きる確率は2％から60％と発表されています。日本語の常識的な言葉遣いからいえば、これは300年たっても、起きるか起きないか、どちらとも言えないということなのではないでしょうか。

第7章

時代とともに新しい地震被害が生まれる

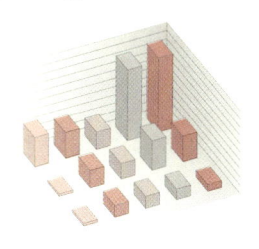

　地震は有史以前から繰り返してきています。しかし文明の発達とともに、地震の被害は増えてきています。次の地震が来たときに地震への備えが地震に追いついていたのかどうか、私たちの知恵が試されているのです。

7-1 地震の被害は「進化」する

東京近辺を襲った大地震としては名高いものに、元禄地震、安政江戸地震や関東地震などがあります。

■人口と被害との関係

過去に東京近辺を襲った大地震には元禄地震（1703年）、安政江戸地震（1855年）や関東地震（1923年）があります。地震のメカニズムは違うのですが、どれも当時の大都会だった江戸を襲った大地震でした。この3つの地震の被害を比べると際だった特徴があります。後に起きた地震ほど被害が大きくなっていることです。関東地震は関東大震災を引き起こし、14万人を超える人命が失われました。

関東地震の200年ほど前に発生した元禄地震の東京（江戸）での揺れは、関東地震よりもやや大きかったと考えられています。しかし死者の数も、壊れたり焼けたりした家の数も、関東地震の20分の1にしかすぎなかったのです。当時の江戸の人口は、関東地震のときの東京の人口の約半分でした。人口が増えると被害はその割合以上に増えます。ここに都市が地震に弱いという問題点があるのです。

■地震のたびに新しい被害

昔の地震だけではなくて、近年起きた地震でも、その地震のときまでは経験されたことがない地震被害が出たことがよくあります。たとえば1964年の新潟地震のときは、はじめて地震で石油タンクが燃えて15日間も消えませんでした。また液状化現象で河原に建っていた鉄筋コンクリート5階建ての県営アパートが仰向けに倒れてしまいました。

宮城県沖地震（1978年）はそれまで日本では経験されたことがなかった都市型の被害を仙台市とその周辺で生みました。じつはこの地震と瓜

二つの地震が40年余り前の1936年に起きていました。震源もほぼ同じ、マグニチュードもほとんど同じで7.5でした。この地震による被害は、宮城県で負傷者は4名、住宅の半壊が2でした。しかし1978年の地震では、死者28、負傷者1300以上、住家の全壊は約1200にも及んでしまったのです。この壊れた住宅の99%までが、昔は人が住むのを避けていた軟弱な土地や、斜面を切り開いたり盛り土をした宅地造成地に建っていた家だったのです。埋め立て地やこういった柔らかい泥の地盤は、その地下にある基盤の揺れを何倍にもしてしまうことがあります。

2003年9月に起きた2003年十勝沖地震では、苫小牧市にある大型石油タンクが燃え続けました。その原因は「長周期表面波」によるスロッシング(液体の共鳴)で、タンクの蓋が破損したためだと考えられています。

このように地震のたびに、いままでにない新しい種類の被害が出てきているのです。地震の被害も文明とともに「進化」してきているのです。

7 時代とともに新しい地震被害が生まれる

2003年十勝沖地震で燃え尽きた巨大な石油タンク

(撮影　島村英紀)

中央左、4つあったタンクのひとつが燃え尽きて土台だけになった。すぐ後の自動車と比べると、直径42mもあるタンクの巨大さが分かる。

72 日本史上最大の被害を生んだ関東地震

9月1日の「防災の日」は、1923年のこの日に起こった関東大震災の被害を後世に伝えるために制定されました。

■ 大地震が人口密集地を襲うと

　関東地震は、死者行方不明あわせて14万人という、日本の歴史で最大の被害を生んだ地震でした。世界の地震史上でも有数の被害でした。この地震は海溝型の大地震で、相模湾の海底を走る相模トラフから関東地方の下へ斜めに潜り込んでいくフィリピン海プレートと日本列島の西南部が載っているユーラシアプレートの衝突で起きた地震です。震源断層は相模トラフに沿っての長さが90キロ、フィリピン海プレートが潜り込んでいく方向に50キロ、面積にして5000平方キロほどのものでした。震源断層の面積は東京都と神奈川県を合わせたほどのものです。地震のときの震源断層の動きは約5メートルほどだったと思われています。マグニチュードは7.9でした。

　海溝型の大地震とはいっても、次の図に見られるように震源断層は陸地の下にまで延びていました。つまり地震としては海溝型でも、起きた場所からいえば直下型地震の性質も持つ地震だったのです。その意味では怖れられている東海地震も同じです。

　地震の大きさそのものは近年の3回の十勝沖地震（1952年、1968年、2003年）や、東南海地震（1944年）、それに南海地震（1946年）よりもやや小さ目の関東地震ですが、ではなぜ日本の歴史で最大の被害を生んでしまったのでしょう。

　最大の原因はこの地震が人口稠密地帯を襲ったからなのです。当時すでに東京は日本随一の大都会でした。とはいっても当時の東京の人口は220万人で、現在の6分の1、東京都を超えていまや一連の家続きになっ

てしまった現在の首都圏の人口密集圏の人口の15分の1にしかすぎませんでした。

じつは、地震そのものによる死者は死者全体の10分の1もいなかったのです。震源に近くて揺れも大きかった神奈川県でも死者は多かったのですが、たとえば当時の東京府の全体では地震による死者は1800人あまりだと言われています。もちろん、これだけでも大被害です。しかし死者や行方不明者のほとんどは地震よりもあとで亡くなったのです。地震のあと何日日にもわたって燃えつづけ、住宅地をなめ尽くした火事による被災のためでした。

地震が起きたのは残暑で暑く、よく晴れた日の正午少し前でした。夏とはいえ、昼の食事の準備に火を使っていた家は多かったはずです。このため東京だけでも120件以上の火事が発生しました。もし暖房を使っている冬だったら発生した火事はもっとずっと多かったでしょう。

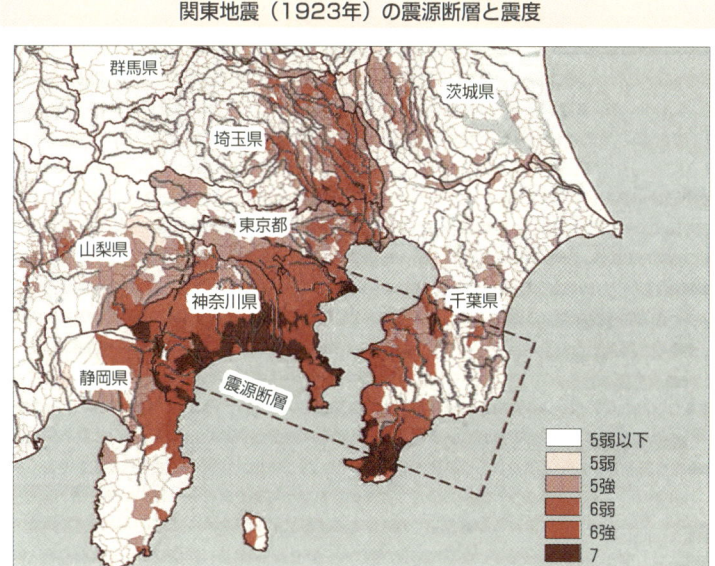

関東地震（1923年）の震源断層と震度

	5弱以下
	5弱
	5強
	6弱
	6強
	7

7 時代とともに新しい地震被害が生まれる

73 関東大震災の被害を拡げた「火災旋風」

関東地震によって起きた火災は、当時の消防能力を超えていました。このため火は東京の中心部を燃え尽くしました。

■ 恐ろしい火災旋風

大きな火事が起きると、空気が熱せられて軽くなり高く上がっていきます。するとまわりから空気が吹きこん出来て風が強くなり、火の勢いはさらに増すのです。これを火災旋風（かさいせんぷう）といいます。火事が火事を呼ぶ恐ろしい現象です。関東地震のときにはこれが起きましたし、ドイツの大都市ハンブルグでも1943年に起きたことがあります。第二次世界大戦の末期に英国など連合軍の空襲（空爆）で起きた火事から火災旋風が発生して4万人以上の死者を生み、日本と違ってほとんどが石造りの家なのに、4万戸以上の家が完全に消失したほどの大火災になってしまいました。

関東地震では、火事が近づくと人々は争って家財道具を家から持ちだして、大八車（木製の荷車）などで逃げようとしました。ところがその車が道をふさいで消防活動を邪魔したばかりでなく、車に積んだ家財に火が移り、その火が橋渡しになって火は道を越えてどんどん燃え広がっていったのです。とくに悲惨だったのは、逃げ場になる空き地が少ない東京の下町の人たちでした。いまの東京都墨田区にあった被服廠（ひふくしょう）の跡地では4万人もの人たちが火に追われて集まってきましたが、猛火はここも襲って33000人もの人たちが焼け死ぬことになったのです。

この地震の悲劇は他にもありました。デマです。人々は正確な情報を知らされないまま、口伝えのデマにおびえ、パニックにおちいりました。デマのなかには「富士山が噴火した」とか、またいつの地震のときにもあるデマですが「もっと大きい地震が来る」といったものがありました。

しかしもっと悪質なデマも流されました。しかも警察官などを使って、かなり意識的に流された形跡があります。「朝鮮人や社会主義者が暴動を起こそうとしている」とか「井戸に毒を入れてまわっている」といったデマが流され、このため朝鮮人や中国人や社会主義者など多くの無実の人たちが殺されました。パニックにおびえた一般の人々も手を下しましたが、もっと重大だったのは、殺された人の多くは警察や軍隊のなかで一般の人が知らないところで殺されてしまったことでした。デマを利用した権力の犯罪でもありました。

このように関東地震は、地震の揺れによる直接の被害よりも地震によって起こされた火事などの二次的な災害のほうがずっと大きい被害を生むことが、日本ではじめて分かったのです。

7 時代とともに新しい地震被害が生まれる

東京での火災が拡大していくようす

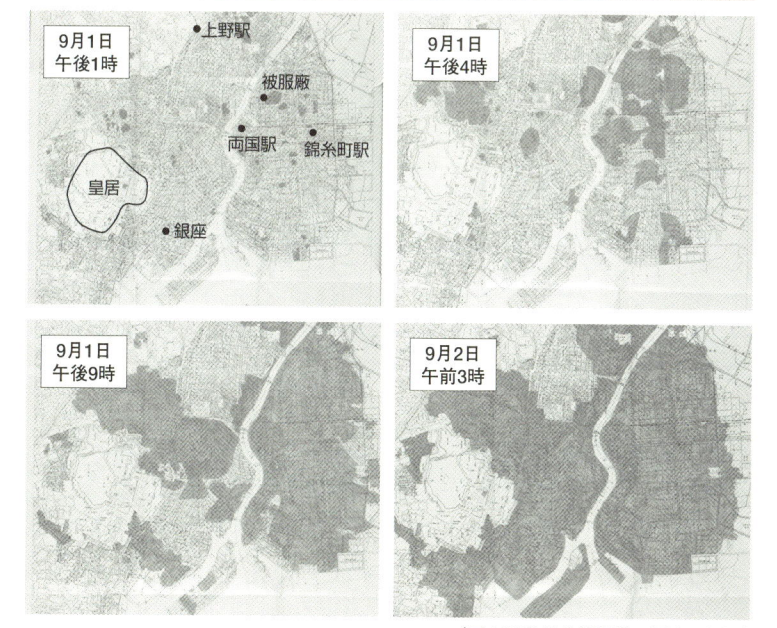

9月1日 午後1時 ／ 上野駅・被服廠・両国駅・錦糸町駅・皇居・銀座

9月1日 午後4時

9月1日 午後9時

9月2日 午前3時

（国立科学博物館提供の写真に加筆）

74 15年に一度は大地震に襲われる

地震学者にとって、震度がとくに大きかったとして記憶されている有名な地震が福井地震です。

■ 天災は忘れる間もなくやってくる

　福井地震では約4000人の死者が出てしまいました。この福井地震は、大被害を生んだ直下型地震としては、阪神淡路大震災を起こした兵庫県南部地震の一回前に起きたものでした。阪神淡路大震災（1995年）が起きたとき、福井地震からすでに半世紀近くがたっていました。そして、阪神淡路大震災の前には、防災関係者や建築の関係者にはかなりの楽観論が支配していたのです。それは、日本の家や土木構造物は十分地震に強くなっているし、その他の防災対策も進んで来ているから、もう福井地震のような甚大な被害は起きないのではないかという楽観論でした。

　一方で多くの地震学者は、マグニチュード7クラスの地震は日本のどこでも直下型として起きる可能性があると指摘していました。しかし当時でも今でも、地震学のレベルは、次に日本のどこを地震が襲うのかを知るべくもなかったのです。そして阪神淡路大震災が起きて、楽観論はうち砕かれてしまったのでした。

　防災関係者が油断したのは、他の自然災害、たとえば地震と並んで死者が多い双璧だった台風による死者が激減していたせいだったかもしれません。第二次世界大戦後だけでも、洞爺丸台風（1954年、死者行方不明者1800名）や伊勢湾台風（1959年、死者行方不明者は5100名）など台風による大被害が相次ぎました。ところが1980年代以降は、台風による死者は百名以下と激減していたのです。しかし地震は台風とは違ったのでした。

　ところで、福井地震以来、兵庫県南部地震までなぜ半世紀も大被害を

生んだ地震がなかったのかは、私たち地震学者にとっても分からないことなのです。死者の数が千人を超える大被害を生んだ地震が半世紀もなかったということは、日本では過去500年の間にもう1回しかなかったほど珍しいことだったからです。その1回だけの例は三陸や北海道に大被害を生んだ慶長の大地震（1611年、推定マグニチュード8.1、津波の被害が大きかった）のあと、越後（いまの新潟県）を襲った高田地震（1666年、推定マグニチュード6.8、積雪が5メートルもあったときに地震が起きた）までの55年間でした。

つまり、日本が死者が1000人を超す地震に襲われたのは、福井地震までの450年間に30回もあったのです。平均すると15年に一度あった勘定になります。天災は忘れたことに来ると言われていますが、じつはそれよりもずっと短い期間で日本は大地震に襲われ続けてきたのです。

だから阪神淡路大震災まで50年間近くも続いた平和は、なんとも異例のことというべきだったのです。脅かすわけではありませんが、阪神淡路大震災から10年たちました。平均間隔の15年から見れば、次が起こっても不思議ではありません。

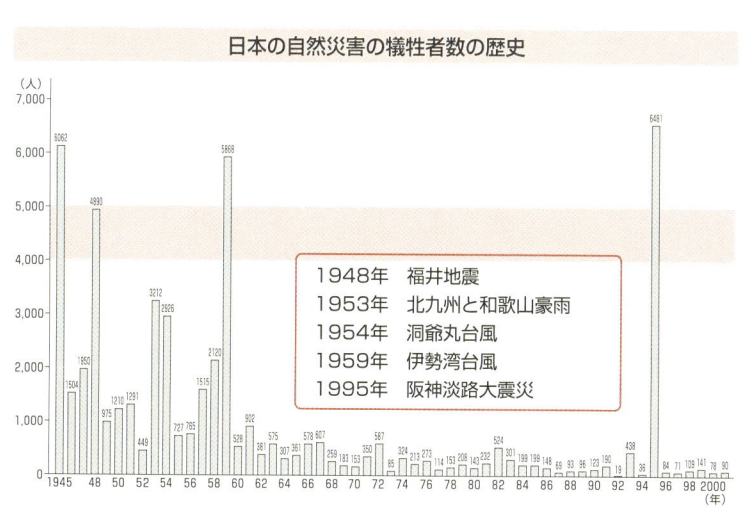

7 時代とともに新しい地震被害が生まれる

日本の自然災害の犠牲者数の歴史

1948年　福井地震
1953年　北九州と和歌山豪雨
1954年　洞爺丸台風
1959年　伊勢湾台風
1995年　阪神淡路大震災

出典：内閣府

75 阪神淡路大震災の被害は1/5で済んだ？

神戸大学の構内には、阪神淡路大震災で犠牲になった同大学の学生の慰霊碑が建っています。

■ 神戸大生が亡くなった理由

　神戸市や瀬戸内海を見下ろす高台にある神戸大学構内の慰霊碑には39名の名前が刻まれていて、なかには外国人留学生の名前も見えます。阪神淡路大震災（1995年）の死者は全体では6400人を超えてしまいました。また40万戸もの家が倒壊したり損傷しましたから、家や職を失うなどして被災した人数ははるかに多い大災害でした。

　この地震が起きたのは1月17日の午前5時46分でした。地震には十分強く作られているとのお墨付きがあった新幹線のレールを支えていた橋桁が8カ所も落ちてしまいました。新幹線が朝6時に走り出す直前でしたから、橋桁が落ちたための大事故が起きなかったのは運が良かったとしか言いようがありません。もしこの地震が昼間に起きていたとしたら、新幹線や高速道路では重大な事故が起きていたに違いありません。しかし一方で神戸大学の学生たちは死なずにすんだかもしれません。というのは、神戸大学には倒壊した建物はひとつもなかったからです。

　この39名の学生のうち37名は下宿が潰れたために亡くなりました。神戸大学の学生に特別に自宅生が少ないわけではありません。自宅から通っていた学生に比べて、下宿生のほうがはるかに死者の割合が多かったのです。気の毒なことに、この下宿生たちは自宅生たちよりも、また神戸大学よりも弱い建物に暮らしていたのでした。

　神戸大学の学生に限らず、亡くなった方々の医師による遺体検案では、死者のほとんどが地震後10分間以内の圧死でした。つまり、いったん大地震が起きて家が潰れてしまったら、国際救助隊が来ようが自衛隊

が来ようが、救える人命はごく限られてしまうのです。

■ 古い家やビルほど倒壊率が高かった

　建設省（いまの国土交通省）建築研究所の調査では、古い家やビルほど倒壊率が高かったことが分かりました。しかも1981年以前に建てられた建物にとくに大きく、1972年から1982年までの建物がそれに次ぎました。古い家がシロアリの被害などで老朽化していたということもありますが、主な理由は、建築基準法や耐震設計法が1971年と1982年に段階的に強化されてきたためです。

　もし、学生下宿のような老朽化した木造家屋がもっと新しい家に建て替えられていたり耐震の補強がされていたら、阪神淡路大震災の死者は5分の1以下になったという試算もあります。つまり阪神淡路大震災では、古い家に住み続けなければならなかった人々が選択的に犠牲になったのです。

阪神淡路大震災による神戸市内の建築年別被害

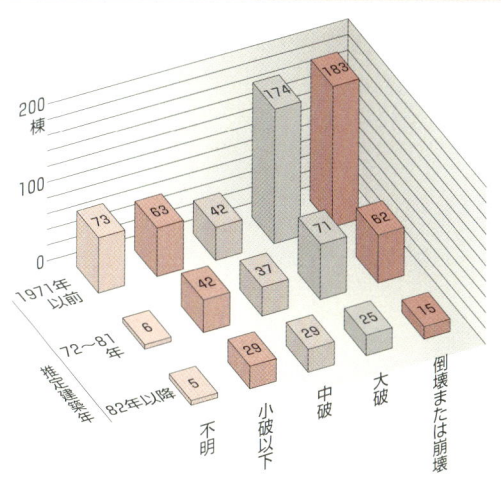

推定建築年 \ 被害	不明	小破以下	中破	大破	倒壊または崩壊
1971年以前	73	63	42	174	183
72～81年	6	42	37	71	82
82年以降	5	29	29	25	15

（建設省建築研究所まとめ）

76 地震の大きさと被害は比例しない

近年の日本では、空前の大被害を生んでしまった兵庫県南部地震のマグニチュードは7.3でした。

■揺れでは兵庫県南部地震を超える

　兵庫県南部地震は、2003年十勝沖地震のエネルギーのたった10分の1のエネルギーでしかありません。つまり兵庫県南部地震は日本にとってはそれほど珍しい大地震ではなかったのです。日本の内陸や陸のすぐ近くの海底でこのくらいの大きさの地震が起きたことはよくありましたし、これからも起きる可能性があります。このクラスの地震は平均すれば日本では1年か1年半に一度ずつ起きている地震なのです。阪神淡路大震災の不幸は、日本にとっていわばありふれた地震が直下型として起きて、もっとも地震に弱いところを襲ってしまったことなのです。

　鳥取県西部地震と比べてみましょう。実際にこの地震で被害に遭われた方々や関係者にはお気の毒なのですが、阪神淡路大震災の5年後に起きた鳥取県西部地震（2000年、マグニチュード7.3）は兵庫県南部地震と同じ大きさの地震で、同じような直下型だったのに幸い死者はなく、負傷者約140人（うち重傷は31人）、住宅の全壊は395戸と、阪神淡路大震災とくらべてはるかに少ない被害でした。

　一方、1993年に起きた釧路沖地震（マグニチュード7.8）では、釧路の気象台で記録した加速度（地震の揺れ）は兵庫県南部地震のときの神戸の気象台が記録した加速度よりも大きいものでした。つまり揺れとしては阪神淡路大震災よりも大きかったのです。

　しかし釧路沖地震では、人口20万の市全体で建物の全壊は6軒にしかすぎませんでした。北海道には重い瓦の屋根がほとんどなく、軽いトタンの屋根がほとんどです。また深い雪が積もってもつぶれないように、

うに神奈川県沖の相模灘で大地震が起きたとき、高層ビルが乱立している東京湾の臨海副都心や首都圏南部には強い表面波が伝わってくるでしょう。苫小牧の場合でも、マグニチュード8.0の2003年十勝沖地震から200キロ以上の距離を表面波が伝わってきました。やや遠い巨大地震から伝わってくる表面波はごくゆっくりと揺れます。揺れの周期は数秒から十数秒もあります。この周期の地震波が石油タンクの中の石油や高層ビルや超高層ビルを共鳴させるのです。

　この共鳴現象のために、直下型地震が近くで起きたときよりも、ビルや構造物は、はるかに大きく、しかも数分間にわたって揺すぶられることになります。超高層ビルの上の階では振幅が5メートルを超える横揺れがあるのではないかと思われます。このため、ビルそのものは倒壊しない場合でも、ビルの中にある重い家具や装置がビルの中で動き回ったり、壁を破って隣の部屋に飛び込んだりすることも考えられます。

　関東地震のときにも、長周期の表面波が出たに違いありません。しかし当時は高い建物はありませんでした。じつは超高層ビルは、世界のどこでも長周期表面波の洗礼を受けたことがない建物なのです。

■ 鳥取県西部地震は大阪と東京を揺らした

　意外なことが分かったことがあります。鳥取県西部地震が大阪、そして東京の高層ビルを意外な震幅で揺らしていて小さな被害まで生んでいたことが、あとから分かったのです。震度3だった大阪では、32階建てのビルが30センチも揺れたことが分かりました。鳥取県西部地震は巨大地震ではなくてマグニチュード7クラスの地震でしたから震源からそれほど強い表面波が出ていたわけではありません。それでもこれほど揺れたわけですから、もっと大きな地震のときにどうなるのかは未知数なのです。

　また新潟中越地震のときには、東京は震度3から4でしたが、六本木ヒルズの高層エレベーターが6基も損傷し、そのうち1基はエレベーターを

吊っているワイヤーが切れました。

　兵庫県南部地震のときに神戸に建っていた高層ホテルには被害がありませんでした。これは地震がマグニチュード7クラスの直下型だったので、やや遠くから来る周期が長くて振幅が大きい表面波に襲われなかったせいでした。これは幸運でした。しかしだからといって、ほかの地震でも、あの種の高層ビルが大丈夫だという保証にはならないのです。

　心配なのは高層ビルや超高層ビルには限りません。揺れたときの固有周期（そのものが自然に揺れる周期。バイオリンやチェロの弦を弾いたときには、それぞれの固有周期で振動した音が出ます。実際の建物を横に引っ張って離してみて、その固有周期を調べることもあります）が長い建築物や構造物はどれも、周期の長い表面波が来ると激しく揺れる可能性が高いのです。たとえば長い吊り橋も振動の固有周期が長いのです。

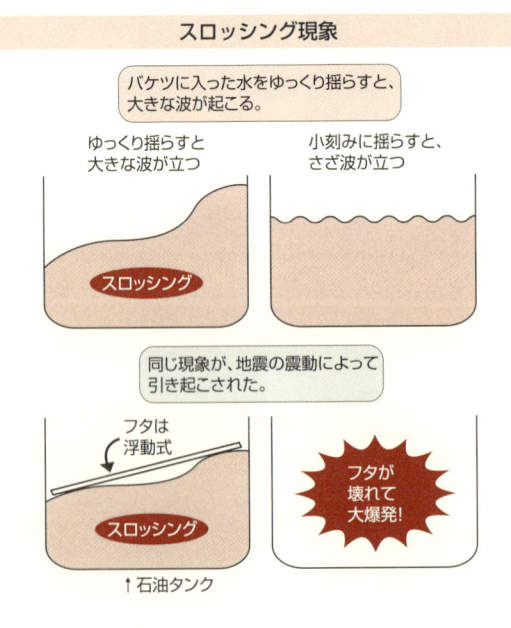

スロッシング現象

バケツに入った水をゆっくり揺らすと、大きな波が起こる。

ゆっくり揺らすと大きな波が立つ

小刻みに揺らすと、さざ波が立つ

スロッシング

同じ現象が、地震の震動によって引き起こされた。

フタは浮動式

スロッシング

フタが壊れて大爆発！

↑石油タンク

どんな長周期表面波が来るかは分からない

じつはいままで、長周期の表面波を地震計で正確に捉えたことは世界中でどこにもないのです。普通に地震を観測したり起きた地震の震源を決める地震計は、こういった長周期の地震波には感じないようになっています。研究用の長周期地震計や広帯域地震計という特殊な地震計は少数ありますが、これらも大きな地震のときには記録が飽和してしまって全体を正確に捉えることが出来ないことが多いからです。

ようやく近年になって、この種の震幅の大きな長周期表面波を正確に捉える強震計（大きな震幅の地震波を記録する地震計）が作られて各地に配置されるようになりました。しかし、もちろん実際に大地震が起きなければ記録は取れません。こういった事情ゆえ、ビルや構造物を作る前にコンピューターシミュレーションで表面波で揺らせてみて大丈夫かどうかを試すことはやっていないのです。

いや表面波には限りません。ごく最近まで、こういった建築前のシミュレーションで使われてきた実際の地震の記録としては、日本で実際に揺れたいろいろな地震の記録ではなくて、かつて米国で記録されたたった2例の地震の記録しか使われてこなかったのでした。この「標準」的な揺れでシミュレーションをしてみて大丈夫だったから、高層ビルを含む実際の建物や土木構造物を作ってきたのです。

この2例の記録とは「エルセントロ」と「タフト」の2つです。これらはともに米国で直下型の地震のときに近くの強震計で得られた記録ですが、前者は1940年に起きたインペリアルバレー地震をエルセントロという場所で記録したもの、後者は1952年のカーンカウンティ地震をタフトという場所で記録したものです。半世紀以上も前の地震の記録、それもたった2つだけを使っていて大丈夫なのだろうか、と私たち地震学者は心配しているのです。

高層ビルには限りません。原子力発電所、化学コンビナート、新幹線の盛り土といった、昔はなかった新しい構造物が、いろいろな地震から出るいろいろな周波数の地震波でどう揺れるか、政府や会社が言っているほど安全なのかどうかには未知数のことが多いのです。

78 原子力発電所は地震が来ても大丈夫なのだろうか

大地震が起こったときに心配になるのが、原子力発電所への影響です。万が一の際の被害は地域に留まりません。

■ついに起きてしまった原発震災

　原子力発電所では、地震に耐えるように設計されているからどんな大地震が来ても大丈夫だ、というのが政府や電力会社の説明でした。

　しかし2011年3月、岩手県沖から茨城県沖に起きた巨大地震（東北地方太平洋沖地震）で、東京電力福島原子力発電所では、世界でも最初の地震による原子力発電所事故を起こしてしまったのです。

　日本の原子力発電所は、すべて海岸沿いにつくられています。これは原子力発電所が大量の冷却水を必要とする仕組みだからで、それゆえ地震対策としては津波に対する対策を当然、考えておく設計になっていたはずでした。しかし今回の震災では、地震後の津波で原子炉冷却用の電源やポンプが壊れたという、いわば原発の安全設計の根幹の問題が明らかになってしまったのです。それまでは「原発はいくつもの安全装置で原子炉を守るよう、多重に防護されている」と、政府や電力会社は説明してきましたが、それが崩れてしまったのでした。

　原子力発電所の事故は、いままでにもありました。たとえば1979年の米国のスリーマイル島原発事故や1986年の旧ソ連のチェルノブイリ原発事故のように、外部に大量の放射性物質をまき散らした大規模な事故が起きています。しかしそれらの大事故のあとも、日本の政府や電力会社は、きびしい安全管理をしている日本では同様の事故は起こらないと説明してきました。しかしその後、1991年の関西電力の美浜原発2号機で蒸気発生器細管が破断した事故が起き、さらに1995年の「もんじゅ事故」では大量のナトリウム漏れを起こしたうえ、会社が情報を隠した

り操作したりしたことが発覚し、1999年の茨城県東海村の臨界事故が続いて、日本の原子力開発の安全神話は揺らいでいたのでした。

しかし、政府や電力会社は、どの事故についても、部品の施工ミスや設計ミスなど「想定外の事象が事故の原因」と説明してきました。

2007年の新潟県中越沖地震で東京電力の柏崎刈羽原発が全部停止し、一部の原子力発電所はその後内部点検さえ出来ていないのですが、それさえも、事故の原因は変圧器の火災で、原発の構造は地震には問題はないとして運転再開を優先してきました。しかし、2011年の大震災では、これらの申しひらきは出来なくなってしまったのでした。

そもそも、原子力発電所を作るときの設計の基準（発電用原子炉施設に関する耐震設計審査指針）は1978年に作られたものです。1981年に一部改訂されましたが、ほとんどの部分は現在まで変わっていません。また、阪神淡路大震災後の1995年に当時の通産省（いまの経済産業省）は「原子力発電所の耐震安全性」という文書を作り、原子力発電所は建設から運転まで十分な地震対策が施されていると発表しました。

しかし、心配している地震学者は少なくなかったのです。「指針」が発表されたのは東海地震が起きると言われだした1976年とほぼ同時期ですし、その後の30年間の地震学の進歩は著しいものでしたが、その成果はこの指針には取り入れられていなかったのです。

この「指針」では原子力発電所に近いところで起きる直下型地震には、「設計用限界地震」というものを想定しています。全国すべての原子力発電所で同じ限界地震を想定しています。想定しているのはマグニチュード6.5の地震です。これは活断層のないところを選んで建設するからこの大きさの地震以下でいいはずだという理由です。

しかしこの肝心の前提が怪しくなってきました。阪神淡路大震災（兵庫県南部地震、1995年）や鳥取県西部地震（2000年）で明らかになったように、活断層がないところでマグニチュード7を超える地震が直下型として起きてしまったからです。この本に書いたように、活断層が見

えていないところでも、マグニチュード 6.5 を超える地震は日本のどこを襲っても不思議ではないのです。そして、2011 年 3 月に起きた震災のように、原子力発電所に近くはなくても、原子力発電所に大きな被害を及ぼす地震についても、無防備だったことをさらけ出してしまいました。

■活断層と地震の関係

　活断層についてはどうでしょう。原子力発電所の設計の基準では、近くにある活断層を調べて、その活断層が起こす最大の直下型地震を想定しています。一般的には、活断層が長いほど大きな地震を起こします。

　ところが実際の活断層は途切れたり、曖昧になったり、枝分かれしたりしながら延々と続いていることが多いのです。いや、こういった複雑な活断層のほうがむしろ普通なのです。

　問題は、その活断層のうちどれだけの長さの部分が関与して地震を起こすかという判断が学者によって大幅に違うことです。それぞれの原子力発電所が建設時に想定していた活断層の長さは、どの学者も異論がないという定説ではありません。だから活断層がらみの地震が起きたとしても、当時想定していた地震よりずっと大きな地震が起きる可能性が十分に残っています。つまり長さ何キロの活断層があるからマグニチュードがどのくらいの地震しか起きない、とは地震学者には言えないのです。

　そのほか、比較的最近、島根原子力発電所のすぐ近くで長さ 8 キロある活断層が新たに確認されました。中国電力や政府は、もしこの活断層が地震を起こしてもそのマグニチュードは 6.3 だとして安全宣言を出しました。ところがすぐ近くでは、同じ長さ 8 キロの活断層があるところでマグニチュード 7.2 の鳥取地震（1943 年）が起きた例もあります。同じような例は他にも多いのです。2011 年の東北地方太平洋沖地震では、「想定外」の地震だったから、という言い訳が電力会社からも政府からもいわれています。しかし原子力発電所のように、なにかあったら後々まで影響を及ぼす設備では、その種の言い訳は通らないのです。

地震研究における理学と工学

　大きな建物や土木構造物を作るときに、耐震設計というものが行われます。これは工学者の領分の仕事です。地震工学とか耐震工学とかいわれます。これらの工学者は、私たちのように理学として地震を研究している理学者とはかなり違う科学者です。工学者と理学者とは、大学時代に受けた教育が違うだけではなくて、気風も、研究の手法も違います。私たち理学者から見ると、工学者には、もっと地震のことを勉強してほしいと思います。地震についての学問は日々進歩しています。50〜60年も前の地震記録しか使わないで耐震設計をしているのはその一例です。

　他方、もちろん工学者側にも言い分があるでしょう。彼らにとって無限の時間も無限の費用もありません。いまある技術だけを使って、経済的に成り立つ答えを出さざるを得ないのです。分からないことを分からないといえる理学者と、「分かりません」ではすませることが出来ず、実地に使える答えを作らなければならない工学者とは、違っても不思議ではないのです。

　工学者たちは、たとえ厳密な方程式がないときでも、それなりの式や答えを作ってしまいます。当然、結果には曖昧さが残ります。しかし「近似」したり「最大値」を取ったり「安全係数」を導入することによって設計してしまうのです。金属疲労や破壊は理論的には扱えない複雑な現象ですが、ある段階までの知識と、設計に織り込んだ安全係数のおかげで、飛行機は毎日飛んでいるし、新幹線も走っているのです。

　しかし、この工学者のやり方が失敗することがないわけではありません。工学者や防災関係者の間には、日本人は地震から十分に学んだし、世界に冠たる耐震基準など、建築や土木でも防災技術のレベルが高いから、もう日本では半世紀も前の福井地震のような大被害はないのではないか、といった楽観的な見通しがありました。

　阪神淡路大震災の数年前に起きた米国カリフォルニア州の2つの地震で高速道路が倒壊したときにも、視察してきた日本の工学の専門家たちが、日本の高速道路は倒れるはずがないと保証していました。この地震はサンフランシスコの地震（ロマプリエタ地震、1989年、マグニチュード7.1、死者62人）とロサンゼルスの地震（ノースリッジ地震、1994年、マグニチュード6.8、死者60人）です。

　しかし阪神淡路大震災が起きて、工学者たちの予想はもろくも破れてしまったのでした。

79 液状化はどうやって起きるのか

新潟地震のときに、液状化で鉄筋コンクリート五階建ての団地が壊れないまま仰向けに倒れてしまいました。

■ 液状化は昔から起こっていた

 新潟地震（1964年）の際の液状化で倒れたのは信濃川の河原に建てられた県営団地で、地盤が軟弱だったせいです。地震のときに軟弱な地盤が液状化してしまうという危険は、この新潟地震以来広く知られるようになりましたが、じつは液状化はずっと昔から起きていたのです。たとえば1855年の安政の江戸地震や1894年（明治27年）の明治東京地震でも、あちこちで液状化現象が起きていました。昔の地震の歴史を調べるために遺跡を調べるときも、液状化の跡を見て地震のあるなしを判断することも多いのです

 地盤の液状化は軟弱な地盤で起きます。水分を十分に含んだ砂の多い地層が強い地震動によって揺すぶられると、砂粒どうしの結びつきが弱まって、地層全体が液体のように流動化してしまいます。これが液状化です。このとき、流動化した泥水や砂が地表に吹き出すこともあります。噴砂現象と言われます。

 液状化が起きると地盤は地上の構造物を支えられなくなってしまいます。このため重いビルや橋梁が地面の中に沈んだり、他方、地下に埋設してある中空になっているために軽い管やマンホールなどが浮力で浮き上がったりします。

 液状化が人口が集中している平野部で起きると、道路や、ライフライン、つまり地下に埋まった水道やガスや電気や電話の配管の災害など、いわゆる都市型災害を引き起こすことがあります。また、もし地面が平らではないところだと、液状化した地層が地すべりのように滑って、盛

り土が崩壊することもあります。

過去にはずっと悲惨な例もありました。天正の地震（1585年）では、いまの富山県高岡市の近くにあった木舟城が一瞬のうちに消えてしまいました。

いったい何が起きたのか定説はありません。しかし、もともと軟弱な地盤に建てた城が、液状化した地面に呑み込まれてしまったのではないかと考えられています。ここは富山平野の南の端に近く、山地から富山平野に流れ降りてきた地下の伏流水が豊富なところです。それゆえ地盤がとくに軟弱だったのです。

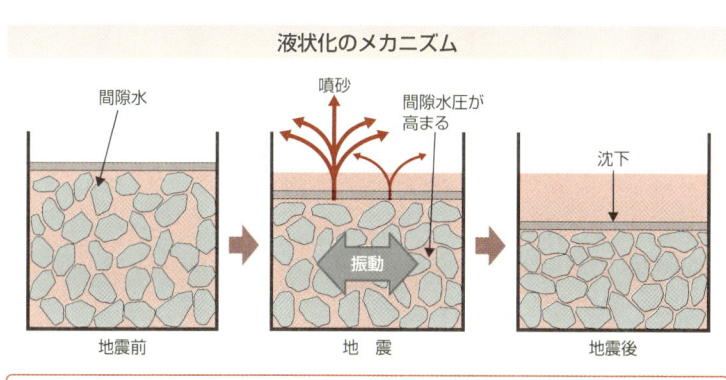

液状化のメカニズム

間隙水 → 噴砂／間隙水圧が高まる／振動 → 沈下

地震前　　地震　　地震後

　ゆるく堆積していてよく締まっていない砂が地震で揺すられると、砂粒子同士がより締まろうとして隙間の体積が減少する。その結果、隙間を埋めている水の体積弾性率が大きいので、大きな水圧（過剰間隙水圧）が発生する。
　そのために、砂粒同士の摩擦力がなくなって、砂粒が水の中に浮いているような状態、つまり液体のような状態になる。これが液状化現象だ。
　液状化が起きると、建物を支える力も失われ、比重の大きいビルや橋梁は沈下したり、他方、比重の小さい地下埋設管やマンホールなどは浮力で浮き上がる（抜け上がり現象）。水や砂を吹き上げる噴砂現象も起きることがある。
　やがて水が抜けてしまうと、砂は締め固まり、もとの状態か、場合によっては元の状態よりもっと締まった状態になって固い地盤に戻る。
　液状化が生じる条件は、地層に水が多く含まれていることと、砂がゆるく堆積していることだ。つまり埋立地、干拓地、昔の河道を埋めた土地、砂丘や砂州の間の低地など、地下水位が高いところが液状化の危険のある地盤である。

十勝沖地震（2003年）の液状化で浮き上がったマンホール（十勝支庁大津町で）

（撮影　島村英紀）

津波の被害は避けられる

　津波は海底で地震が起きるときに発生しますが、秒速数キロで伝わっていく地震の波よりはずっと遅い速さで伝わっていくものです。このため、震源までの距離にもよりますが、地震を感じてから津波が来るまでに20分間以上かかる場合がほとんどです。東日本大震災の場合も、強い地震を感じてから30～45分以上たってから、襲われました。

　つまり津波が来るまでには逃げる時間があるのです。北海道南西沖地震（1993年）のとき、北海道の奥尻島ではその10年前に近くで起きた日本海中部地震（1983年）の津波を覚えている人たちが先導して、地震のあとすぐに人々を裏山に避難させて多くの人命が救われました。この地震のときは気象庁が津波警報を出すよりも前に津波が襲ってきてしまったのですが、夜だったにもかかわらず、人々の経験が多くの命を救ったのです。

　また、津波には地震が来る前に備えておくことも出来るのです。

リアス式の海岸が多くて大きな津波に過去たびたび襲われてきた岩手県の沿岸では、宮古市姉吉地区のように津波が上がってきたいちばん上の地点に石碑を建てて、これより下に家を造らないことを言い伝えてきたり、大きな防潮堤を作って津波に備えていたところが各地にありました。

　今回の東北地方太平洋沖地震でも、周囲の沿岸の市町村が大被害を生んだのと対照的に約60世帯が住む岩手県綾里白浜地区は家屋の浸水さえなく、人的被害はゼロでした。三陸沖地震（1933年）の津波のあと、住民は津波の到達点より高い場所に自宅を再建したからです。津波がどこをどう通ってどこまで達するかが、世代が代わっても語り継がれ、地区全体で三陸沖地震クラスの津波に備えていたからでした。

　また岩手県普代村でも死者ゼロ、行方不明者1人にとどまりました。被害を食い止めたのは、かつて周囲の猛反対を受けながらも村長が造った高さ15.5メートルの防潮堤と水門でした。

　普代村太田名部地区の漁港や漁業施設は防潮堤の外側にあったために壊滅的な被害を受けましたが、防潮堤の内側の小学校や集落は被害をまぬがれたのです。

　1947年から40年間にわたって村長を務めた和村幸得さんは1933年の三陸大津波も経験し、防災対策に力を入れました。村では1896年の明治三陸沖地震の大津波で302人、1933年の大津波でも137人の犠牲者を出した歴史がありました。

　和村さんは悲劇を繰り返してはならない、と防潮堤と水門の建設計画を進めました。1968年に漁港と集落の間に防潮堤、1974年には普代川に水門を完成させました。これら総工費は約36億円。人口約3000人の村にはたいへんな出費だったために強い反対や、高さを抑えようという意見もありましたが、和村さんは15.5メートルという高さの主張を貫きました。それが今回の被害の小ささにつながったのです。

7　時代とともに新しい地震被害が生まれる

7-10 地盤災害が地震被害を拡大する

地震の悲惨な災害のひとつは地盤災害です。

■ 地盤災害とは

　過去たびたび、大規模な地盤災害が起きて、地震の被害を大きくしてきました。たとえば地震によって山崩れなどの斜面崩壊が発生して、斜面にある建物などのほか、その下流や周辺にも被害を及ぼすことがあります。宅地などの造成地の傾斜した部分で崩壊が発生することが多いのですが、これは盛り土が地震動を増幅する性質を持っているからです。

　また、新潟中越地震（2004年、マグニチュード6.8）のように、大規模な斜面崩壊が何カ所もの土石流を引き起こしたこともありました。長野県西部地震（1984年、マグニチュード6.8）でも木曽御岳山の南斜面で御岳崩れと言われる大規模な斜面崩壊が発生して、崩壊した多量の土砂が土石流となって川を約10キロも流れ下って、大きな被害をもたらしました。1792年には島原半島の地震（マグニチュード6.4）で眉山が崩壊して海に落ち、津波が発生して湾の反対側の肥後地方で15000人もの犠牲者を生みました。「島原大変、肥後迷惑」と言われた災害でした。

■ おそろしい二次災害

　そのほか、斜面崩壊や土石流などが発生した場合、河川をせき止めたり、さらにその結果として溜まった水が決壊して二次災害が発生することもあります。1847年の善光寺地震（マグニチュード7.4）では山崩れが起きて犀川（さいがわ）を堰き止めました。このため大きな湖が作られて周辺地域が水没してしまいました。またそれだけではなく、その後さらに水が溜まってこの湖が決壊して下流域に甚大な被害を生みました。

新潟中越地震のときも、このせき止めが起きて土木工事によって必死に水を抜きました。

これほど大規模ではない小規模な崩壊（土石などの崩落）はしばしば発生して被害を生じることがあります。地震が地滑りを引き起こすこともあります。地滑りとは緩い斜面の広い範囲がゆっくりと滑り下る現象です。阪神淡路大震災のときにも、神戸の丘陵地域で地すべりに伴う亀裂によって局所的な被害が出ました。

これら地盤災害が地震によって引き起こされる場所には特徴があります。それはその場所の地質、地形、地下水の状況が、もともと地滑りや斜面崩壊を起こしやすい性質を持っているということです。ですから地震に限らず、大雨でも同じような災害が起きることが多いのです。また、地震のあとで起きる余震でこれらの災害が起きることもありますから、地震のあとでも注意が必要です。

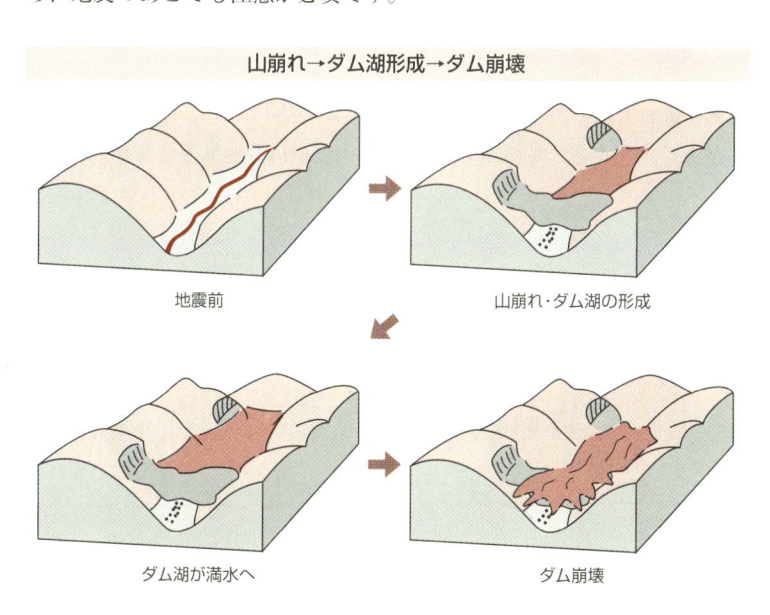

山崩れ→ダム湖形成→ダム崩壊

地震前　　　　　　　　　　山崩れ・ダム湖の形成

ダム湖が満水へ　　　　　　ダム崩壊

7.11 地震と津波

地震が起こると津波の心配があります。気象庁は地震を観測すると、すぐに震源を計算して津波予報を出します。

■ 津波警報は間に合ったのに……

津波予報（津波警報と津波注意報）は気象庁が出します。大きな地震が記録されると、気象庁ではすぐに震源を計算して、海底で起きた大きな地震で震源が浅いものだと津波予報を出すことになっています。

日本海中部地震（1983年）や北海道南西沖地震（1993年）のときには津波警報を出すよりも早く津波が襲ってきて、それぞれ100人と200人を超える犠牲者を生んでしまった反省もあって、気象庁の津波予報は最近は地震から3〜6分以内と、昔よりもかなり早く出せるようになりました。

しかし、この津波警報には、じつは大きな問題があるのです。

2003年に「2003年十勝沖地震」が起きました。マグニチュードは8.0。日本列島を襲う地震の中でも最大級の地震でした。震源は海底でしかも震源は浅いものでしたから、気象庁は当然、津波警報を出しました。

しかし、この地震で津波の避難勧告を受けた住民約1万人のうち、わずか6分の1の住民しか避難しなかったのです。この地震とほとんど同じ規模だった1952年に起きた十勝沖地震で6メートルを超える津波で大被害を被った北海道東部の厚岸（あっけし）町でも、避難した住民はわずか8％にとどまりました。

なぜ、このように、津波警報が出ても人々は避難しないのでしょう。じつは気象庁の津波予報は、オオカミ少年になっているのです。

たとえば、1998年5月4日に大津波警報が出ました。沖縄、九州、四国、そして本州の南岸に最大2〜3メートルの津波が来襲する恐れ、という警報でした。もし本当に来たら大変な津波です。港に繋いでいる船や港の関係者、沿岸の人々などに緊張が走りました。港の船や海岸沿いに大

被害を与えかねないのです。ゴールデンウィークの最中だったので行楽を打ち切って港や家に駆け戻った人も多かったに違いありません。

しかし、拍子抜けでした。実際に来た津波はわずか数センチのものだったからです。この例に限らず、津波の警報や注意報で警告された高さの津波が来なかったことはじつは数多いのです。

このときの地震の震源は石垣島の南方沖でした。マグニチュードは7.7。100人以上がなくなった日本海中部地震（1983年）と同じ規模でしたから、地震の大きさだけから言えば大津波が来ても不思議ではありません。

しかし、同じ大きさの地震が同じ場所で起きても地震のメカニズム（震源断層の動き）が違えば津波の高さは大変に違うものなのです。

■津波予報は早さが命

津波予報は、出すのに時間がかかったら間に合いません。早さが命なのです。震源からP波とS波という地震波が出ます。P波が先に進み、S波はどんどん遅れていきます。雷から音と光が同時に出るのに、音のほうが遅れていくのと同じです。

いまの津波予報の仕組みではP波だけを使って計算しています。S波は震源で震源断層がどう動いたかについて大事な情報を運んでくるものなのですが、S波を待ってからでは間に合わないのです。ちょっと遠い観測点では、S波が到達するのは地震が起きてから2分とか3分後になってしまうので、津波予報を地震後3〜6分で出そうというのにこれでは間に合わないのです。それゆえ地震の震源の場所と地震の規模だけが分かった段階で「考えられる最大」の津波を想定して津波予報を出しているのです。

しかし震源断層のメカニズムによっては、実際の津波の振幅が想定の何百分の1にもなってしまうのです。これが津波予報よりははるかに小さな津波しか来ない理由なのです。この石垣島南方沖の地震は横ずれ断層が起こした地震で、それゆえ津波をほとんど生まないメカニズムでし

た。気象庁は横ずれ断層だということを知らなかったのです。

　2004年に起きた紀伊半島南東沖地震でも、地震を起こした断層の動きは横ずれだったので、警報にもかかわらず、津波はほとんどゼロでした。このときは、津波警報を聞いた住民の3割しか避難しませんでした。

　2003年の十勝沖地震や2004年の紀伊半島南東沖地震だけではありません。2011年3月の大震災（東北地方太平洋沖地震）までの数年以上、気象庁の津波警報が「当たった」ことはほとんどなかったのです。げんに3月の東北地方太平洋沖地震の2日前の3月9日に三陸沖で起きた地震で津波警報が出ましたが、これも予報よりもずっと小さな50〜60センチの津波しか来ませんでした。

　そして3月11日。こんどは気象庁の津波警報通りの津波が襲ってきてしまったのです。そして、2万人をはるかに超える犠牲者・行方不明者を生んでしまいました。日本での地震による被害としては1896年の明治三陸地震で22,000人以上の死者・行方不明者を出したことがありますが、その後では1923年の関東大震災以来、90年ぶりの大災害になってしまいました。

　私は、これまで繰り返してきた過大な津波警報が、人々を油断させてしまって、今回の大災害の被害を拡大してしまったのではないかとおそれているのです。

　東北地方太平洋沖地震でも、最大規模の警報「大津波警報」が出ていた高知県では、避難した人は避難対象者の5.9％にすぎなかったと報道されています。17人のうち16人までが、津波警報を無視したことになります。また同じく最大の津波警報が出ていた和歌山県内の避難指示の出た地域でも、避難所などへの避難を自治体が確認できたのは対象人数のたった2.8％、35人に1人にとどまっていたと報じられています。和歌山県では約4600人に避難指示が出たのに避難所に6人しか来なかった町もあったそうです。

　地震予知は、この本に書いているように、以前考えられていたよりも

ずっと難しいことが明らかになりつつあります。しかし、突然の大地震による震災はともかく、地震が起きてから十数分から数時間後に襲ってくる津波の被害は、適切な予測と避難があれば、かなりの程度まで避けられるはずのものなのです。

三陸地方に伝わるイワシと地震の関係

東日本の太平洋岸では、16世紀からいままでイワシ（マイワシ）の豊漁期は4回あったのですが、そのときには地震が多く、その谷間の不漁期には大地震がないという研究があります。

もともと、岩手県の三陸地方には、イワシがよく捕れるときには大地震がある、という言い伝えがあります。たとえば、1896年の明治三陸津波地震（マグニチュード6.8）と1993年の三陸沖地震（マグニチュード8.1）の2回の大地震の前は、異常なくらいの豊漁でした。1896年の地震は、地震の震度は小さかったのですが、大津波を生んだので有名な湯波地震です。1933年の地震は、潜り込む太平洋プレート全体が断ち切れてしまったほどの巨大地震でした。大地震の前に魚が何かを感じて集まってきたのでしょうか。

しかし、こういった魚と地震の話は、あるはずはない、といって捨ててしまうにはもったいない気もします。1匹の親がときには数万粒以上もの卵を生む魚が、環境のちょっとした変化で魚の数が大幅に変わるとか、または何かを感じて群れの行動が変わって、網にかかりやすくなるとかの可能性があるかもしれないからです。

将来、生物学が進歩して、網に掛かった魚の脳から、どうして網に掛かる羽目になったかを読み出せるようになれば、地震の研究も進むかもしれないのですがね。

7/12 あらためて「震災」を考える

現代的な震災が起こる一方、世界には、地震のたびに昔からある地震被害を繰り返している国が多くあります。

■ 過去の災害に学べない悲劇

私はトルコで地震観測をしたことがあります。実験の基地にしていた町はイスタンブールの東にあり、1999年に起きたトルコの大地震の震源地に近いところでした。建築中の家やビルがあちこちに見えました。それらを見て、地球物理学者である私は寒気をおぼえました。それは6、7階建てのビルでも、コンクリートの柱はごく細く、壁はコンクリートでさえなくて煉瓦を積み上げてあるだけだったからです。つまり地震で崩壊してしまった建築の手法がそのまま繰り返されていたのです。

これには災害からは簡単に学べない事情があるのでしょう。建築費用の問題、建築材料の問題、建築技術の問題です。建築材料については、世界のどの国でも、手近に得られる材料で家や建物を造っています。普通の庶民の家は手近で入手出来る安い材料を使っています。

中近東では木材を得ることは容易ではないので、身近にある泥を固めて干した、いわゆる「日干し煉瓦」が広い地域で使われています。普通の煉瓦も地震に対してはそれほど強い材料ではありません。しかし粘土を固めたうえに窯で焼いてあるために、煉瓦そのものは硬くて強い材料になっています。しかし、日干し煉瓦は普通の煉瓦よりもはるかに弱い材料なのです。この日干し煉瓦を積み上げて壁にした家は、柱もなく、地震に遭ったらひとたまりもありません。

■ 日干し煉瓦による「震災」

私はイランで地震直後の村を訪れたことがあります。息を呑む風景で

した。それぞれの家があったところは、泥の小山になってしまっていたのです。ここでは怪我人はあまりいないのです、と言った地元の人々の沈んだ声がいまでも耳に残っています。つまり、家の中にいたら崩れてきた家の中で死に、たまたま外にいたり、運良く最初のうちに逃げ出せた人たちだけが助かったのでした。イランには限りません。インドでもアルメニアでも、地震で大被害が起きてしまったほとんどの原因はこの日干し煉瓦だけの家なのです。

じつは、これらの被害を起こした地震は、地震としてはそれほど大きくない地震が多かったのです。日本ではマグニチュード6クラスの直下型地震では被害はあまり出ないのが普通ですが、これらの国々では同じクラスの地震でも大変な被害を生んでしまうことがよくあるのです。

7　時代とともに新しい地震被害が生まれる

イランでの地震被害（土に帰ってしまった家）

（撮影　島村英紀）

激しい地震の揺れによって、日干し煉瓦で作られた家は土に帰ってしてしまった。日本では大きな震災を生むような地震ではなくても、場所によっては甚大な被害をもたらすことがある。

ハワイに旅行する人、ご用心

　強盗、スリ、ひったくり、誘拐、殺人。海外旅行の危険はいろいろあります。外務省は旅行者のための安全マニュアルを作っています。しかし海外旅行者を待ち受けている災害は、これらマニュアルに書いてあるものばかりではないのです。マニュアルには強盗やスリが多い国だとは書いてあります。けれども外国の政府への非難がましいことや内政干渉になることは書いていないからです。

　日本人の海外旅行でトップの座を占めるハワイ。高層ホテルが立ち並ぶワイキキの浜辺は、年中、日本人で溢れています。しかしこの町には地球物理学者が知っていて、旅行者が知らない危険があるのです。それは、ホノルルのビルには「耐震基準」がないということです。つまりここには、地震に耐えるように作られていないホテルやビルが林立しているのです。

　じつは19世紀には、ハワイには大地震がよく起きました。地下深くには、マグマが湧き出してきているマグマの泉があります。プリュームという泉です。日本の火山のマグマはせいぜい100キロか200キロの深さから来ているのに、ハワイのマグマは1000キロとか2000キロもの深いところから上がってきているのです。そして、ハワイ諸島自体も、その上に載っている太平洋プレートをマグマが突きぬけて出来た島なのです。このときに地震も噴火も起きるのです。

　しかし20世紀になってからは、小さい地震は起きていますが、不思議なことに大地震は起きていません。喉元過ぎれば忘れるのは人間の常。しかも耐震基準を満たすビルは建築費もずっと高いのです。アメリカでもサンフランシスコのビルには耐震基準がありますが、ビルをずっと安く作りたい「動機」は観光業界にも建築業界にも強かったに違いありません。じつはハワイにも第二次世界大戦前には耐震基準がありました。たとえば5階建て以上のビルは作ってはいけなかったのです。

　しかし戦後、観光客が急増すると観光業者の圧力に政府が押されて耐震基準がなくなってしまったのです。ですからハワイの高層ホテルは日本のビルよりもずっと地震に弱く、それゆえサンフランシスコのビルよりも、ずっと安く作ることが出来るのです。

第8章

地震から生き延びる知恵

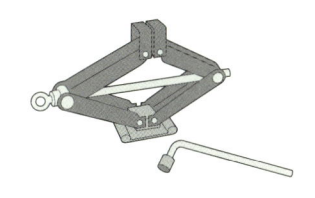

　一生の間に大地震に遭う人はそう多くはありません。しかし、ふだんから地震について考えてあるかどうかで、対応がずいぶん違ってくるものなのです。

8-1 大地震は不意打ちでやって来る

地震は不意打ちに私たちを襲う―。地震に備えるに際して、このことをきちんと認識しておくことが大切です。

■緊急地震速報には限界がある

気象庁は 2007 年から「緊急地震速報」というものをはじめました。

これは地震予知ではありません。大地震が起きてから計算し、これから地震の揺れが伝わっていく地域に、あと何秒でどのくらいの震度の揺れがいきますよ、と知らせるしくみです。原理は簡単なもので、全国各地においてある地震計で強い揺れを感じたら震源を計算し、震源から遠い場所に警報を送るというものです。電線を情報が伝わる速さよりは地震の揺れが伝わっていく速さのほうがずっと遅いので、その時間差を利用して知らせようというものです。

しかしこの緊急地震速報には、いろいろな問題があります。

最大の問題は、電気が電線を伝わるより遅いとはいっても秒速 3 〜 8 キロメートルという速さで揺れが伝わってきますから、警報から地震が来るまでにほとんど時間がないことです。たとえば恐れられている東海地震が起きたときに、横浜では 10 秒ほど、東京でも十数秒しかありません。まして東京や神奈川で起きる直下型の地震だったら、この緊急地震速報は間に合わないのです。しかも、遠くなるほど地震の揺れも小さくなりますから、たとえば 20 秒以上になるところで知らせてくれても、ほとんど意味がなくなっているのです。新幹線はこの時間では止まれませんし、工場でも大きな機械をこんなに短時間で止めることは不可能です。手術中の病院でもこれだけの時間では手術を止めることは出来ないでしょう。そもそも普通の日常生活から、わずか数秒とか十数秒という短い予告だけで非日常な行動に素早く、しかも適切に移れというのは、

かなり無理なことなのです。

　緊急地震速報はテレビやラジオで放送されますが、それらをつけていない人は聞くことができません。カーラジオで知ったドライバーが急ブレーキをかけたら、ラジオを聴いていなかった後ろの車が追突してくるかもしれません。

　じつは、緊急地震速報には２種類あります。ひとつはいままで説明してきたもので、気象庁では「一般向け緊急地震速報」といっています。そのほかに「高度利用者向け緊急地震速報」があり、特別の機器を備えた人だけに情報を提供するもので、機器も情報料もかなり高価です。

　2011年夏からは、テレビの放送は地上アナログ放送から地上デジタル放送（地デジ）に全面的に切りかわることになっています。地デジは映像と音声の情報を圧縮して電波に乗せています。このため受信してからテレビの内部のデータ処理に約２秒かかり、地デジはアナログより映像と音声が遅れます。つまり、いままでのアナログ放送に比べると、２秒も放送が遅れて届きます。ほかの番組ならかまわないでしょうが、秒を争う緊急地震速報にとって、この２秒の遅れというのはとても不利に働くのです。ある科学者の計算では、首都圏直下で地震が起きた場合、地上デジタル放送で受信すると、いまの地上アナログ放送とくらべて緊急地震速報が間に合わない範囲が９倍以上にも広がってしまうのです。

　なお、携帯電話などでテレビを見られるワンセグという地デジでは、この遅れが４秒以上にもなってしまいます。緊急地震速報が間に合わない範囲が、さらに倍にも拡がってしまうのです。

　2011年３月に東日本を襲った巨大地震でも、この緊急地震速報は、またも役に立ちませんでした。地震が起きてから震源にいちばん近い地震計のデータを元に速報する仕組みなので、今回のような沖合の地震では、「震源にいちばん近い地震計」は海岸にしかなく間に合わないことが多いのです。また翌日早朝の震度６強を記録した長野・新潟県境の地震のように内陸直下型だと、緊急地震速報はそもそも間に合わないのです。

8.2 地震の瞬間に心すべきこと——自宅編

もし、不幸にして大地震に遭ってしまったときには、なによりも大切なのは生命です。

■第一に身の安全を

地震が起きたら、まず第一に身の安全を確保することを考えましょう。丈夫な机の下に入ったり、布団をかぶるなどして、上から落ちてくるものから身を守ってください。家具が転倒したり、棚のものが落ちてくることがあります。

大地震で被害を生むような揺れは何分間も続くものではありません。実際に大地震に遭うと心理的にはとても長く感じられるものですが、実際には阪神淡路大震災のときも、大きな揺れは十数秒しか続きませんでした。どんな大地震でも最初の30～40秒、せいぜい1分が過ぎたら大きな揺れは収まったと思っていいでしょう。

マンションのように入り口のドアが鉄製の家だと、戸を開いて出口を確保しておくことも必要です。地震のために建物がゆがんで出入口が開かなくなることが多いからです。

家が崩れる危険があるときには外に逃げましょう。しかし、外に逃げるときは、瓦やガラス、それに建物の壁や看板などが落ちてくる危険があります。少しでも落ちついて行動することが必要です。

■「火を消してから」逃げるのは危ない

地震のときには、火を消し、ガスの元栓を閉め、電気のブレーカーを切ることがよく自治体の防災の心得に書いてあります。しかし、私はこれには反対です。

1987年に千葉県東方沖地震が起きたとき、多くの家庭では昼食の準備

中でした。このときに慌てて火を消そうとして、揺れで飛び散った高熱の油を浴びて多くの主婦が大やけどをしたことがあります。

　どの家でも、台所は部屋の広さの割には家具が多く、人間が下敷きになりやすいだけではなくて、天袋や家具から食器類が落ちてくるので、瀬戸物やガラスの破片がいちばん散乱する場所です。台所に長くいることも、火を消すために外から台所に向かうのも、とても危険なことなのです。

　家が壊れないかぎり、地震の揺れが収まったあとで火を消しても充分に間に合うはずです。また、近頃は多くのガスメーターには地震のときに自動的にガスを遮断する装置がついています。また石油ストーブも地震で火が消える仕掛けがついています。

8 地震から生き延びる知恵

揺れている時間は意外に短い

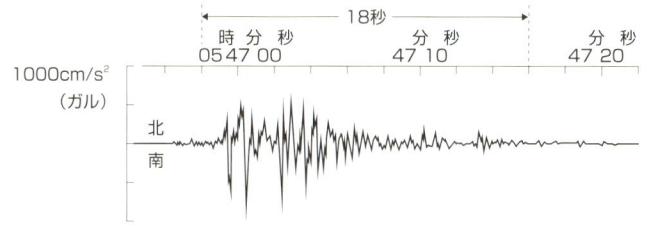

▼兵庫県南部地震（1995年）の加速度記録（神戸海洋気象台）

18秒
時 分 秒　　　分 秒　　　分 秒
05 47 00　　47 10　　47 20

1000cm/s² （ガル）　北／南

1000cm/s² （ガル）　東／西

500cm/s² （ガル）　上／下

大地震のときでさえ、大きな揺れは1分も続かない。だから、揺れているときに火に近づくのはかえって危険。

8-3 地震の瞬間に心すべきこと──屋外編

屋外で大地震に遭ってしまったら、どうすればいいでしょうか。

■ 地下ではパニックにならないことが大切

昔は地割れに呑み込まれることを怖れて、竹藪に逃げ込むことが奨励されていました。竹藪は地下茎が縦横に延びているので、地割れに落ちることがないと考えられたのでした。しかし、地割れに人が呑み込まれることはめったにありません。竹藪ではなくても、平らな開けたところは比較的安全なのです。

怖いのは、建物が倒壊して下敷きになることや、倒壊しなくてもビルや住宅からガラスや瓦が降ってくることです。持っているカバンなどで頭を守り、建物から離れましょう。

ブロック塀や門柱や自動販売機なども倒れてくる危険があるので近寄らないことが大事です。また看板も落ちてくる可能性がありますし、電柱も倒れてくることがあります。

大地震のときに地下街で何が起きるかは未知数です。停電したときの非常用の暗い電灯は用意されていますが、人々がパニックになって争って出口に殺到することがあるかも知れません。

ただし、地下街は一般には地上の弱い建物よりは地震に強く作られています。阪神淡路大震災のときも地下街は安全でした。揺れがおさまってから地上へ上がれば間に合います。むしろ、人波に押しつぶされないように物陰に隠れていたほうがいいかもしれません。

ふだんから地下街を歩くときには、地上への出口がどこにあるのかを確かめながら歩いたほうがいいのです。いきなり照明が消えてもパニックにならないですむというのは大事なことだからです。

また、たとえば駅のホームで電車を待っているときも、ここで強い地震に遭ったらどうしようか、と周囲を見回して自分なりにあらかじめ考える癖を付けておくほうがいいかもしれません。

　しかし地下街に限らず、地震の揺れが収まったあとも危険がたくさん潜んでいることがあるのです。たとえばガス漏れが発生したり、地上では電線が切れて垂れ下がって感電したりする危険です。

■乗り物にも危険がいっぱい

　電車や汽車や地下鉄に乗っていたときに地震に遭ったら、あまり個人が出来ることはありません。もし脱線すれば、レールの上を走るのではなく枕木や砂利の上を走ることになるので急ブレーキをかけたようになるかもしれません。もし電車や汽車が衝突すれば窓ガラスが割れて怪我をすることがあるかもしれません。

　いずれにせよ、乗務員の指示に従って行動するしかないでしょう。それぞれの車輌の側面には、急ブレーキをかけたうえでドアを開けることが出来るコックが付いています。しかしこのコックを開けて脱出しても、隣の線路を走っている電車にはねられたり、鉄橋の枕木の隙間から落下したり、高架橋から落下したりする危険があります。

　また地下鉄や地下鉄に乗り入れている電車では、車輌の屋根の上ではなく線路の横に、電車を駆動するための600〜1500ボルトといった高圧の電気が走っていますので、感電する恐れがあります。

　阪神淡路大震災のときには地下鉄の駅がひとつつぶれましたが、一般には地下鉄のトンネルは比較的地震に強く作られています。しかし東京の地下鉄のように川の下を潜っている場所が多いところでは、絶対に大丈夫かどうかは未知数のところがあります。

　また自分で自動車を運転している最中に地震に遭ったら、まず、後続の車を確認してから、停まるべきでしょう。

　地震で揺れたときには、まるで車がパンクしたような振動が感じられ

るのが普通ですし、上下動の揺れで車が跳ね上げられているときには、タイヤが地面から浮いたり接地圧が減ってハンドルがきかなくなることもあります。

車から離れなければならないときは、車のキーは付けたまま、ドアに鍵もかけないで、エンジンを切って車から離れることが自治体や警察から指示されています。警察や消防などの緊急車両が通るときに邪魔にならないためです。しかし、車が盗難に遭ったとしても保険の対象にはなりませんし、行政も補償をしてくれるわけではありません。

正しい情報をラジオで聞く

地震の直後は、気が動転してしまって、誰でも冷静な判断が出来にくい状態になります。

関東大震災のときには、人々は正確な情報を知らされないまま、口伝えのデマにおびえ、パニックにおちいりました。近年の地震でも、もっと大きな地震が来るとか、震度6の地震がまた来るといったデマが流れました。震度6というのは、気象庁が発表したマグニチュード6クラスの余震があるかもしれないというのを勘違いしたデマでしたが、いずれにせよ、デマに惑わされず正確な情報を被災した人々が共有することはとても大事なことです。

どのくらいの大きさの余震が、いつ来るという気象庁の情報は学問的な裏付けもないのであてにならないことが多いのですが、交通機関の状況、避難所や病院の情報など、人々がほしい情報は地元のラジオで流されます。テレビも情報を流すでしょうが、停電している家も多いし、きめ細かい情報を流してくれる地元のラジオのほうが、地震のときには役立つことが多いようです。

8-4 地震の直後に心すべきこと

地震が起きて、とりあえず自分の身の安全が確保されたあと、まっさきにすべきことは人命救助でしょう。

■ 人命救助に役立つ「ジャッキ」

阪神淡路大震災のときに、亡くなった方々の医師による遺体検案では、死者のほとんどが地震後10分間以内の圧死でした。つまり、いったん大地震が起きて家が潰れてしまったら、国際救助隊が来ようが自衛隊が来ようが、救える人命はごく限られてしまうのです。実際、消防庁のまとめによれば、阪神淡路大震災のときには倒壊した建物から救出された方の95％は家族や近くに住んでいる人によって助け出されました。なお、一部は自力で脱出した人も含まれています。これに対して、専門の救助隊に助けられたのはわずか1.7％にすぎなかったのです。

人を助け出すときに意外に役に立つのは、どの自動車にも必ず積んである「ジャッキ」です。車がパンクしたときに1トン以上ある車体を上げるために使われるジャッキは、人力では上げられない重い梁や壁や床を持ち上げることが出来ることが多いのです。

ノコギリやハンマー、出来ればエンジン付きのチェーンソーもあると便利です。何もなければ、強い棒をてこに使って、梁や床を何人かで持ち上げることも可能なことがあります。下敷きになったりはさまれてしまった人を助けるのは、一刻を争うのです。

また、絆創膏や包帯などが入った薬箱は持ち出して、本人や家族だけではなく、近所の人の応急処置に使って下さい。

いずれにせよ、救助隊が来るまでは想像以上に時間がかかるのが普通です。大災害の場合には、警察や消防はすぐには頼れないものだと思ったほうがいいと思います。とくに最初のうちは住民同士で互いに助け合

うことが大事なのです。

　もうひとつ大事なことは、普段からいい近所づきあいをしておくことです。どの家にどんな人が住んでいるのか、どの時間帯には誰が家の中にいるはずか、それを周囲の人が知っていることは、最初の救助にはとても大事なことなのです。

■ 被害を広げる通電火災

　津波や土砂災害の心配がないところでは、まず第一には、すばやく火の始末をすることでしょう。

　足の踏み場もなくなっているかも知れませんが、あわてず冷静に、調理器具や暖房器具などの火を確実に消します。今のガスメーターは多くの場合、地震遮断器がついていてガスは止まる仕掛けがついています。しかし念のため、ガスの元栓は締めたほうがいいでしょう。

　十分気をつけなければいけないのが、じつは「通電火災」の用心です。地震直後は送電線が切れたりしていて停電していることが多いのですが、電力会社は一刻も早く復旧しようとします。

　そして、住民が住んでいるいないにかかわらず電力会社が送電線をつないで、つまり区域ごとに一斉に通電します。そして、電気を流したときにスイッチが入ったままだった電気器具や、壊れた電灯や、壊れたり押しつぶされていた電気器具や電気配線から出火することがあるのです。これが通電火災なのです。これは、米国でも地震のあとの多くの火災の原因になっています。

　阪神淡路大震災のあと、こうして電力が復旧してからしばらくして通電火災と思われる火事があちこちで起きてしまいました。阪神淡路大震災であれほどの火災の被害が出た一因は通電火災だったのです。

■ 延焼を防ぐことが大切

　火事が起きた時は、出来るだけ自分たちで初期消火につとめて下さ

い。阪神淡路大震災のときもそうでしたが、大規模な震災では消防署の能力が追いつきません。

　消火栓や水道が使えないときは、バケツリレーが必要かも知れません。このときは、各家庭に1個あるかないかの「バケツ」よりも、どの部屋にもある「ゴミ箱」の方がたくさん集まりますし、十分、バケツの代わりに使えます。そのほかにも、水の入れ物になりそうなものはなんでもかき集めてください。

　心理的には抵抗があるでしょうが、限られた少ない水で消火するためには、すでに燃えている家に水をかけるよりも、次に燃えだしそうな家に水をかけて火が広がるのを防ぐほうが効果的です。いま燃えている家に限られた水をかけても、たとえ表面の火は消えても下の部分では火が残っているために、また燃え出してしまいます。つまり、せっかくの水が無駄になってしまうのです。

　このほか、燃えている家の近くにあって倒壊してしまった家屋の木材を片づけて延焼を防ぐのも大事なことです。火の粉が拡がって延焼するのをくい止める必要があるのです。

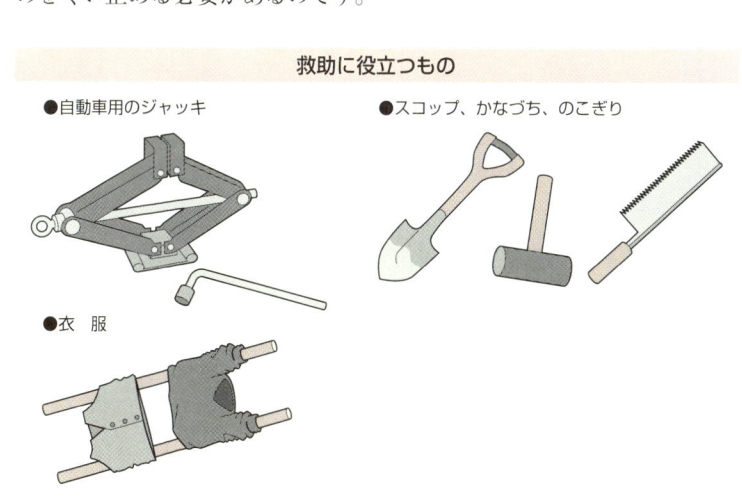

救助に役立つもの

●自動車用のジャッキ

●スコップ、かなづち、のこぎり

●衣　服

5 避難所で心すべきこと

不幸にして避難所生活を送ることになったら、いろいろ注意することがあります。

■ 被害が大きい人ほど遅く来る

最初に注意すべきことは、行政はすぐに援助の手をさしのべてはくれないということです。地震直後は緊急救援隊の通行や負傷者の搬送の方が優先されます。救援物資は二の次になります。

土砂崩れ、高速道路の倒壊、家屋の倒壊、橋の浮き上がり、放置された車などで、道路は通りにくくなっています。使える道路が限られるので、優先順位をつけるのはやむを得ないことなのです。

「当日、食料が来なかった」という人がいますが、非常時はそれが当たり前なのです。全壊しなかった家では、冷蔵庫や納屋、物置場、戸棚などに残っている食料を取り出せるはずですので、腐る前にそれらを分けあって下さい。

避難所へ移るときに、どこに避難しているかを書いた紙を自宅に貼っておいたほうがいいでしょう。

また通帳や印鑑など大事な物は、置いてある場所までたどり着けて持ち出せるなら、持ち出しておくこと。無人の家を狙う泥棒が出没することがあります。

そのほか絆創膏や包帯が入った薬箱も持ち出して、本人や家族だけではなく、他人の人の応急処置にも使って下さい。いずれ行政から救援物資が届くでしょうが、それまでに必要になることも多いのです。

避難所は多くの人が集まるところです。場所が足りなくなるので必要最小限以外の物は持ち込まないで下さい。大事なことは、被害が大きい人ほど避難が遅れて避難所にたどり着くのが遅れるということを忘れないことです。スペースに余裕があっても、あとから来る人のための場所を空けておきましょう。

■ 避難所の管理者が心すべきこと

避難所の管理者にはすることがたくさんあります。そのどれもが大事なことです。まず、お年寄りや身体の不自由な方などが避難出来る空間をあらかじめ空けておきましょう。

また、管理者は、避難者の名簿を作成することが必要です。避難所には、安否確認に来る人がたくさん来ます。これらの訪問者のために、各部屋別に誰が避難しているかを書いたリストを用意しておくことが必要です。このリストは更新を繰り返すことが多いので、表計算のソフトを使えば便利です。

学校が避難所になったときには、管理者は、避難所の管理運営と学校の業務再開に必要な教室を別々に確保してください。体育館と普通教室を避難所として最初に開放してください。しかしよほどのことがないかぎり、事務室や職員室や保健室は、大事な資料が置いてあったり、それぞれの使い道があるので、開放してはいけません。

避難所に収容しきれなくなったときに、避難所指定場所以外の場所で、あふれた避難者を受け入れて「指定外避難所」が出来ることがあります。町内会館や児童館などです。しかし後から作ったこれらには行政からの救援物資が届かないことがあります。それゆえ行政に、そちらにも避難者がいる、と申請して下さい。

■ 避難所や被災地での生活

行政の救援はすぐには期待出来ません。食料や飲み物は、初めのうちは住民同士で分け合って下さい。

避難所の食糧や生活の担当者になった人は、食料品など救援物資の要求リストを作らなければなりません。近所の店屋が開くまでは、周辺に住む住民で避難所に避難していない人の分も含めて請求してあげて下さい。彼らも食料・水は不足しているからです。

炊き出しや焚き火をするときは、被災者の同意があれば、倒壊家屋の

木材を使うのがいいでしょう。初めは心理的にも嫌がるかもしれませんが、そうすることによって倒壊家屋にかぶさっているものが減って、その家の被災者が安全に物を取り出せるようになるという利点があるのです。

　避難所では、出来れば夜は外出を控えます。避難所のように安全な場所にいることが大事です。しかし家が大丈夫という人は、もちろん家にいてもかまいません。

　避難所でも家でも、停電していてもローソクの使用は厳禁です。余震で倒れたりガスに引火して火事の原因となるからです。懐中電灯を使用すること。阪神淡路大震災のときにはなかったのですが、いまはLED（発光ダイオード）ライトの方が電池の持ちが良く長時間使えます。

　移動する時に使う鞄は「リュックサック」が便利です。普段と違う動作をしなければならないことも多く、両手が自由に使えるようにしていた方がいいのです。そのうえ道路上には色々な物が散乱しているため、つまずいて転びやすいので、その面でも両手が使えることが大事なのです。

非常持出袋

（写真提供　東京都葛飾福祉工場）

> 既製品の非常持ち出し袋は、よく中身を確かめて、自分や家族に必要なものに組み替えておく必要がある。たとえば赤ちゃんのいる家は粉ミルク、高齢者のいる家は老眼鏡が必要だろう。こういった既製品を買ってこなくても、よく考えて、自分で必要なものを揃えておけば十分。ラジオ、懐中電灯、食糧、水のほか、予備の電池、寒さを凌ぐためのシートや、簡易トイレや、避難所生活で必要になるスリッパも入れたほうがいいかもしれない。発電機能が付いたラジオや懐中電灯も、あれば便利だろう。

地震の名前はどうやってつける？

　2000年10月に鳥取県西部に起きたマグニチュード7.3の大地震に「鳥取県西部地震」という名前が付きました。なんとも当たり前のことに見えます。

　しかし、地震に名前が付くまでには、実は大変な綱引きが水面下で行われているのです。

　1968年に十勝沖地震（マグニチュード7.9）が起きました。函館で大学が倒れるなど、道南と青森県に大きな被害を生みました。この地震の震源は襟裳岬と八戸のほぼ中間点にありましたから、青森県も大きな被害を被ったのでした。

　しかし、地震の名前を十勝沖とつけられたばかりに、国民の同情を集めたり、政府の援助を獲得するうえで、青森県はたいへんに損をした、と青森県選出の政治家は深く心に刻んだにちがいありません。15年後の1983年に秋田県のすぐ沖の日本海で大地震（日本海中部地震、マグニチュード7.7）が起きたときに、この政治家はいち早く気象庁に強い圧力をかけたと言われています。

　この地震は秋田県の沖に起きたのに、秋田沖地震ではなくて日本海中部地震と名付けられました。これはこの辺の政治的な事情を反映しているにちがいありません。

　地震学的にいえば日本海中部には地震は起きるはずがありません。起きたのは日本海全体から言えば、東のほんの端です。日本海中部というのは、科学的にはなんとも奇妙な名前というべきなのです。

　そして2000年に、鳥取県の西部、島根県境からも岡山県境からもそう遠くないところに大地震が起きました。命名する立場にある気象庁の係官は、胃が痛くなるような思いをしたにちがいありません。

　しかし、拍子抜けでした。ここでは十勝沖地震のときとは逆さまのことが起きたのです。県の名前を付けられると、観光客が減る、という「意向」が某県から伝えられたのです。

　人口の集中に悩む都会を別にすれば、どの地方も農業や漁業や地場産業の不振が続き、頼りは観光だけという日本の現状が、地震の名前にも現われているのです。

8　地震から生き延びる知恵

8-6 今出来る地震対策
──地震が来る前の用心①

ここからは地震に遭う前にしておくことを考えてみましょう。

■ 避難先を確認しておく

　普段から考えたり用意したりしておくことによって、実際に地震に遭ったときにずいぶん対応が違ってくるものなのです。まず大事なことは、地震に遭ったときに家族との連絡はどうするのか、それを考えておくことです。この用意だけでも大いに違うものなのです。

　大地震のあとは、電話会社が行う通信規制のために携帯電話はまず使えないものだと思ってください。このため、あらかじめ家族の避難先や避難先などを親戚や会社などに伝えておきましょう。また安否情報の連絡手段なども確認しておくといいでしょう。

■ 懐中電灯と靴を枕もとに置く

　地震や火事に備えて懐中電灯を持っている人は多いでしょう。人によっては、風呂場、炊事場、廊下、居間などの部屋に1つはぶらさげてあって、毎年正月休みには電池を点検している用心のいい人もいます。

　しかし、いままでの地震の例だと、枕元に置いてあった懐中電灯が1メートルも動いてしまって見つからなかったことがあります。懐中電灯はひとつ見つかれば2つ目を見つけることはやさしいのです。まず手許で、しかも地震で移動しない場所に小型のものをひとつ置いておく、たとえば布団の端の下に敷いておくことがいいかもしれません。

　懐中電灯にはいろいろな種類があり、最近普及しはじめている電池の寿命が長くて球切れの心配がないLED方式の懐中電灯がいいでしょう。震災の経験者は、両手が使えるようにヘッドライト式の懐中電灯がいい

と言っている人がいます。寝ているときにも、頭の代わりに腕にヘッドライトを通して寝ている人もいるそうです。

　もし出来れば、寝ている部屋に靴か、少なくとも厚い底のスリッパを置いておきましょう。地震のときに瓦礫やガラスが散乱しているところを歩かなければならないことが多く、怪我を避けるためです。

■ 寝室に危ない物を置かない

　地震は夜、寝ているときに起きるかも知れません。関西では地震は起きない、と多くの人が信じていた阪神淡路大震災のときに、私の先輩である地震学者は寝室の中にタンスも本棚も置いていなかったので命が助かりました。たとえ家やマンションが潰れなくても、大きな家具や電気製品は凶器になるのです。

　また、家具には出来るだけ転倒防止対策をしておくほうがいいでしょう。転倒防止のための金具を売っていて、L金具やチェーン式の固定具を壁に取り付けて固定します。

　また、釘やねじを壁や天井に打ってはいけないマンションなどでは、突っ張り式という天井と家具を突っ張らして倒れなくする方式の倒れ止め器具や、家具の下に敷いて地振動を吸収する「耐震吸着マット」や家具の前面の下に敷いて前に倒れるのを防ぐ器具なども売っています。

　しかし、これらの器具は万全のものではありません。大きな地震が来たときには役立たないこともあります。このため、子供や寝たきりの老人などの部屋には、タンスなど倒壊して被害を出しそうなものは置かないこと、ガラスのショーケースや、人形の入ったガラスケースを高いところには置かない用心も必要です。

7 帰宅難民にならないために
——地震が来る前の用心②

外出時に大地震に遭った場合の対策を考えてみましょう。

■ 帰宅用の地図を作る

職場から家までどこをどう通ったら歩いて帰れるのか、それを考えておくだけでもずいぶん違うものです。会社や学校に歩きやすい靴を置いておくこともいいかもしれません。実際に家まで歩いて帰ってみれば、それにこしたことはありません。そのときに、ビルが林立する谷間のような道は、落ちてきたガラスなどの瓦礫が散乱している可能性が高いから避けるべきでしょう。

職場や学校から家まで歩くための「自分だけの」地図を用意して、それに、あと何キロで何時間という家までの距離や時間や途中の目印になる建物などを記入しておくこともいいことです。出来れば、景色や状況が違うので、昼と夜、それぞれの時間帯に実際に歩いてみれば、それに越したことはありません。

■ 帰宅難民の発生

大都会だと、家まで遠くて大地震のあとで家まで帰れなくなる「帰宅難民（帰宅困難者）」が多数発生するのではないかといわれています。東京都の調査では、自宅までの距離が10キロを超えるときには1キロ増すごとに家へ帰れる人が10%ずつ減ってしまうといいます。つまり20キロを超える距離では全員が帰り着けないとされています。他の都市でも事情はほとんど同じでしょう。なお、東京では帰宅難民（帰宅困難者）の数は650万人にも達すると考えられています。

自治体も対策を少しずつは考えているようですが、まだ十分ではあり

ません。帰宅難民に対して自治体が対処する基本的な姿勢は、帰宅難民を保護することではなく、集客施設やターミナル駅に集まって動けなくなってしまった帰宅難民をどうやって出ていってもらうか、といったことなのです。

■ 車は利用しない

　職場や出先から車で家に帰ろうとするのは、よほど田舎でないかぎりは、やめるべきでしょう。幹線道路は厳しい規制下にあり、抜け道にも車両があふれ、どこも渋滞は避けられなくなるからです。渋滞に実際に巻き込まれてから車を乗り捨てることは困難です。

　車を路肩に寄せ、キーを付けたままドアロックをせずに安全な場所に避難する、とされていますが、車が盗難に遭ったとしても保険の対象にはなりませんし、行政も補償をしてくれません。

　職場や出先で地震に遭った場合は、駐車場に車を置いてくることが最善の選択でしょう。なお、車のトランクに折畳み自転車を入れておくのは、地震対策としてはとても良い考えです。

■ 最寄り避難所を利用する

　地震のあと、もし自宅への連絡が取れて家族の安否の確認がとれたなら、とりあえず無理をして帰宅をせず、最寄の避難所で一夜を過ごして様子を見ることを考えてもいいでしょう。帰宅難民も避難者と同じように行政に保護される権利はあるのです。

　各市町村の防災サイトには避難場所の情報が載っています。自分の帰宅経路の市町村の避難所の設置場所をあらかじめ調べておいて「自分だけの帰宅用の地図」に書き込んでおくといいでしょう。

8 災害伝言ダイヤル
——地震が来る前の用心③

大地震のときには携帯電話は使えなくなるもの、と覚悟しておいてください。

■NTTの災害用伝言ダイヤルサービス

携帯電話はもちろん、一般家庭用の電話もとてもかかりにくくなります。これは電話が混み合ったときには、電話会社が回線の規制をしてしまうからです。実際、被害がほとんど出なかった程度の地震でも、電話が使えなくなったり、かかりにくくなった例は多いのです。

なお、このときも、公衆電話だけは優先的につながるようにしているはずです。しかし公衆電話のうち灰色と緑色のものだけが優先され、桃色のものは除外されます。近頃、利益が出ないと言う理由で公衆電話がどんどん減らされているのは困ったことです。

被災後に電話を使うにはコツがあります。家族の安否の電話は、一番大事な人にかけ、もし繋がったら親戚などに伝言リレーしてもらうようにしてください。かかりにくい無駄を避け、出来るだけ回線の数や回線の使用時間を減らすことが必要でしょう。

阪神淡路大震災のあと、NTTは「災害用伝言ダイヤルサービス」というものを始めました。これは直接の通話は出来ませんが、伝言を録音しておいて家族や知人がその録音を聞くことが出来る仕組みです。

ただし無料のサービスではありません。録音するのにも通話料が必要ですし、再生のときも、しっかり被災地までの通話料を取られます。

具体的には、

①伝言の録音：171－1－（自分の）市外局番－自分の電話番号

こうして、メッセージを録音します。ゼロから始まる市外局番を抜いてはいけません。実際にはこの電話は被災地域の外でも録音されたり再

生されるのです。

②伝言の再生：171－2－（相手の）市外局番－相手の電話番号

　これで、相手が録音したメッセージを聞くことが出来ます。こちらが全国どこにいても、何度でも、聞くことが出来ます。しかしメッセージは、関係者ではない誰にでも聞かれてしまう可能性があることに注意してください。暗証番号を登録することも出来ますが、そのときは、あらかじめ暗証番号を知らせている人でないと使えなくなります。

　またプッシュホンでないと、再生を聞き直すことや再生を聞いた人からの追加録音（返事）は出来ません。携帯電話からも使えます。

　ただし、この災害用の電話は、実際に災害が発生したとき、発生した地域だけでNTTが提供する特別なサービスです。このため、災害が起きていないときにはテストしてみることも、動作を確認してみることも出来ません。

　なお、携帯電話の音声通話は規制のために使えなっても、メールは使えることがあります。携帯各社は2004～2005年から災害時に「携帯伝言板」が使えるようにしました。新潟中越地震（2004年）では25万人が利用したといいます。

8-9 地震と被害について知っておく―地震が来る前の用心④

地震に備える一番大事なことは、地震について正しい知識を持つことです。

■ 予想される二次災害を知っておく

　地震についてはいろいろな言い伝えや無責任な言説がありますが、最近の地震学に基づいた、正確な知識を持っていることが、とても必要なのことなのです。この本も、そのために作られています。

　まず自分が住んでいる地域がどんな地震に遭う可能性があるのかを知っているべきでしょう。海溝型の地震は起きそうなところがすでに分かっています。直下型地震については、あいにくなことに日本のどこでも襲われる危険性がありますので、どこならば大丈夫と安心することは出来ません。不意打ちを覚悟しなければなりません。

　たとえば阪神淡路大震災の前には、関西には大地震は起きない、と思っている人が多かったといいます。これには行政の責任もあるかも知れません。「予知が出来る」と謳われていた東海地震だけがクローズアップされたために、東海地震の前に他の地域で予知が出来ない大被害が起きるとは思ってもいなかった人が多かったのは不思議なことではありません。

　次に大事なことは、自分の住んでいる地域では地震が起きたときにどんな二次災害が起きる恐れがあるのかを調べておくことです。

　具体的には津波、土砂崩れ、土石流、液状化の危険があるところは、それなりの注意や対策をとっておくべきでしょう。海岸では津波が来る前に、すぐに高い土地へ避難しましょう。高い土地が近所にない場合は鉄筋コンクリートのなるべく高い建物に避難しましょう。4階以上ならまず安心です。土砂災害が起きそうなところでは、やはり一刻も早い避

難が必要です。とくに地震後に雨が降ると、地震でゆるんでいた地盤が崩壊することが多いのです。このほか、上流にダムがあるところではダムが決壊したり、ガス爆発や放射能汚染の恐れがある地域などの危険な地域に住んだり職場や学校がある人は、あらかじめ知っておくべきです。普段通っている橋が落ちることも考えておくべきでしょう。

■防災ハザードマップ

これらを正確に知ってあらかじめ対処しておくことによって、被害を少なくすることが出来るはずです。これらの災害のうちの一部は、それぞれの地方自治体が発行して配布している「防災ハザードマップ」に載っているものもあります。これはよく読んでおいたほうがいいでしょう。

しかし、原子力発電所の放射能汚染のように、行政が神経質になっている災害では行政はハザードマップを作っていません。

防災ハザードマップの例

（香川県さぬき市のホームページより）

もっとミクロなことは自分で調べておかなければなりません。たとえば自分の家が建っている場所の地盤は、知っておくべきでしょう。川に近ければ、川の氾濫の跡の砂の地層であったり、扇状地であったりします。宮城県沖地震（1978年）のときは倒壊した家の99％までは、明治時代までは人が住んでいないところでした。でも、こんなことまでは、普通は行政は教えてくれないのです。

阪神大震災時のライフラインの復旧に要した時間

	種類	電気	プロパンガス	水道	都市ガス
	復旧した日	1月23日	1月28日	2月28日（仮復旧）	4月11日
電気利用	電気コンロ	○			
電気利用	電気温水器	×	×	○	
電気利用	エアコン	○			
プロパンガス利用	ガスコンロ	×	○		
プロパンガス利用	ガス給湯器	×	×	○	
プロパンガス利用	ガスファンヒーター	×	○		
都市ガス利用	ガスコンロ	×	×	×	○
都市ガス利用	ガス給湯器	×	×	×	○
都市ガス利用	ガスファンヒーター	×	×	×	○
他	石油ファンヒーター	○			

（セキスイハイムの資料に加筆）　　　　　　　　　　（阪神大震災は1月17日に発生）

> 被害に遭ったライフラインが復旧するまでの、おおよその時間を認識しておくことも大切だろう。

8-10 耐震診断のすすめ
──地震が来る前の用心⑤

阪神淡路大震災で明らかになったように、古い家は新しい家よりは一般には弱いのです。

■ 援助金を出す自治体もある

　木造住宅は、シロアリに冒されていればずいぶん弱くなっている可能性があります。このため、建て直す必要はないにしても、耐震診断をしてもらって補強するだけでも家の強さはずいぶん違ってきます。

　現在、全国の木造住宅のうちの7割、約1860万棟もが1981年に出来た新耐震基準より前に作られた建築です。つまりこれらの家屋は弱い耐震基準で造られたままなのです。阪神淡路大震災のときには1981年以前に建てられた家やビルの倒壊が目立ちました。日本のどこが次の地震に襲われるか分からない以上、住宅の耐震化は急務です。

　自治体によっては耐震診断に補助金が出るところもあります。しかし、どのくらいの補助が出るかは自治体によって大差があります。いちばん手厚いのは神奈川県横浜市です。ここでは、条件はありますが、木造の一般住宅だと耐震診断は無料でやってくれます。これに比べて、たとえば東京都練馬区では、木造住宅については補助はなく、3階建て以上の古いコンクリート住宅だけ、それも耐震診断のわずか10％、しかも20万円が限度の補助しかしてくれません。しかし、全国にはなんの補助もない自治体も多いのです。

　このほか、たとえば東海地震のお膝元、静岡市でも耐震診断費用の一部しか出していません。木造住宅を耐震補強するときの助成制度はありますが、県の負担は木造住宅1棟に付き30万円が限度で、あとはそれぞれの市町村が上乗せ補助することになっていますが、その額は決まったものではありません。

横浜市には無料の耐震診断だけではなく、耐震改修のための補助金も、無利子の貸付制度もあります。横浜市は関東大震災（1923年）で、死者・行方不明者26000名、焼失家屋56000という大被害を被っています。このためにこの手厚い制度が出来たのですが、同じような被害を被った東京では、ずっとわずかな補助しか出ません。

　木造住宅が倒壊することは、その家に限らず、怪我人の搬送や治療、被災者の救援、倒壊住宅の撤去、仮設住宅の建設、場合によっては大規模火災など、その都市全体にとっても大きな負担になります。その意味では、災害を予防するための支出は惜しむべきではないでしょう。地震予知があてにならない以上、いや、たとえ地震予知が出来ても倒壊などの被害は避けられないわけですから、この種の備えは大事なのです。

横浜市の耐震診断（木造住宅耐震診断士派遣制度）（無料）

・対象建築物
　診断の対象は、次の条件をすべて満たすものとします。

建物	木造の個人住宅（自己所有で自ら居住している在来工法のもの）であること（※一部店舗併用の住宅、2世帯住宅は含みますが、プレハブ住宅、ツーバイフォー住宅、アパート、長屋，賃貸住宅や貸店舗を含むものは対象外となります。）
規模	2階建以下、延べ面積215m^{2}以内であること
建築時期	1981年5月31日以前に建築確認※を得て着工したもの ※家を建てる時などには、建築確認申請を行い、建築基準法の基準に適合していることを証明する確認通知書（現：確認済証）の交付を受けることとなっています。お手元の確認通知書の日付をご確認ください。 ※増築工事のために1981年6月1日以降に建築確認を得たものについては対象外となりますが、増築部分の延べ面積が既存部分の延べ面積の1/2に満たないものは対象とします。（検査済証の交付を受けたものは除く。） ※建築基準法施行前に着工したものについても対象とします。

※建築確認通知書や建築図面（平面図）等があれば、診断がスムーズに行われます。

■耐震改修工事費に対する補助金を希望される方（世帯所得に応じて耐震改修工事費に対して一部補助）
■耐震改修工事費に対する融資を希望される方（最高限度額400万円）
■住宅建替えの融資を希望される方（最高限度額400万円）

（神奈川県横浜市のホームページより（2005年10月現在））

8-11 地震後の生活

誰でも被災した自分の家を片づけたいというのが当たり前です。しかし、まず道路の上に崩れた家や塀を片づけてください。

■ 壊れた自宅を片づけるときに

　緊急車両やゴミ回収車の通行を確保することが、被災地全体のためには必要なのです。

　倒壊家屋や半壊家屋では一刻も早く家の中に入って大事なものを取り出したりしたいでしょうが、その前にしておく大事なことがあります。これ以上倒壊が進まないよう「つっかい棒」をしたり、屋根のほうから順番に物をとりはずしていくなどしてから、家へ入ってください。大きな余震があればなおさら、そうではなくてもさらに崩れるのは恐ろしいことです。

　また家に入るときは、家具が散乱している場合は、心理的な抵抗もあるかも知れませんが、靴のままで上がるか、スリッパを履いて下さい。食器や照明器具や置物などの割れた陶器片・ガラス片で足を切ったり、柱や家具の裂け目部分で足の裏を切ったりトゲが刺さることがよくあるからです。地震の怪我人の処置だけで医療機関は手一杯なので、これ以上怪我を増やさないようにしなければなりません。同じ理由で、出来れば軍手かゴム手袋をはめて片づけて下さい。

　倒れた食器棚を戻すときには注意が必要です。急いで起こしてはいけません。それは、すでに落ちてしまった食器類が隙間を埋めているために、落ちずに残っていた食器が食器棚を起こすことによって、新たに落ちてきて割れるからなのです。それゆえ、食器棚を起こす前に、まず棚の中にある食器やコップを横から手を入れて取り出して下さい。もちろん、食器の破片で怪我をしないよう手袋が必要です。その後に食器棚を起こします。

　倒れた家具の上を乗り越えなければならないこともあるでしょう。注

8 地震から生き延びる知恵

意することは、たいていの家具の裏板はごく薄いベニア板なので踏み抜くことがあることです。踏み抜いたら大けがをしかねません。

ブレーカーの電源を入れ直す時は、通電火災に十分注意してください。家具と壁の間にあった電線が地震でこすれて被覆が向けて裸になっていてショートしたこともあります。つぶれたテレビも出火源になります。通電後、照明器具を点けるときも、電球、蛍光灯が割れていてショートしたり発火したりする可能性を考えながら点けて下さい。ほかの電化製品も同じです。

被災地のゴミ処理には問題がたくさんあります。しばらくはゴミの集積所に山が出来て道路に大きくはみ出してしまいます。しかしただでさえ狭くなっている道路がもっと狭くなることで、救援物資の車両や緊急車輌が通りにくくなっては困るのです。近くの人と話し合って、ゴミは一時的に出すのを待つことも必要かも知れません。地震直後は行政も手が回っていないところがたくさんありますので、自分たちで考えて行動することが必要です。

壊れた自宅を片づけるときの注意事項

- まず自宅前から片づける
- これ以上、倒壊が進まないように処置する
- 家の中では靴かスリッパを履く
- 食器棚を起こすときは、中のものを取り除いてから
- 家具の裏板は薄いので、踏み抜かないようにする
- ブレーカーを入れ直したり、電化製品を使うときは、通電火災に気をつける
- ゴミ出しは、近所の人たちと話し合ってから

■ 水は飲料用と生活用に分ける

　被災した地域では、水の不足が深刻になります。

　地下に埋まっている水道管が地震で壊れてしまうと、直るまでにはずいぶんの時間がかかります。このため、限られた水を上手に使うために「飲める水」と「飲めない水」を使い分ける必要があります。「飲める水」は飲み水や食器洗いに使う「飲料水」、「飲めない水」は掃除や洗濯やトイレの水洗に使う「生活用水」です。

　このうち「生活用水」は、近くの川や池、それに、飲用禁止となっている井戸の水でも充分使用出来ます。給水車の移動回数を減らしてあげ、渋滞防止のためにも必要なことです。

　もちろん、この2つの水はきちんと区別することが必要です。給水車などからの水を配る時は、「飲料水」と「生活用水」とに分けて、マジック書きなどで明記してから人々に渡して下さい。

　被災地で恐ろしいのは伝染病の蔓延です。「生活用水」に使って細菌汚染した容器が別の人に渡って「飲料水」に使われると、病気の感染のおそれが出るのです。このためにも「飲料水」はペットボトルに入れておくほうが安全でしょう。

　地震後の医療機関は重傷者の治療だけで手一杯なので、出来るだけ怪我や病気をしないようにして下さい。

　商店と被災者の関係は、じつは微妙なものです。商店にある食料品や生活必需品を被災者のために差し出すことは美談です。被災者も喜ぶでしょう。しかし一方で、商店はものを売ることではじめて生活が成り立つ職業でもあるのです。

　また逆に、もしかしたら、商店によっては、不当に高い値段で売ろうとするかも知れません。阪神淡路大震災のときには、この両方があったといわれています。サービスしすぎて倒産した商店は第三次災害といわれたそうです。いずれにせよ、同じ被災地で大なり小なりの被害を受けたもの同士として助け合っていくことが必要なのです。

8-12 火災保険の問題

火災保険に加入している人は多いでしょう。しかし震災による被害の場合、保険金は支払われないのが現実です。

■ 阪神大震災での火災

阪神淡路大震災（1995年）後に発生した火災の発生件数は、兵庫県を中心として合計約290件あり、水道管も破損して水は出ず、消火能力をはるかに超えていたために火はその後何日も燃え続けました。この結果、燃えた建物数は合計約7500棟（うち全焼が約7000棟）、焼失総面積は約66万平方メートルにもなってしまいました。

被災した世帯は9300以上にもなりました。このうち、ほとんどは延焼による被災です。このうち焼損面積が1万平方メートルを超える大規模火災11件は神戸市の長田区、兵庫区、それに須磨区の東部に集中しているなど、東灘区から須磨区にかけての一帯でとくに火災の被害が多く出てしまいました。

火災は地震直後に発生したものもあります。しかし地震後2〜3日目に発生した火事も多く、なかには1週間以上経過した後に発生した火災もありました。この中には送電が再開されたために発火した通電火災もかなり含まれていたと考えられています。しかし、最終的な火災発生原因の多くは原因不明とされています。

■ 火災保険の「地震免責条項」とは

地震保険に入っている人はまだ少ないのですが、火災保険に加入している人は全国どこでもずっと多いのです。阪神淡路大震災を被った人々の多くも火災保険（や火災共済）には入っていました。しかし、被災者の要求に対して、どの損保会社や共済組合も「地震免責約款」があることを理由にして火災保険金や共済金の支払いをしませんでした。

火災保険の約款には地震免責条項（地震免責約款）は、損保各社とも

次のような表現に統一されています。『当会社は、次に掲げる事由（地震、噴火、またはこれらによる津波）によって生じた損害または傷害（これらの事由によって発生した前条（保険金を支払う場合）の事故が延焼または拡大して生じた損害または傷害、および発生原因のいかんを問わず前条（保険金を支払う場合）の事故がこれらの事由によって延焼または拡大して生じた損害または傷害を含みます）に対しては、保険金を支払いません』。

しかし、この地震免責条項は法律の専門家から見ても言葉が入り組んでいて難解なものです。一般の人たちが理解するのは容易ではありません。もちろん、ほかの保険の約款と同じく、虫眼鏡を使わないと読めないような小さい字で書いてあります。

じつは「（地震によって）延焼または拡大して生じた損害または傷害」との規定は、具体的にどんな場合がこれに当たり、どんな場合がこれに当たらないのか、はっきりしていません。それゆえ、地震免責条項は損保会社の判断で、損保会社の都合のいいように無限に拡大解釈されることにもなりかねないのです。

実際、阪神淡路大震災のときにも「地震直後に火が出たのならともかく、何日もたったあとでの原因不明の出火なのに火災保険を支払わないのは納得がいかない」「損保会社は地震免責とそれ以外の火災の線引きをどこでするのか合理的に説明してほしい」といった不満が多くの被災者から上がりました。また、「地震免責約款の存在を知らされていなかった」「契約時に地震免責約款の説明がされなかった」という不満もありました。

ローンによって建てた家が焼けて多額のローンだけが残ってしまって自力で生活を再建出来ない人たちも多かったわけですから、火災保険金の支払いがあれば住宅や生活の再建が可能になる、という必死の人たちは多かったのです。結局、損保会社や共済組合は、火災被災者に対して火災保険金を支払わない理由を説明しないまま、保険金を支払いません

でした。

阪神淡路大震災後の出火。時間別の割合（消防庁の資料より）

		当日	1日後	2日後	3日後	4日後	5日後	6日後	7日後	8日後	9日後	合計
神戸市		100	14	15	8	5	3	6	3	9	9	166
	東灘区	13	2	4	1			2		2		24
	灘区	17	3		1	1					1	22
	中央区	16	4	3	3	2	2	1		1		31
	兵庫区	16	1	3			1	1	1	1		27
	長田区	13	2	4	2			1		1	1	27
	須磨区	17	2	1			1	1	1	2		20
	垂水区	6			2					2	1	11
	北区	1							1			2
	西区	1			1							2
神戸市以外		106	7	5	1	0	0	0	0	0	0	119
	西宮市	34	4	3								41
	芦屋市	9	2	2								13
	尼崎市	8										8
	伊丹市	7										7
	明石市	6										6
	大阪市	15		1								16
	豊中市	4	1									5
	その他	23										23
合計		206	21	20	9	5	3	6	3	9	3	285

（注　資料のとおりに作成したため、各数字と合計値が合っていません）

8-13 地震保険の問題

地震保険は、新潟地震（1964年）をきっかけにして1966年に誕生したものです。

■ 地震保険

　地震保険には、損保各社が発売するもののほかに、農協（JA）の「建物更生共済」や全労済の「自然災害共済」などの同じような仕組みがあります。保険料は、日本を1等地から4等地までの4つの地域に分けて、それぞれ違った保険料を払うことになっています。いちばん保険料が高い4等地になっているのは東京都、神奈川県、静岡県でいちばん安いところとは約3倍違います。

　補償限度は建物5000万円まで、家財は1000万円までです。また木造か木造でない（コンクリートなどの）かでも、保険料が違ってきます。

　なお、全体の支払度限度額というものがあります。この額は2005年からは5兆円になっています。もしこれを超えたら、総額を分ける仕組み（保険金が切りつめられる）になっています。この5兆円のうち損保会社が負担するのは約18％で、あとは政府が支払うことになっています。

　なお、地震保険は単独では入れません。火災保険とセットにしないと加入出来ず、支払額も火災保険の保険金額の30％から50％の範囲内と決められています。つまり地震で全焼してしまっても、最大でも火災保険の半分しか支払われないのです。また、工場や事務所は対象外です。

　ところで、昔とは違っていまでは、全損だけではなくて半損（半壊）や一部損（一部倒壊）でも保険金が支払われるようになりました。全損の場合は保険金額の100％が支払われ、半損の場合50％、一部損の場合は5％が支払われる仕組みです。なお、損害が「一部損」に達しない場合は、保険金はまったく支払われません。

　ここで損保会社がいう半損とは「建物の場合、主要構造部の損害の額が、その建物の「時価」額の20％以上50％未満になった場合、または焼

8 地震から生き延びる知恵

失あるいは流失した部分の床面積が、その建物の延床面積の20％以上70％未満になった場合」とされています。つまり、最悪の場合は70％も壊れてしまったとしても、保険金は半額しか支払われないのです。しかも、損保会社は「時価」を適用します。時価額とは、同じものを新たに建築あるいは購入するのに必要な金額から使用による消耗分を控除して算出した金額で、少しでも使ったものは減額されてしまうのです。

　一部損でも、事情は同じです。建物の主要構造部が、その建物の「時価」額の3％以上20％未満になった場合に、最大でも保険金額の5％が支払われるだけです。つまり地震で損害を受けた分だけ地震保険がカバーしてくれるわけではないのです。

　知っておいたほうがいいことは、建物の土台や柱などの主要な構造部に被害があったときだけにしか支払われないことです。たとえば塀が倒れても支払われません。また家財は損害額が時価の10％以下では支払われません。

　マンションでも地震保険をかけることが出来ます。しかし自分の持ち分以外の共用部分の修復には、個人の地震保険はきかず、管理組合としてマンション全体の加入が必要です。2005年に起きた福岡県西方沖地震のときには、福岡県内のマンションの8割は管理組合が地震保険に入っていませんでしたが、じつは被害が大きかったのは共用部分だったのです。

　地震保険はどの保険会社でも同じものですが、付帯する特約が違うものがあります。たとえば地震保険を上限の火災保険契約額の50％まで加入している場合、さらに30％上乗せして計80％を補償する特約が付けられるものや、地震や災害で住居に住めなくなった場合に仮住まい費用として宿泊費などを払う特約のある損保会社もあります。

　阪神淡路大震災のときには損保会社が支払った地震保険金の総額は783億円でした。一方、国民の義捐金は全国から1500億円もが集まりました。いまの仕組みの地震保険では、地震保険は国民の義捐金よりも少な

い救いにしかなっていないのです。これ以上の普及にはまだ壁がありそうです。

地震保険

1等地:
北海道、福島、島根、岡山、広島、山口、香川、福岡、佐賀、鹿児島、沖縄

2等地:
青森、岩手、宮城、秋田、山形、茨城、栃木、群馬、新潟、富山、石川、山梨、鳥取、徳島、愛媛、高知、長崎、熊本、大分、宮崎

3等地:
埼玉、千葉、福井、長野、岐阜、愛知、三重、滋賀、京都、大阪、兵庫、奈良、和歌山

4等地:
東京、神奈川、静岡

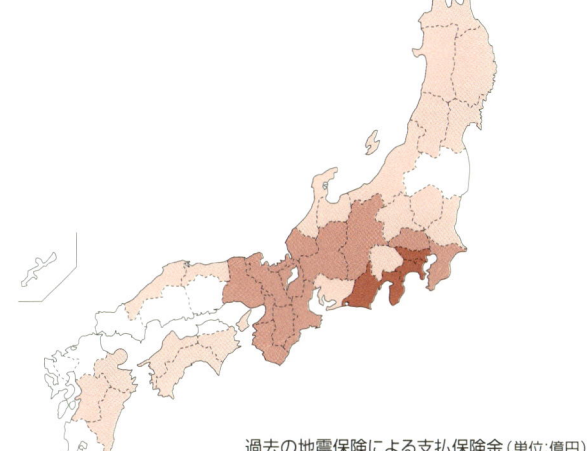

地震保険の基本料率（単位:億円）

等値別	非木造	木造
1等地	0.50	1.20
2等地	0.70	1.65
3等地	1.35	2.35
4等地	1.75	3.55

※保険金額1000円、保険期間1年につき

過去の地震保険による支払保険金（単位:億円）

	災害名	発生年月	支払保険金
1	阪神大震災	1995年 1月	783
2	芸予地震	2001年 3月	169
3	福岡県西方沖地震	2005年 3月	158
4	新潟県中越地震	2004年 10月	139
5	十勝沖地震	2003年 9月	56
6	鳥取県西部地震	2000年 10月	29
7	宮城県北部地震	2003年 7月	21
8	宮城県沖地震	2003年 5月	18
9	北海道東方沖地震	1994年 10月	13
10	雲仙・普賢岳噴火	1991年 6月	13

8 地震から生き延びる知恵

8/14 裏と表の関係にある災害と恩恵

自然現象としての「地震」と、社会現象としての「地震災害」とは別のものです。

地球は動いている

　この本に書いてきたように、同じ大きさの「地震」でも、それがどこを襲うかで「地震災害」の大きさが決まります。

　地震にしても、火山噴火にしても、また大雨による洪水にしても、人類が地球に住み着く前からくり返し起きてきた現象です。いわば、地球にとってはありふれた現象です。

　地球にとっては同じありふれた現象が続いていたのに、人類の登場以来、「災害」が起きるようになってしまったのです。たまたま人間が住んでそこに文明を作っていなければ災害は起きません。つまり災害とは、自然に起きる現象と人間社会との接点で、ふたつが複合されてはじめて起きる「事件」なのです。

　地震や火山噴火といった自然災害は、人類史上、たびたびの大被害をもたらしてきました。その意味では、地震も火山も、私たち人類にとっては疫病神には違いありません。もし地球から地震も噴火もなくなれば、地球ははるかに平和になる、と思う人も多いでしょう。

　しかし、地球科学者である私の考えは少し違います。地球は冷え切って死んでしまった星ではありません。表面こそある程度冷えて、私たちが住める程度の温度になってはいますが、地球の中では熔けた岩がまだのたうちまわっている「生きた」星なのです。

　地震や火山の噴火は、地球という星が進化の途上で起こしているダイナミックな事件です。地震や火山は災害を起こす疫病神ではありますが、同時に、地震や噴火は地球の「息吹き」で、生きて動いているとい

う証しでもあるのです。地球の内部には巨大な熱源があり、それがプレートを動かす原動力になっています。そしてそのプレートの動きが地震を起こしたり、マグマをつくって噴火を起こしているのです。

■自然の恩恵

　私たち人類は、自然災害をこうむっている一方で、地球が生きて動いているということの大きな恩恵も受けていることを忘れるわけにはいきません。そもそも日本列島が出来たのもその恩恵のひとつなのです。また私たちが山河の風景をめでたり、温泉を楽しむことが出来るのも、地球が生きて動いているからです。

　そして、日本列島が出来たことと、地震や噴火とは、地球という星にある同じメカニズムと同じエネルギーの源泉からきています。災害と恩恵とは、地球が生きて動いていることとの裏と表になっているのです。

海岸段丘－自然の恩恵のひとつ（房総半島先端の千倉町）

（写真提供　千葉県立中央博物館）

房総沖に起きた地震の繰り返しによって段丘が作られ、人の住む場所を作ってくれた。

さくいん

数字・英字

3成分歪計	49
P波	128
S波	128

あ行

アスペリティ	110, 149
アセノスフェア	60, 76
アラスカ地震	121, 186
石橋克彦	28
伊豆半島	70
伊豆大島近海地震	22
有珠火山	167
有珠火山観測所	27
液状化	248

か行

海岸段丘	297
海溝	178
海溝型地震	170, 178
海城地震	14
海膨	66
海洋プレート	72
海嶺	64
核	130
火災旋風	232
火災保険	290
火山性地震	167
活断層	158
関東地震	147
関東大震災	147, 230
ガブロ	60
岩流圏	60, 76
菊池聡	54
帰宅難民	278
ギャオ	65
緊急地震速報	262
釧路沖地震	92, 238
群発地震	167
計測震度	150
芸予地震	154
激震	143
月震	76
原子力発電所	244
原発震災	244
玄武岩	60
元禄地震	228
コア	130
国際地震センター	97
古文書	216
災害伝言ダイヤル	280

さ行

サイレント地震	117
相模トラフ	210, 230
錯誤相関	54
サイスミック・カップリング	120
三陸津波地震	90, 114, 250
斜面崩壊	252
昭和新山	197
震央	180
震源	136, 180
震源域	180

震源断層	83, 86	体積歪計	48
震災の帯	159	太平洋プレート	
震度	138, 140		66, 174, 179, 186, 188
(日本の) 震度	140	大洋中央海嶺	64
震度予測	149, 160	大規模地震対策特別措置法	28
地震観測所	88	大震法	28
地震危険度マップ	208	大地震周期説	190
地震計	148	断層	83
地震断層	83	断裂帯	188
地震調査委員会	44	千島海溝	189
地震調査研究推進本部	160, 226	中央海嶺	64
地震のメカニズム	87	中央防災会議	202
地震波	128, 132	中心核	130
地震保険	293	長周期表面波	229, 240
地震防災対策観測強化地域判定会		チリ地震	106, 121
	44	津波	94, 254
地震予知研究協議会	20	津波マグニチュード	114
地震予知小委員会	25	津波予報区	257
地震予知連絡会	44	寺田寅彦	176
地震を起こす効率	120	電磁気的な前兆	26
地盤	144, 152	東海地震	155, 193, 200
地盤災害	252	東海地震観測情報	46
蛇紋岩	60	東海地震予知情報	46
人工地震	160	東海地震注意情報	46
人造地震	125	唐山地震	36
スマトラ沖地震	108	東南海地震	51, 170, 198
スロッシング	229, 240	東北地方太平洋沖地震	
走時曲線	132		3, 196, 244, 256
想定震源域	30	十勝沖地震	
た行			111, 139, 144, 229, 254
耐震診断	285	土石流	252

さくいん

鳥取県西部地震 …… 154, 238, 240
トラフ …………………… 178
トレンチ法 ……………… 223

な行

内部直下型地震 …… 170, 204, 208
中西一郎 …………………… 62
南海地震 ………… 170, 198
南海トラフ ………… 189, 194
新潟地震 ………………… 248
新潟中越地震 …………… 241
日本海中部地震 ………… 172
ニューマドリッド地震 …… 123
野島断層 ………………… 111

は行

発震機構 ………………… 87
阪神淡路大震災
…………… 158, 204, 236, 284, 290
判定会 …………………… 44
斑糲岩 …………………… 60
東太平洋海膨 ………… 66, 188
非常持出袋 ……………… 274
避難所 …………………… 273
ヒマラヤ ………………… 72
兵庫県南部地震
………… 139, 158, 238, 265
フィリピン海プレート … 174, 179
福井地震 ………… 141, 152, 234
プレート ………………… 58
プレート・テクトニクス ……… 74
プレート間地震 ………… 170
プレート境界型地震 …… 170, 188
プレート内地震 ………… 170
プレスリップ ……… 50, 200
宝永地震 ………… 169, 194
北米プレート ……… 174, 179
北海道東方沖地震 ………… 93
北海道南西沖地震 … 111, 123, 172
本震 ……………………… 122
防災ハザード …………… 283

ま行

枕状溶岩 ………………… 60
マグニチュード ………… 98
マグマ …………………… 68
マグマだまり …………… 60
マルティプルショック …… 112
マントル ………… 76, 130
宮城県沖地震 ……… 153, 228
無声地震 ………………… 117
モーメント・マグニチュード …… 104
ユーラシアプレート …… 174, 179

や行

有感地震 ………………… 167
地震 ……………………… 117
溶岩 ……………………… 68
余震 ……………………… 122

ら行

リヒター,チャールズ ………… 99
リソスフェア …………… 76
歴史地震 ………………… 216

おわりに

　2011年3月に起きた東北地方太平洋沖地震は、モーメント・マグニチュード9.0という大地震でした。

　この本にも書いたようにモーメント・マグニチュードは近代的な地震計が配備されてからはじめて決められるようになったものさしですから、昔の地震については比べようがありませんが、1960年にチリで起きたチリ地震のモーメント・マグニチュードが9.5で、近年、世界で起きた最大の地震だと考えられています。

　その後、いままでに、今回の東北地方太平洋沖地震なみの巨大地震が世界で4つほど起きています。アラスカ地震（1964年）、カムチャッカ地震（1952年）、スマトラ沖地震（2004年）、チリ中部地震（2010年）などです。そのどれもが太平洋のまわりに並んでいて、日本もこの種の世界的な巨大地震の例外ではなかったことを改めて認識させることになりました。

　じつは、調べてみると、過去にも日本近海で同じような巨大地震が起きていたことが分かりました。これは海岸から数キロメートル入ったところまで海底の砂が運ばれていたのが調査によって分かったのです。つまり今回の東北地方太平洋沖地震は日本史上初ではなく、近代以降に起きたことがなかったので、一般には知られていなかっただけだったのです。

　その世界有数の地震国であり、いうまでもなく人口密度の高い国に60基近い原子炉を並べ、さらに原子力発電を拡大しようとしてきたのが日本でした。

　たとえば元首相・安倍晋三の祖父で1960年代に首相だった岸信介が「原子力開発は将来の日本が核武装するという選択肢を増やすためだ」と回顧録（『岸信介回顧録――保守合同と安保改定』廣済堂出版、1983年）で書いているように、原子力発電は軍事ミサイルを飛ばすための技術を磨くための宇宙開発とともに、重要な国策として推進されてきたのです。

　私は以前から地震で原子力発電所が破壊されて被害を拡大する原発震災を警告してきましたが、この東北地方太平洋沖地震では、この原稿の執筆時、東京電力の福島第一原子力発電所で、それが現実になりつつあります。この

本の執筆時に、すでに米国のスリーマイル島原子力発電所事故（1979年）を超える世界的な原発事故になっています。

かつて私は阪神淡路大震災（1995年）のあとに書いた本（『地震列島との共生』岩波科学ライブラリー）で、このように書いたことがあります。

「阪神淡路大震災の半年あまりあと、日本では福井県にあるプルトニウム高速増殖炉の原型炉「もんじゅ」で大量のナトリウム漏れという事故があった。これも世界中で大きく報じられた。天災が少なく、責任観念が発達している欧州人にとっては、政府や動力炉・核燃料開発事業団（現・日本原子力研究開発機構）がとった対策を静観しているだけの日本人の対応はかなり奇妙に見えた。かつて欧州でも同様の事故が起きたのをきっかけに廃炉にした国が続出したからである。日本人は、すべての事故を天災のように避けられないものと考えているのではないか、というのが私が知っている欧州人の反応だった。

私はこの評価は間違ってはいないが、十分ではないと思う。日本人は天災だと思ってあきらめるのと同時に、その災害を忘れようとして忘れてしまうのではないか、と思うからである。忌まわしい震災を忘れるために、情緒的で過剰な報道が行われたオウム事件は格好の材料を提供してしまったのではないだろうか。」

こんどの震災での原子力発電所の事故は天災ではありません。この大きさの地震がかつて日本を襲ったことがあって、その後にも繰り返す可能性があったのですから、それを想定していなかった原子力発電所が事故を起こしたのは人災なのです。

かつて「もんじゅ」の事故のあとで起きたことがくり返されないことを、著者としては強く望んでいます。

この本が出来るまでにはいろいろな方にお世話になりました。なかでも地震に対する備えや地震後の生活については、阪神淡路大震災（1995年）を被ったり、間近で救援に尽力された数越達也さん（当時、兵庫県須磨友が丘高校教諭）たち（伊豆倉正敏さんが中心になり、ほかに伊豆倉恵子・長谷達夫さんも）がまとめられた『阪神淡路大震災被災者の教訓集』を引用・参考

にしました。この教訓集は、インターネットでも http://homepage2.nifty.com/ja3tvi/hys.html や http://homepage2.nifty.com/ja3tvi/ で見られます。

　また、昔の地震についての資料は古地震学の権威である伊藤純一博士に多くのことを教わりました。記して感謝します。

島村英紀（しまむら　ひでき）

1941年東京生まれ。東京大学理学部卒。同大学院修了。理学博士。東大助手、北海道大学助教授、北大教授、ＣＣＳＳ（人工地震の国際学会）会長、北大海底地震観測施設長、北大浦河地震観測所長、北大えりも地殻変動観測所長、北大地震火山研究観測センター長、国立極地研究所長を経て、武蔵野学院大学特任教授。ポーランド科学アカデミー外国人会員（終身）。

自ら開発した海底地震計の観測での航海は、地球ほぼ12周分になる。趣味は1930 ― 1950年代のカメラ、アフリカの民俗仮面の収集、中古車の修理、テニスなど。メールアドレスはshima@1mg.jp。ホームページは「島村英紀」で検索。

●著書

『地球の腹と胸の内――地震研究の最前線と冒険譚』（講談社出版文化賞受賞）、『地震と火山の島国――極北アイスランドで考えたこと』（産経児童出版文化賞受賞）、『地震をさぐる』（日本科学読物賞受賞）、『地球がわかる50話』（中学国語教科書に文章を採用されたほか、国際交流基金や韓国・台湾・香港・中国の日本語能力試験にも採用された）、『深海にもぐる』（中学国語教科書に文章を採用された）、『日本海の黙示録―「地球の新説」に挑む南極科学者の哀愁』、『地球がわかる50話』、『地震と火山の島国――極北アイスランドで考えたこと』、『地震列島との共生』、『地震学がよくわかる――誰も知らない地球のドラマ』、『「地震予知」はウソだらけ』、『私はなぜ逮捕され、そこで何を見たか。』、『地球環境のしくみ』、『「地球温暖化」ってなに？――科学と政治の舞台裏』など多数。著書のいくつかは中国や韓国でも翻訳出版されている。

巨大地震はなぜ起きる

2011年4月25日	初版第1刷発行
2011年5月20日	初版第2刷発行

著者 ―― 島村英紀
発行者 ―― 平田　勝
発行 ―― 花伝社
発売 ―― 共栄書房
〒101-0065　東京都千代田区西神田2-7-6 川合ビル
電話　　　03-3263-3813
FAX　　　03-3239-8272
E-mail　　kadensha@muf.biglobe.ne.jp
URL　　　http://kadensha.net
振替　　　00140-6-59661
装幀 ―― 黒瀬章夫（MalpuDesign）
印刷・製本 ― シナノ印刷株式会社

©2011　島村英紀
ISBN978-4-7634-0601-9 C0044